建筑施工企业"安管人员"培训系列教材

建设工程安全生产管理知识

（建筑施工企业主要负责人）

中国建设教育协会继续教育委员会　组织编写

U0281677

中国建筑工业出版社

图书在版编目（CIP）数据

建设工程安全生产管理知识（建筑施工企业主要负责人）/中国
建设教育协会继续教育委员会组织编写. —北京：中国建筑工业
出版社，2018.6
建筑施工企业"安管人员"培训系列教材
ISBN 978-7-112-22193-6

Ⅰ.①建… Ⅱ.①中… Ⅲ.①建筑工程-安全生产-生产管理-
岗位培训-教材 Ⅳ.①TU714

中国版本图书馆 CIP 数据核字（2018）第 096696 号

本书依据住房和城乡建设部《建筑施工企业主要负责人、项目负责人和专职安全生产管理人员安全生产管理规定》（中华人民共和国住房和城乡建设部令第17号）和《住房城乡建设部关于印发〈建筑施工企业主要负责人 项目负责人和专职安全生产管理人员安全生产管理规定〉实施意见的通知》（建质〔2015〕206号）等规定编写。主要内容包括建设工程安全生产管理的基本理论知识、工程建设各方主体的安全生产法律义务和法律责任、建筑施工企业的安全生产责任制、建筑施工企业的安全生产管理制度、危险性较大的分部分项工程、建筑施工企业安全检查及隐患排查、事故应急救援和事故报告、调查与处理等内容。

本书可用于建筑业企业各类"安管人员"、施工管理人员和建筑安全监管机构有关人员的业务培训和指导参加考核。

责任编辑：朱首明 李 明 李 阳 赵云波
责任校对：芦欣甜

建筑施工企业"安管人员"培训系列教材
建设工程安全生产管理知识
（建筑施工企业主要负责人）
中国建设教育协会继续教育委员会 组织编写
*
中国建筑工业出版社出版、发行（北京海淀三里河路9号）
各地新华书店、建筑书店经销
北京红光制版公司制版
北京建筑工业印刷厂印刷
*
开本：787×1092毫米 1/16 印张：16 字数：395千字
2018年7月第一版 2018年7月第一次印刷
定价：**42.00**元
ISBN 978-7-112-22193-6
（32082）

《建筑施工企业"安管人员"培训系列教材》
编　委　会

主　任：高延伟　张鲁风

副主任：邵长利　李　明　陈　新

成　员：（按姓氏笔画为序）

　　　　王兰英　王学士　王建臣　王洪林　王海兵　王静宇

　　　　邓德安　汤玉军　李运涛　易　军　赵子萱　袁　渊

　　　　韩　冬　熊　涛

本书编写组

主　编：熊　涛

副主编：易　军

成　员：（按姓氏笔画为序）

王洪永　陈　立　周　文　郑吉鹤　逯合斌

前　言

为了加强房屋建筑和市政基础设施工程施工安全监督管理，提高建筑施工企业主要负责人、项目负责人和专职安全生产管理人员（以下合称"安管人员"）的安全生产管理能力，根据《建筑施工企业主要负责人、项目负责人和专职安全生产管理人员安全生产管理规定》（中华人民共和国住房和城乡建设部令第 17 号）、《住房城乡建设部关于印发〈建筑施工企业主要责任人项目负责人和专职安全生产管理人员安全生产管理规定〉实施意见的通知》（建质〔2015〕206 号）及附件"安全生产考核要点"和《住房城乡建设部关于印发工程质量安全提升行动方案的通知》（建质〔2017〕57 号）等法律法规规定，从事房屋建筑和市政基础设施工程施工活动的建筑施工企业的"安管人员"，必须参加安全生产考核，履行安全生产责任，以及对其实施安全生产监督管理。

本书编写过程中，以工程实践内容为主导思想，与现行法律法规、规范标准相结合，从工程项目实践出发，重点加强建筑施工企业项目负责人的安全管理能力。本系列教材的编写工作，得到了中国建筑股份有限公司和中国建筑第三工程局有限公司、中国建筑第一工程局集团有限公司、中国建筑第八工程局有限公司、北京康建建安建筑工程技术研究有限责任公司以及有关方面专家们的大力支持，分别承担和完成了本系列教材的各书编写工作。特此一并致谢！

本系列教材主要用于建筑业企业各类"安管人员"、施工管理人员和建筑安全监管机构有关人员的业务培训和指导参加考核，也可作为专业院校和培训机构作施工安全教学用书。本书虽经反复推敲，仍难免有不妥之处，敬请广大读者提出宝贵意见。

目　　录

第一章 建设工程安全生产管理的基本理论知识

一、建筑施工安全生产管理的基本理论知识

（一）安全管理的基本概念

1. 安全及安全管理的定义

"无危则安，无损则全"。一般来说，安全就是使人保持身心健康，避免危险有害因素影响的状态。

《现代汉语词典》中对安全的解释是："没有危险；不受威胁；不出事故"。国际民航组织则认为安全是一种状态，即通过持续的危险识别和风险管理过程，将人员伤害或财产损失的风险降低并保持在可接受的水平或以下。总的来说，安全是一个相对的概念，是指客观事物的危险程度能够为人们普遍接受的状态。

安全管理是管理科学的一个重要分支。它是为实现安全目标而进行的有关决策、计划、组织和控制等方面的活动；主要运用现代安全管理原理、方法和手段，分析和研究各种不安全因素，从技术上、组织上和管理上采取有力的措施，解决和消除各种不安全因素，防止事故的发生。

2. 安全管理的基本原理

安全管理是一门综合性的系统科学，主要是遵循管理科学的基本原理，从生产管理的共性出发，通过对生产管理中安全工作的内容进行科学分析、综合、抽象及概括而得出的安全生产管理规律，对生产中一切人、物、环境实施动态的管理与控制。

（1）系统原理

系统原理是人们在从事管理工作时，运用系统的观点、理论和方法对管理活动进行充分的分析，以达到优化管理的目标，即从系统论的角度来认识和处理管理中出现的问题。运用系统原理进行安全管理时，主要依据以下四个原则：

1）整分合原则。在整体规划下明确分工，在分工基础上有效综合，从而实现高效的现代安全生产管理。

2）反馈原则。反馈是控制过程中对控制机构的反作用。成功、高效的管理，离不开灵活、准确、快速的反馈。

3）封闭原则。任何一个管理系统内部，其管理手段、管理过程都必须构成一个连续封闭的回路，方能形成有效的管理活动。

4）动态相关性原则。任何企业管理系统的正常运转，不仅要受到系统本身条件的限制和制约，还要受到其他有关系统的影响和制约，并随着时间、地点以及人们的不同努力程度而发生变化。

（2）人本原理

在管理中必须把人的因素放在首位，体现以人为本的指导思想，这就是人本原理。运用人本原理进行安全管理时，主要依据以下四个原则：

1）动力原则。人是进行管理活动的基础，管理必须有能够激发人的工作能力的动力。动力主要包括物质动力、精神动力和信息动力。

2）能级原则。现代管理学认为，单位和个人都具有一定能量，并可按照能量的大小顺序排列，形成管理的能级。在管理系统中建立一套合理能级，根据单位和个人能量的大小安排其工作，发挥不同能级的能量，能够保证结构的稳定性和管理的有效性。

3）激励原则。利用某种外部诱因的刺激调动人的积极性和创造性，以科学手段激发人的内在潜力，使其充分发挥出积极性、主动性和创造性，就是激励原则。人的工作动力主要来源于内在动力、外部压力和工作吸引力。

4）行为原则。行为是指人们所表现出来的各种动作，是人们思想、感情、动机、思维能力等因素的综合反映。运用行为科学原理，根据人的行为规律来进行有效管理，就是行为原则。

（3）预防原理

安全管理工作应当做到预防为主，通过有效的管理和技术手段，减少和防止人的不安全行为和物的不安全状态，从而使事故发生概率降到最低。运用预防原理进行安全管理时，主要依据以下三个原则：

1）偶然损失原则。事故后果及后果的严重程度都是随机的，难以预测的。反复发生的同类事故并不一定产生完全相同的后果。

2）因果关系原则。事故的发生是许多因素互为因果连续发生的最终结果，只要诱发事故的因素存在，发生事故是必然的。

3）3E原则。造成人的不安全行为和物的不安全状态的原因，主要是技术原因、教育原因、身体原因、态度原因以及管理原因。针对这些原因，可采取3种预防对策：工程技术（Engineering）对策、教育（Education）对策和法制（Enforcement）对策，即3E原则。

（4）强制原理

采取强制管理的手段控制人的意愿和行为，使个人的活动、行为等受到安全生产管理要求的约束，从而实现有效的安全生产管理。这主要依据以下两个原则：

1）安全第一原则。安全第一就是要求在进行生产和其他工作时应把安全工作放在首要位置。当其他工作与安全发生矛盾时，要以安全为主，其他工作要服从于安全。

2）监督原则。在安全工作中，必须明确安全生产监督职责，对企业生产中的守法和执法情况进行监督，使安全生产法律法规得到落实。

（二）事故及事故致因理论

1. 事故的基本概念

（1）事故的定义

事故，一般是指造成死亡、疾病、伤害、损坏或者其他损失的意外情况。在事故的种种定义中，伯克霍夫（Berckhoff）的说法较著名。他认为，事故是人（个人或集体）在为实现某种意图而进行的活动过程中，突然发生的、违反人的意志的、迫使活动暂时或永久停止，或迫使之前存续的状态发生暂时或永久性改变的事件。

（2）未遂事故

未遂事故是指有可能造成严重后果，但由于偶然因素，事实上没有造成严重后果的事件。

1941 年海因里希（W. H. Heinrich）对 55 万起机械事故进行了调查统计，发现其中死亡及重伤事故 1666 件，轻伤事故 48334 件，其余为未遂事故。可以看出，在机械事故中，伤亡、轻伤和未遂事故的比例为 1∶29∶300，即每发生 330 起事故，有 300 起没有产生伤害，29 起造成轻伤，1 起引发重伤或死亡，这就是海因里希法则，又叫作事故法则，如图 1-1 所示。

2. 事故致因理论

事故的发生都是有其因果性和规律特点的，要想对事故进行有效的预防和控制，必须以此为基础，制定相应措施。这种阐述事故发生的原因和经过，以及预防事故发生的理论，就是事故致因理论。具有代表性的事故致因理论如下：

（1）海因里希事故因果连锁理论

1931 年海因里希第一次提出了事故因果连锁理论。他认为，事故的发生不是个单一的事件，而是一连串事件按照一定顺序相继发生的结果。他将事故发生过程概括为：1）遗传及社会环境。遗传因素及社会环境是造成人性格上缺点的原因。遗传因素可能造成鲁莽、固执等不良性格；社会环境可能妨碍教育、助长性格上的缺点发展。

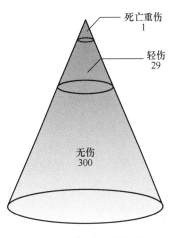

图 1-1　海因里希法则

2）人的缺点。人的缺点是使人产生不安全行为或造成机械、物质不安全状态的原因。3）人的不安全行为或物的不安全状态。这是指那些曾经引起过事故，或可能引起事故的人的行为或机械、物质的状态。它们是造成事故的直接原因。4）事故。事故是由于物体、物质、人或放射线的作用或反作用，使人员受到伤害或可能受到伤害的、出乎意料的、失去控制的事件。5）伤害。直接由事故产生的人身伤害。

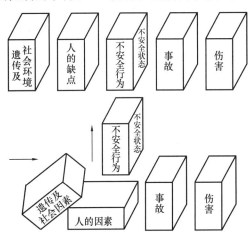

图 1-2　海因里希事故因果连锁理论事故模型

海因里希用多米诺骨牌来形象地描述这种事件的因果连锁关系（如图 1-2 所示）。在多米诺骨牌系列中，一块骨牌被碰到了，将发生连锁反应，使其余的几块骨牌相继被推倒。因此，海因里希的事故因果连锁理论也称为多米诺骨牌理论（The dominoes theory）。

该理论认为如果移去因果链锁中的任意一个骨牌，都能够破坏连锁，进而预防事故的发生。他特别强调防止人的不安全行为和物的不安全状态，是企业安全工作的重点。

（2）能量意外释放理论

1961 年吉布森（Gibson）提出事故是一

种不正常的或不希望的能量释放，各种形式的能量释放是构成伤害的直接原因。1966 年哈登（Haddon）对能量意外释放理论作了进一步研究，提出"人受伤害的原因只能是某种能量的转移"，并将伤害分为两类：第一类是由于施加了局部或全身性损伤阈值的能量引起的；第二类是由影响了局部或全身性能量交换引起的，主要指中毒窒息和冻伤。

能量意外释放理论认为，在一定条件下，某种形式的能量能否产生造成人员伤亡事故的伤害取决于能量大小、接触能量时间长短和频率以及力的集中程度。因此，可以利用屏蔽措施阻断能量的释放而防止事故发生。

美国矿山局的札别塔基斯（Micllael Zabetakis）依据能量意外释放理论，建立了新的事故因果连锁模型（如图 1-3 所示）。

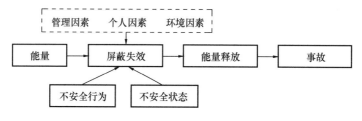

图 1-3　能量意外释放理论事故模型

1）事故。事故是能量或危险物质的意外释放，是伤害的直接原因。

2）不安全行为和不安全状态。人的不安全行为和物的不安全状态是导致能量意外释放的直接原因。

3）基本原因。基本原因包括三个方面的问题：①管理因素。它涉及生产及安全目标，职员的配置，信息利用，责任及职权范围，职工的选择、教育训练、安排、指导和监督，信息传递，设备、装置及器材的采购，正常时和异常时的操作规程，设备的维修保养等。②个人因素。包括：能力、知识、训练，动机、行为，身体及精神状态，反应时间，个人兴趣等。③环境因素。

（3）轨迹交叉理论

轨迹交叉理论是基于事故的直接原因和间接原因提出的，认为在事故的发展进程中，人的不安全行为与物的不安全状态一旦在时间、空间上发生运动轨迹交叉，就会发生事故（如图 1-4 所示）。轨迹交叉理论将人的不安全行为和物的不安全状态放到了同等重要的位

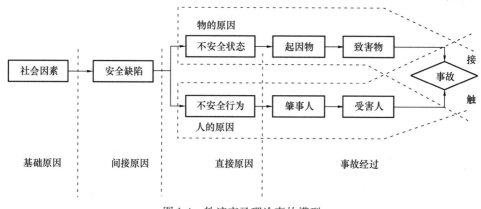

图 1-4　轨迹交叉理论事故模型

置，即通过控制人的不安全行为、消除物的不安全状态，或避免二者的运动轨迹发生交叉，都可以有效地避免事故发生。

轨迹交叉理论将事故的发生发展过程描述为：基本原因→间接原因→直接原因 →事故→伤害。这样的过程被形容为事故致因因素导致事故的运动轨迹，包括了人的不安全行为运动轨迹和物的不安全状态运动轨迹。

人的不安全行为基于如下几个方面而产生：1）生理、先天身心缺陷；2）社会环境、企业管理的缺陷；3）后天的心理缺陷；4）视、听、嗅、味、触等感官能量分配上的差异；5）行为失误。

在物的运动轨迹中，生产过程各阶段都可能产生不安全状态：1）设计上的缺陷，如用材不当、强度计算错误、结构完整性差；2）制造、工艺流程的缺陷；3）维修保养的缺陷，降低可靠性；4）使用的缺陷；5）作业场所环境的缺陷。

但是，很多时候人和物互为因果，即人的不安全行为可能促进物的不安全状态的发展，也可能引起新的不安全状态，而物的不安全状态也可能导致人的不安全行为。因此，事故发生的轨迹是一个复杂、多元的过程，并不是单一的人或物的轨迹，需要根据实际情况作具体分析。

（三）系统安全理论

1. 系统安全的定义

系统安全是指在系统生命周期内应用系统安全工程和系统安全管理方法，识别危险源并最大限度地降低其危险性，使系统在规定的功能、时间和成本范围内达到最佳的安全程度。系统安全是人们为解决复杂系统的安全性问题而开发、研究出来的安全理论、方法体系，是系统工程与安全工程的有机结合。

按照系统安全的观点，世界上不存在绝对安全的事物。任何人类活动都潜伏着危险因素。系统安全的基本原则是在一个新系统的构思阶段就必须考虑其安全性的问题，制定并执行安全工作规划（系统安全活动），属于事前分析和预先的防护，与传统的事后分析并积累事故经验的思路截然不同。系统安全活动贯穿于整个系统生命周期，直到系统终结为止。

系统安全理论与传统安全理论的区别，主要包括以下几点：（1）系统安全理论不仅强调人的不安全行为，同时重视物的不安全状态在事故中的作用，开始研究物的全生命周期的安全，在研发、设计、制造过程中就引入安全管理，提高物的可靠性和本质安全性。（2）没有绝对的安全，安全是存在可接受风险的相对稳定的状态。（3）不可能根除所有风险和危险源，只能控制和减少其危险性和发生概率。（4）由于人的认识能力有限，有时不能完全认识危险源和危险，即使认识了现有的危险源，随着生产技术的发展和新技术、新工艺、新材料、新能源的出现，又会产生新的危险源；受技术、资金、劳动力等因素的限制，对于认识了的危险源也不可能完全根除，只能把危险降低到可接受的程度。

2. 系统安全分析的基本内容及方法

系统安全分析是从安全角度对系统中的危险因素进行分析，通常包括以下内容：（1）对可能出现的初始的、诱发的及直接引起事故的各种危险因素及其相互关系进行调查和分析。（2）对与系统有关的环境条件、设备、人员及其他有关因素进行调查和分析。

（3）对能够利用适当的设备、规程、工艺或材料控制或根除某种特殊危险因素的措施进行分析。（4）对可能出现的危险因素的控制措施及实施这些措施的最优方法进行调查和分析。（5）对不可能根除的危险因素失去或减少控制可能出现的后果进行调查和分析。（6）对危险因素一旦失去控制，为防止伤害和损害的安全防护措施进行调查和分析。

常用的系统安全分析方法，可分为归纳法和演绎法。归纳法是从原因推导结果的方法，演绎法则是从结果推导原因的方法。在实际工作中，多把两种方法结合起来使用。常用的系统安全分析方法主要有：（1）安全检查表法；（2）预先危险性分析法；（3）故障类型和影响分析；（4）危险性和可操作性研究；（5）事件树分析；（6）事故树分析；（7）因果分析。

二、工程项目施工安全生产管理的基本理论知识

（一）风险控制理论及方法

1. 风险、隐患及危险源的定义

（1）风险的定义

风险是指在某一特定环境下，在某一特定时间段内，事故发生的可能性和后果的组合。风险主要受两个因素的影响：一是事故发生的可能性，即发生事故的概率；二是事故发生后产生的后果，即事故的严重程度。

工程项目一般投资大、周期长、环境复杂、技术难度高，且在施工过程中不确定性因素较多，在工程施工的整个生命周期中将不可避免地面临多种风险，需要综合考虑风险的不确定性和危险性。

工程风险就是在工程建设过程中可能发生，并影响工程项目目标——费用（资金）、进度（工期）、质量和安全——实现的事件。要控制工程风险的发生，应对产生工程风险的原因及其导致的后果有清晰认识。工程风险来自于具体的隐患或危险源。

（2）隐患的定义

隐患是指在生产经营活动中存在可能导致事故发生的人的不安全行为、物的不安全状态或者管理上的缺陷。

安全生产事故隐患，是指生产经营单位违反安全生产法律、法规、规章、标准、规程和安全生产管理制度的规定，或者因其他因素在生产经营活动中存在可能导致事故发生的物的危险状态、人的不安全行为和管理上的缺陷。

事故隐患分为一般事故隐患和重大事故隐患。一般事故隐患，是指危害和整改难度较小，发现后能够立即整改排除的隐患。重大事故隐患，是指危害和整改难度较大，应当全部或者局部停产停业，并经过一定时间整改治理方能排除的隐患，或者因外部因素影响致使生产经营单位自身难以排除的隐患。

（3）危险源的定义

危险源是指可能导致人身伤害和（或）健康损害的根源、状态或行为，或其组合。广义的危险源，包括危险载体和事故隐患。狭义的危险源，是指可能造成人员死亡、伤害、职业病、财产损失、环境破坏或其他损失的根源和状态。

危险源是事故发生的根本原因。它是一个系统中具有潜在能量和物质释放危险的，可造成人员伤害、财产损失或环境破坏的，在一定的触发因素作用下可转化为事故的部位、区域、场所、空间、岗位、设备及其位置。危险源存在于确定的系统中。不同的系统范围，其危险源的区域也不同。在工程项目中，某个生产环节或某台机械设备都可能是危险源。一般来说，危险源可能存在事故隐患，也可能不存在事故隐患；对于存在事故隐患的危险源一定要及时排查整改，否则随时都可能导致事故。

2. 危险源的分类

安全科学理论把危险源划分为两大类，即第一类危险源和第二类危险源。

（1）第一类危险源

在生产过程或系统中存在的，可能发生意外释放的能量或危险物质称作第一类危险源。在实际工作中，往往把产生能量的能量源或拥有能量的能量载体看作是第一类危险源，如高温物体、使用中的压力容器等。

（2）第二类危险源

导致能量或危险物质约束、限制措施失效或破坏的各种不安全因素，称作第二类危险源。它包括人、物、环境三个方面的问题。在生产活动中，为了利用能量并让能量按照人们的意图在生产过程中流动、转换和做功，必须采取屏蔽措施约束或限制能量，即必须控制危险源。

第一类危险源的存在是第二类危险源出现的前提。第二类危险源的出现是第一类危险源导致事故的必要条件。第二类危险源出现得越频繁，发生事故的可能性越大。

我国的《生产过程危险和有害因素分类与代码》GB/T 13861 中，将生产过程中的危险、有害因素分为 6 类：（1）物理性危险、有害因素；（2）化学性危险、有害因素；（3）生物性危险、有害因素；（4）心理、生理性危险、有害因素；（5）行为性危险、有害因素；（6）其他危险、有害因素。

在《企业职工伤亡事故分类》GB 6441—1986 中，则将事故分为 20 类：（1）物体打击；（2）车辆伤害；（3）机械伤害；（4）起重伤害；（5）触电；（6）淹溺；（7）灼烫；（8）火灾；（9）高处坠落；（10）坍塌；（11）冒顶片帮；（12）透水；（13）放炮；（14）瓦斯爆炸；（15）火药爆炸；（16）锅炉爆炸；（17）容器爆炸；（18）其他爆炸；（19）中毒和窒息；（20）其他伤害。

3. 风险管理的主要方法

风险管理是指如何在项目或者企业一个肯定有风险的系统中把风险减至最低的管理过程。它是通过对风险的认识、衡量和分析，选择最有效的方式，主动地、有目的地、有计划地处理风险，以最小成本争取获得最大安全保证的管理方法。在实际工作中，对隐患的排查治理总是同一定的风险管理联系在一起。简言之，风险管理就是识别、分析、消除生产过程中存在的隐患或防止隐患的出现。

风险管理主要包括以下四个基本程序：

（1）风险识别

风险识别是单位和个人对所面临的以及潜在的风险加以识别，并确定其特性的过程。

风险辨识的方法主要有以下几种：1）安全检查表法。将系统分成若干单元或层次，列出各单元或层次的危险源，确定检查项目，按照相应顺序编制检查表，以现场询问或观察的方式确定检查项目的状况，并填写表格。2）现场观察。对作业活动、设备运转或系统活动进行观察，分析存在的风险。3）座谈。召集安全管理人员、专业技术人员、操作人员等，对生产经营活动中存在的风险进行分析。4）作业条件风险性评价。对具有潜在风险的作业环境或条件，采用半定量的方式评价其风险性。5）预先危险性分析。新系统、新设备、新工艺在投入使用前，预先对可能存在的危险源及其产生条件、事故后果等情况进行类比分析。

（2）风险分析

风险分析是指在风险识别的基础上，通过对所收集的资料加以分析，运用概率论和数理统计，估计和预测事故发生的概率和事故的后果。

根据控制措施的状态（M）和人体暴露的时间（E）可以确定事故发生的概率（L），即 L＝ME。根据事故发生的概率和事故的后果（S），可以确定风险程度（R）：1）发生人身伤害事故时，R＝MES；2）发生财产损失事故时，R＝MS。

（3）风险控制

风险控制是根据风险分析的结果，制定相应的风险控制措施，并在需要时选择和实施适当的措施，以降低事故发生概率或减轻事故后果的过程。

风险控制主要包括以下几种方法：1）风险回避，是指生产经营主体有意识地消除危险源，以避免特定的损失风险。2）损失控制，是指通过制定计划和采取措施的方式，降低事故发生的可能性或者减轻事故后果。3）风险转移，是指通过契约，将让渡人的风险转移给受让人承担的行为，主要形式是合同和保险。4）风险隔离，是指通过分离或复制风险单位，使风险事故的发生不至于导致所有财产损毁或灭失。

（4）风险管理效果评价

风险管理效果评价，是通过分析、比较已实施的风险控制措施的结果与预期目标的契合程度，以评判管理方案的科学性、适应性和收益性。

在风险评估人员、风险管理人员、生产经营单位和其他有关的团体之间，就与风险有关的信息和意见进行相互交流和反馈，从而对已实施的措施进行优化。

（二）重大危险源辨识理论

1. 重大危险源的定义

重大危险源，是指长期或者临时生产、搬运、使用或者储存危险物品，且危险物品的数量等于或者超过临界量的单元（包括场所和设施）。所谓临界量，是指对某种或某类危险物品规定的数量，若单元中的危险物品数量等于或者超过该数量，则该单元应定为重大危险源。临界量是确定重点危险源的核心要素。

建设工程重大危险源是指在建设工程施工过程中，风险属性（风险度）等于或超过临界量，可能造成人员伤亡、财产损失、环境破坏的施工单元，如危险性较大的分部分项工程。

2. 重大危险源控制的主要方法

重大危险源控制的目的，不仅是预防重大事故的发生，而且要做到一旦发生事故能将事故危害降到最低程度。由于建设工程施工的复杂性，有效地控制重大危险源需要采用系统工程的思想和方法，建立起一个完整的控制系统（如图 1-5 所示）。

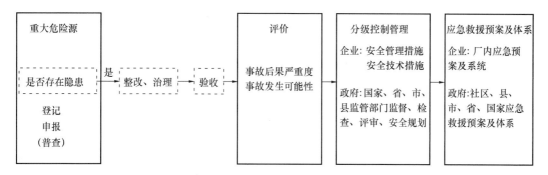

图 1-5　重大危险源控制系统

（1）重大危险源辨识

要防止事故发生，必须先辨识和确认重大危险源。重大危险源辨识，是通过对系统的分析，界定出系统的哪些区域、部分是危险源，其危险的性质、程度、存在状况、危险源能量、事故触发因素等。重大危险源辨识的理论方法主要有系统危险分析、危险评价等方法和技术。

（2）重大危险源评价

重大危险源辨识确定后，应进行重大危险源安全评价。安全评价的基本内容是，以实现系统安全为目的，按照科学的程序和方法，对系统中存在的危险因素、发生事故的可能性及其损失和伤害程度进行调查研究与分析论证，从而确定是否需要改进技术路线和防范措施，整改后危险性将得到怎样的控制和消除，技术上是否可行，经济上是否合理，以及系统是否最终达到社会所公认的安全指标。

一般来说，安全评价包括下面几个方面：1）分析各类危险因素及其存在的原因；2）评价已辨识的危险事件发生的概率；3）评价危险事件的后果，估计发生火灾、爆炸或毒物泄漏的物质数量，事故影响范围；4）进行风险评价与分级，即评价危险事件发生概率与发生后果的联合作用，将评价结果与安全目标值进行比较，检查风险值是否达到可接受水平，是否需进一步采取措施，以降低风险水平。

常用的评价方法有安全检查及安全检查表，预先危险性分析，故障类型和影响分析，危险性和可操作性研究，事故树分析等。

（3）重大危险源分级管控

在对重大危险源进行辨识和评价的基础上，应对每一个重大危险源制定出一套严格的安全管理制度，通过安全技术措施（包括设施设计、建造、安全监控系统、维修以及有关计划的检查）和组织措施（包括对人员培训与指导，提供保证安全的设施，工作人员技术水平、工作时间、职责的确定，以及对外部合同工和现场临时工的管理），对重大危险源进行严格控制和管理。

（4）重大危险源应急救援预案及体系

应急救援预案及体系是重大危险源控制系统的重要组成部分之一。企业应负责制定现场应急救援预案，并且定期检查和评估现场应急救援预案和体系的有效程度，在必要时进行修订。

第二章　工程建设各方主体的安全生产法律义务与法律责任

一、安全生产法律基础知识

(一) 法的概念

法的概念有广义与狭义之分。广义的法是指国家按照统治阶段的利益和意志制定或者认可，并由国家强制力保证其实施的行为规范的总和。狭义的法是指具体的法律规范，包括宪法、法令、法律、行政法规、地方性法规、部门规章、判例、习惯法等各种成文法和不成文法。

(二) 法的特征

1. 法是由特定的国家机关制定的：法是由特定的国家机关依照职权制定或者认可，即由国家机关依其职权范围，并按一定程序制定出来的规范性文件。在我国，社会主义的法是由国家权力机关和国家行政机关依法制定的，其他社会组织均无权制定法。

2. 法是依照特定程序制定的：依照《立法法》的规定，我国制定法的程序主要包括法的草案的提出、讨论审议、表决通过和公布施行。

3. 法具有国家强制性：既是国家意志，又需要国家强制力保证其实施，法具有不可抗拒性。法的这个特征是其与其他社会规范的主要区别之一，也是法的特殊性所在。

4. 法是调整人们行为的社会规范：法与其他社会规范的显著区别之一，在于它是一种以调整人与人之间的社会关系为主要目的的行为规范。

(三) 安全生产立法的必要性及基本框架

1. 安全生产立法的必要性

《安全生产法》的贯彻实施，有利于全面加强我国安全生产法律法规体系建设，有利于保障人民群众生命和财力安全，有利于依法规范生产经营单位的安全生产工作，有利于各级人民政府加强对安全生产工作的领导。有利于安全生产监督部门和有关部门依法行政，加强监督管理，有利于提高从业人员的安全素质，有利于增强全体公民的安全法律意识，有利于制裁各种安全违法行为。

2. 安全生产法律体系的基本框架

(1) 法律：法律是安全生产法律体系中的上位法，居于整个体系的最高层级，其法律地位和效力高于行政法规、地方性法规、部门规章、地方政府规章等下位法。国家现行的有关安全生产的专门法律有《安全生产法》、《消防法》、《道路交通安全法》、《海上交通安全法》、《矿山安全法》、《职业病防治法》等。

（2）法规：分为行政法规和地方性法规。

行政法规：安全生产行政法规的法律地位和法律效力低于有关安全生产的法律，高于地方性安全生产法规、地方政府安全生产规章等下位法。

地方性法规：地方性安全生产法规的法律地位和法律效力低于有关安全生产的法律、行政法规，高于地方政府安全生产规章。

（3）规章：安全生产行政规章分为部门规章和地方政府规章。

部门规章：国务院有关部门依照安全生产法律、行政法规的授权指制定发布的安全生产规章的法律地位和法律效力低于法律、行政法规，高于地方政府规章。

地方政府规章：地方政府安全生产规章是最低层级的安全生产立法，其法律地位和法律效力低于其他上位法，不得与上位法相抵触。

二、法律法规对企业安全生产的规定

（一）安全生产的方针政策

1. 建设工程安全生产方针

2014 年 8 月经修改后公布的《中华人民共和国安全生产法》规定，安全生产工作应当以人为本，坚持安全发展，坚持安全第一、预防为主、综合治理的方针，强化和落实生产经营单位的主体责任，建立生产经营单位负责、职工参与、政府监管、行业自律和社会监督的机制。

《中共中央国务院关于推进安全生产领域改革发展的意见》中要求，牢固树立新发展理念，坚持安全发展，坚守发展决不能以牺牲安全为代价这条不可逾越的红线，以防范遏制重特大生产安全事故为重点，坚持安全第一、预防为主、综合治理的方针，加强领导、改革创新，协调联动、齐抓共管，着力强化企业安全生产主体责任，着力堵塞监督管理漏洞，着力解决不遵守法律法规的问题，依靠严密的责任体系、严格的法治措施、有效的体制机制、有力的基础保障和完善的系统治理，切实增强安全防范治理能力，大力提升我国安全生产整体水平，确保人民群众安康幸福、共享改革发展和社会文明进步成果。

2. 建设工程安全生产领域改革发展的基本原则

在《中共中央国务院关于推进安全生产领域改革发展的意见》中，提出了坚持安全发展、坚持改革创新、坚持依法监管、坚持源头防范、坚持系统治理的基本原则。

坚持安全发展。贯彻以人民为中心的发展思想，始终把人的生命安全放在首位，正确处理安全与发展的关系，大力实施安全发展战略，为经济社会发展提供强有力的安全保障。

坚持改革创新。不断推进安全生产理论创新、制度创新、体制机制创新、科技创新和文化创新，增强企业内生动力，激发全社会创新活力，破解安全生产难题，推动安全生产与经济社会协调发展。

坚持依法监管。大力弘扬社会主义法治精神，运用法治思维和法治方式，深化安全生产监管执法体制改革，完善安全生产法律法规和标准体系，严格规范公正文明执法，增强监管执法效能，提高安全生产法治化水平。

坚持源头防范。严格安全生产市场准入，经济社会发展要以安全为前提，把安全生产贯穿城乡规划布局、设计、建设、管理和企业生产经营活动全过程。构建风险分级管控和隐患排查治理双重预防工作机制，严防风险演变、隐患升级导致生产安全事故发生。

坚持系统治理。严密层级治理和行业治理、政府治理、社会治理相结合的安全生产治理体系，组织动员各方面力量实施社会共治。综合运用法律、行政、经济、市场等手段，落实人防、技防、物防措施，提升全社会安全生产治理能力。

3. 健全落实安全生产责任制

明确部门监管责任。按照管行业必须管安全、管业务必须管安全、管生产经营必须管安全和谁主管谁负责的原则，厘清安全生产综合监管与行业监管的关系，明确各有关部门安全生产和职业健康工作职责，并落实到部门工作职责规定中。

安全生产监督管理部门负责安全生产法规标准和政策规划制定修订、执法监督、事故调查处理、应急救援管理、统计分析、宣传教育培训等综合性工作，承担职责范围内行业领域安全生产和职业健康监管执法职责。负有安全生产监督管理职责的有关部门依法依规履行相关行业领域安全生产和职业健康监管职责，强化监管执法，严厉查处违法违规行为。其他行业领域主管部门负有安全生产管理责任，要将安全生产工作作为行业领域管理的重要内容，从行业规划、产业政策、法规标准、行政许可等方面加强行业安全生产工作，指导督促企事业单位加强安全管理。

严格落实企业主体责任。企业对本单位安全生产和职业健康工作负全面责任，要严格履行安全生产法定责任，建立健全自我约束、持续改进的内生机制。企业实行全员安全生产责任制度，法定代表人和实际控制人同为安全生产第一责任人，主要技术负责人负有安全生产技术决策和指挥权，强化部门安全生产职责，落实一岗双责。完善落实混合所有制企业以及跨地区、多层级和境外中资企业投资主体的安全生产责任。建立企业全过程安全生产和职业健康管理制度，做到安全责任、管理、投入、培训和应急救援"五到位"。国有企业要发挥安全生产工作示范带头作用，自觉接受属地监管。

健全责任考核机制。建立与全面建成小康社会相适应和体现安全发展水平的考核评价体系。各地区各单位要建立安全生产绩效与履职评定、职务晋升、奖励惩处挂钩制度，严格落实安全生产"一票否决"制度。

严格责任追究制度。依法依规制定各有关部门安全生产权力和责任清单，尽职照单免责、失职照单问责。建立企业生产经营全过程安全责任追溯制度。严格事故直报制度，对瞒报、谎报、漏报、迟报事故的单位和个人依法依规追责。对被追究刑事责任的生产经营者依法实施相应的职业禁入，对事故发生负有重大责任的社会服务机构和人员依法严肃追究法律责任，并依法实施相应的行业禁入。

4. 改革安全监管监察体制

完善监督管理体制。各级安全生产监督管理部门承担本级安全生产委员会日常工作，负责指导协调、监督检查、巡查考核本级政府有关部门和下级政府安全生产工作，履行综合监管职责。负有安全生产监督管理职责的部门，依照有关法律法规和部门职责，健全安全生产监管体制，严格落实监管职责。相关部门按照各自职责建立完善安全生产工作机制，形成齐抓共管格局。坚持管安全生产必须管职业健康，建立安全生产和职业健康一体化监管执法体制。

健全应急救援管理体制。健全省、市、县三级安全生产应急救援管理工作机制，建设联动互通的应急救援指挥平台。依托公安消防、大型企业、工业园区等应急救援力量，加强矿山和危险化学品等应急救援基地和队伍建设，实行区域化应急救援资源共享。

5. 大力推进依法治理

健全法律法规体系。加强安全生产和职业健康法律法规衔接融合。研究修改刑法有关条款，将生产经营过程中极易导致重大生产安全事故的违法行为列入刑法调整范围。制定完善高危行业领域安全规程。

完善标准体系。加快安全生产标准制定修订和整合，建立以强制性国家标准为主体的安全生产标准体系。鼓励依法成立的社会团体和企业制定更加严格规范的安全生产标准，结合国情积极借鉴实施国际先进标准。国务院安全生产监督管理部门负责生产经营单位职业危害预防治理国家标准制定发布工作；统筹提出安全生产强制性国家标准立项计划，有关部门按照职责分工组织起草、审查、实施和监督执行，国务院标准化行政主管部门负责及时立项、编号、对外通报、批准并发布。

规范监管执法行为。建立行政执法和刑事司法衔接制度，负有安全生产监督管理职责的部门要加强与公安、检察院、法院等协调配合，完善安全生产违法线索通报、案件移送与协查机制。对违法行为当事人拒不执行安全生产行政执法决定的，负有安全生产监督管理职责的部门应依法申请司法机关强制执行。完善司法机关参与事故调查机制，严肃查处违法犯罪行为。研究建立安全生产民事和行政公益诉讼制度。

完善事故调查处理机制。完善生产安全事故调查组组长负责制。健全典型事故提级调查、跨地区协同调查和工作督导机制。建立事故调查分析技术支撑体系，所有事故调查报告要设立技术和管理问题专篇，详细分析原因并全文发布，做好解读，回应公众关切。建立事故暴露问题整改督办制度，事故结案后一年内，负责事故调查的地方政府和国务院有关部门要组织开展评估，及时向社会公开，对履职不力、整改措施不落实的，依法依规严肃追究有关单位和人员责任。

6. 建立安全预防控制体系

强化企业预防措施。企业要定期开展风险评估和危害辨识。针对高危工艺、设备、物品、场所和岗位，建立分级管控制度，制定落实安全操作规程。树立隐患就是事故的观念，建立健全隐患排查治理制度、重大隐患治理情况向负有安全生产监督管理职责的部门和企业职代会"双报告"制度，实行自查自改自报闭环管理。严格执行安全生产和职业健康"三同时"制度。大力推进企业安全生产标准化建设，实现安全管理、操作行为、设备设施和作业环境的标准化。开展经常性的应急演练和人员避险自救培训，着力提升现场应急处置能力。

建立隐患治理监督机制。制定生产安全事故隐患分级和排查治理标准。负有安全生产监督管理职责的部门要建立与企业隐患排查治理系统联网的信息平台，完善线上线下配套监管制度。强化隐患排查治理监督执法，对重大隐患整改不到位的企业依法采取停产停业、停止施工、停止供电和查封扣押等强制措施，按规定给予上限经济处罚，对构成犯罪的要移交司法机关依法追究刑事责任。严格重大隐患挂牌督办制度，对整改和督办不力的纳入政府核查问责范围，实行约谈告诫、公开曝光，情节严重的依法依规追究相关人员责任。

建立完善职业病防治体系。完善相关规定，扩大职业病患者救治范围，将职业病失能人员纳入社会保障范围，对符合条件的职业病患者落实医疗与生活救助措施。加强企业职业健康监管执法，督促落实职业病危害告知、日常监测、定期报告、防护保障和职业健康体检等制度措施，落实职业病防治主体责任。

7. 加强安全基础保障能力建设

完善安全投入长效机制。加强安全生产经济政策研究，完善安全生产专用设备企业所得税优惠目录。落实企业安全生产费用提取管理使用制度，建立企业增加安全投入的激励约束机制。健全投融资服务体系，引导企业集聚发展灾害防治、预测预警、检测监控、个体防护、应急处置、安全文化等技术、装备和服务产业。

建立安全科技支撑体系。推动工业机器人、智能装备在危险工序和环节广泛应用。提升现代信息技术与安全生产融合度，统一标准规范，加快安全生产信息化建设，构建安全生产与职业健康信息化全国"一张网"。加强安全生产理论和政策研究，运用大数据技术开展安全生产规律性、关联性特征分析，提高安全生产决策科学化水平。

健全社会化服务体系。支持发展安全生产专业化行业组织，强化自治自律。完善注册安全工程师制度。改革完善安全生产和职业健康技术服务机构资质管理办法。支持相关机构开展安全生产和职业健康一体化评价等技术服务，严格实施评价公开制度，进一步激活和规范专业技术服务市场。鼓励中小微企业订单式、协作式购买运用安全生产管理和技术服务。建立安全生产和职业健康技术服务机构公示制度和由第三方实施的信用评定制度，严肃查处租借资质、违法挂靠、弄虚作假、垄断收费等各类违法违规行为。

发挥市场机制推动作用。取消安全生产风险抵押金制度，建立健全安全生产责任保险制度，在矿山、危险化学品、烟花爆竹、交通运输、建筑施工、民用爆炸物品、金属冶炼、渔业生产等高危行业领域强制实施，切实发挥保险机构参与风险评估管控和事故预防功能。完善工伤保险制度，加快制定工伤预防费用的提取比例、使用和管理具体办法。积极推进安全生产诚信体系建设，完善企业安全生产不良记录"黑名单"制度，建立失信惩戒和守信激励机制。

健全安全宣传教育体系。把安全生产纳入农民工技能培训内容。严格落实企业安全教育培训制度，切实做到先培训、后上岗。推进安全文化建设，加强警示教育，强化全民安全意识和法治意识。发挥工会、共青团、妇联等群团组织作用，依法维护职工群众的知情权、参与权与监督权。

（二）安全生产领域的法律法规

依法治国是社会主义法治的核心内容，是党领导人民治理国家的基本方略。党的十八届四中全会通过了《中共中央关于全面推进依法治国若干重大问题的决定》，明确提出了全面推进依法治国的指导思想、总目标、基本原则和重大任务，是指导建设社会主义法治国家的纲领性文件，也为推进依法治安指明了方向、提供了根本遵循。新修订的《安全生产法》对生产经营单位的生产经营行为和各级、各有关部门的监督管理进一步提出了明确的准则，企业作为安全生产的责任主体，要学法、懂法、守法。

1. 企业安全生产主体责任

2014 年 8 月 31 日，第十二届全国人民代表大会常务委员会第十次会议通过全国人民代表大会常务委员会关于修改《中华人民共和国安全生产法》的决定，自 2014 年 12 月 1 日起施行。新修订的《安全生产法》，进一步强化了企业生产经营单位的主体责任，进一步规范了企业安全生产行为，进一步加大了安全生产的处罚力度。

1）安全管理制度体系

企业应建立健全安全管理制度体系，加强自身管理。《安全生产法》第四条规定：生产经营单位必须遵守本法和其他有关安全生产的法律、法规，加强安全生产管理，建立、健全安全生产责任制和安全生产规章制度，改善安全生产条件，推进安全生产标准化建设，提高安全生产水平，确保安全生产。

企业必须具备必要的安全生产条件，才能从事生产经营。《安全生产法》第十七条规定，生产经营单位应当具备本法和有关法律、行政法规和国家标准或者行业标准规定的安全生产条件；不具备安全生产条件的，不得从事生产经营活动。《安全生产许可证条例》对企业应具备的安全生产条件作出了如下要求：

（一）建立、健全安全生产责任制，制定完备的安全生产规章制度和操作规程；

（二）安全投入符合安全生产要求；

（三）设置安全生产管理机构，配备专职安全生产管理人员；

（四）主要负责人和安全生产管理人员经考核合格；

（五）特种作业人员经有关业务主管部门考核合格，取得特种作业操作资格证书；

（六）从业人员经安全生产教育和培训合格；

（七）依法参加工伤保险，为从业人员缴纳保险费；

（八）厂房、作业场所和安全设施、设备、工艺符合有关安全生产法律、法规、标准和规程的要求；

（九）有职业危害防治措施，并为从业人员配备符合国家标准或者行业标准的劳动防护用品；

（十）依法进行安全评价；

（十一）有重大危险源检测、评估、监控措施和应急预案；

（十二）有生产安全事故应急救援预案、应急救援组织或者应急救援人员，配备必要的应急救援器材、设备；

（十三）法律、法规规定的其他条件。

2）安全生产责任体系

安全生产责任制是企业安全管理的核心制度。生产经营单位必须建立健全安全生产责任制度，建立"横向到边、纵向到底"的责任体系网络，完善安全责任考核机制，以明确各岗位的责任人员、责任范围和考核标准等内容。企业可以通过签订安全生产责任状，层层传递安全责任；可以建立安全生产 KPI 绩效考核体系，横向分解安全责任。制定相应的安全考核办法，加强对安全生产责任制落实情况的监督考核，保证安全生产责任制的落实。

《安全生产法》规定：生产经营单位的主要负责人对本单位的安全生产工作全面负责。并明确了生产经营单位的主要负责人对本单位安全生产工作负有的七条职责：

（一）建立、健全本单位安全生产责任制；

（二）组织制定本单位安全生产规章制度和操作规程；

（三）组织制定并实施本单位安全生产教育和培训计划；

（四）保证本单位安全生产投入的有效实施；

（五）督促、检查本单位的安全生产工作，及时消除生产安全事故隐患；

（六）组织制定并实施本单位的生产安全事故应急救援预案；

（七）及时、如实报告生产安全事故。

两个以上生产经营单位在同一作业区域内进行生产经营活动，可能危及对方生产安全的，应当签订安全生产管理协议，明确各自的安全生产管理职责和应当采取的安全措施，并指定专职安全生产管理人员进行安全检查与协调。

生产经营单位不得将生产经营项目、场所、设备发包或者出租给不具备安全生产条件或者相应资质的单位或者个人。生产经营项目、场所发包或者出租给其他单位的，生产经营单位应当与承包单位、承租单位签订专门的安全生产管理协议，或者在承包合同、租赁合同中约定各自的安全生产管理职责；生产经营单位对承包单位、承租单位的安全生产工作统一协调、管理，定期进行安全检查，发现安全问题的，应当及时督促整改。

3）安全组织保障体系

① 企业应当按照法规要求：设置专职的安全生产监管机构，配足专职安全管理人员。《安全生产法》第二十一条规定：矿山、金属冶炼、建筑施工、道路运输单位和危险物品的生产、经营、储存单位，应当设置安全生产管理机构或者配备专职安全生产管理人员。规定以外的其他生产经营单位，从业人员超过一百人的，应当设置安全生产管理机构或者配备专职安全生产管理人员；从业人员在一百人以下的，应当配备专职或者兼职的安全生产管理人员。同时，明确了生产经营单位安全生产管理机构以及安全生产管理人员的职责：（一）组织或者参与拟订本单位安全生产规章制度、操作规程和生产安全事故应急救援预案；（二）组织或者参与本单位安全生产教育和培训，如实记录安全生产教育和培训情况；（三）督促落实本单位重大危险源的安全管理措施；（四）组织或者参与本单位应急救援演练；（五）检查本单位的安全生产状况，及时排查生产安全事故隐患，提出改进安全生产管理的建议；（六）制止和纠正违章指挥、强令冒险作业、违反操作规程的行为；（七）督促落实本单位安全生产整改措施。

② 必要的安全投入是实现安全生产的前提和保障。《安全生产法》第二十条规定：生产经营单位应当具备的安全生产条件所必需的资金投入，由生产经营单位的决策机构、主要负责人或者个人经营的投资人予以保证，并对由于安全生产所必需的资金投入不足导致的后果承担责任。有关生产经营单位应当按照规定提取和使用安全生产费用，专门用于改善安全生产条件。安全生产费用在成本中据实列支。

国家财政部、国家安全生产监督管理总局联合制定了《企业安全生产费用提取和使用管理办法》（财企〔2012〕16号），规定企业应该根据办法要求，编制企业的安全生产费用管理制度，明确费用提取、使用和监督管理办法，确保安全费用专款专用，投入到位。例如，《安全生产法》第四十四条规定：生产经营单位应当安排用于配备劳动防护用品、进行安全生产培训的经费。

4）安全培训管理体系

安全培训是企业安全生产管理的三大对策之一，必须树立"培训不到位是重大安全隐患"的理念。《安全生产法》关于企业安全培训的规定有：

① 生产经营单位应当对从业人员进行安全生产教育和培训，保证从业人员具备必要的安全生产知识，熟悉有关的安全生产规章制度和安全操作规程，掌握本岗位的安全操作技能，了解事故应急处理措施，知悉自身在安全生产方面的权利和义务。未经安全生产教育和培训合格的从业人员，不得上岗作业。

② 生产经营单位使用被派遣劳动者的，应当将被派遣劳动者纳入本单位从业人员统一管理，对被派遣劳动者进行岗位安全操作规程和安全操作技能的教育和培训。劳务派遣单位应当对被派遣劳动者进行必要的安全生产教育和培训。

③ 生产经营单位接收中等职业学校、高等学校学生实习的，应当对实习学生进行相应的安全生产教育和培训，提供必要的劳动防护用品。学校应当协助生产经营单位对实习学生进行安全生产教育和培训。

④ 生产经营单位的特种作业人员必须按照国家有关规定经专门的安全作业培训，取得相应资格，方可上岗作业。

⑤ 生产经营单位应当建立安全生产教育和培训档案，如实记录安全生产教育和培训的时间、内容、参加人员以及考核结果等情况。

5）安全技术保障体系

科学技术是第一生产力，坚实的技术体系可以为安全生产保驾护航。科技进步与技术创新能为促进安全生产提供不竭动力，企业应该努力提升安全生产科技支撑保障能力，用科技的力量坚守安全生产的"红线"。《安全生产法》关于安全技术方面的规定有：

① 国务院有关部门应当按照保障安全生产的要求，依法及时制定有关的国家标准或者行业标准，并根据科技进步和经济发展适时修订。生产经营单位必须执行依法制定的保障安全生产的国家标准或者行业标准。

② 生产经营单位采用新工艺、新技术、新材料或者使用新设备，必须了解、掌握其安全技术特性，采取有效的安全防护措施，并对从业人员进行专门的安全生产教育和培训。

③ 生产经营单位新建、改建、扩建工程项目（以下统称"建设项目"）的安全设施，必须与主体工程同时设计、同时施工、同时投入生产和使用。安全设施投资应当纳入建设项目概算。

④ 安全设备的设计、制造、安装、使用、检测、维修、改造和报废，应当符合国家标准或者行业标准。生产经营单位必须对安全设备进行经常性维护、保养，并定期检测，保证正常运转。维护、保养、检测应当做好记录，并由有关人员签字。

⑤ 生产经营单位必须为从业人员提供符合国家标准或者行业标准的劳动防护用品，并监督、教育从业人员按照使用规则佩戴、使用。

6）安全隐患治理体系

安全生产事故隐患（以下简称事故隐患），是指生产经营单位违反安全生产法律、法规、规章、标准、规程和安全生产管理制度的规定，或者因其他因素在生产经营活动中存在可能导致事故发生的物的危险状态、人的不安全行为和管理上的缺陷。

事故隐患分为一般事故隐患和重大事故隐患。一般事故隐患，是指危害和整改难度较小，发现后能够立即整改排除的隐患。重大事故隐患，是指危害和整改难度较大，应当全部或者局部停产停业，并经过一定时间整改治理方能排除的隐患，或者因外部因素影响致使生产经营单位自身难以排除的隐患。

生产经营单位主要负责人对本单位事故隐患排查治理工作全面负责。生产经营单位应当建立健全生产安全事故隐患排查治理制度，采取技术、管理措施，及时发现并消除事故隐患。事故隐患排查治理情况应当如实记录，并向从业人员通报。对重大危险源应当登记建档，进行定期检测、评估、监控，并制定应急预案，告知从业人员和相关人员在紧急情况下应当采取的应急措施。生产经营单位应当按照国家有关规定将本单位重大危险源及有关安全措施、应急措施报有关地方人民政府安全生产监督管理部门和有关部门备案。

国家安全生产法律法规对隐患治理的相关要求有：

① 生产经营单位有下列行为之一的，责令限期改正，可以处五万元以下的罚款；逾期未改正的，责令停产停业整顿，并处五万元以上十万元以下的罚款，对其直接负责的主管人员和其他直接责任人员处一万元以上二万元以下的罚款：

（一）未按照规定设置安全生产管理机构或者配备安全生产管理人员的；

（二）危险物品的生产、经营、储存单位以及矿山、金属冶炼、建筑施工、道路运输单位的主要负责人和安全生产管理人员未按照规定经考核合格的；

（三）未按照规定对从业人员、被派遣劳动者、实习学生进行安全生产教育和培训，或者未按照规定如实告知有关的安全生产事项的；

（四）未如实记录安全生产教育和培训情况的；

（五）未将事故隐患排查治理情况如实记录或者未向从业人员通报的；

（六）未按照规定制定生产安全事故应急救援预案或者未定期组织演练的；

（七）特种作业人员未按照规定经专门的安全作业培训并取得相应资格，上岗作业的。

② 生产经营单位有下列行为之一的，责令限期改正，可以处五万元以下的罚款；逾期未改正的，处五万元以上二十万元以下的罚款，对其直接负责的主管人员和其他直接责任人员处一万元以上二万元以下的罚款；情节严重的，责令停产停业整顿；构成犯罪的，依照刑法有关规定追究刑事责任：

（一）未在有较大危险因素的生产经营场所和有关设施、设备上设置明显的安全警示标志的；

（二）安全设备的安装、使用、检测、改造和报废不符合国家标准或者行业标准的；

（三）未对安全设备进行经常性维护、保养和定期检测的；

（四）未为从业人员提供符合国家标准或者行业标准的劳动防护用品的；

（五）危险物品的容器、运输工具，以及涉及人身安全、危险性较大的海洋石油开采特种设备和矿山井下特种设备未经具有专业资质的机构检测、检验合格，取得安全使用证或者安全标志，投入使用的；

（六）使用应当淘汰的危及生产安全的工艺、设备的。

③ 生产经营单位未采取措施消除事故隐患的，责令立即消除或者限期消除；生产经营单位拒不执行的，责令停产停业整顿，并处十万元以上五十万元以下的罚款，对其直接负责的主管人员和其他直接责任人员处二万元以上五万元以下的罚款。

④ 生产经营单位将生产经营项目、场所、设备发包或者出租给不具备安全生产条件或者相应资质的单位或者个人的，责令限期改正，没收违法所得；违法所得十万元以上的，并处违法所得二倍以上五倍以下的罚款；没有违法所得或者违法所得不足十万元的，单处或者并处十万元以上二十万元以下的罚款；对其直接负责的主管人员和其他直接责任人员处一万元以上二万元以下的罚款；导致发生生产安全事故给他人造成损害的，与承包方、承租方承担连带赔偿责任。生产经营单位未与承包单位、承租单位签订专门的安全生产管理协议或者未在承包合同、租赁合同中明确各自的安全生产管理职责，或者未对承包单位、承租单位的安全生产统一协调、管理的，责令限期改正，可以处五万元以下的罚款，对其直接负责的主管人员和其他直接责任人员可以处一万元以下的罚款；逾期未改正的，责令停产停业整顿。

⑤ 生产经营单位有下列行为之一的，责令限期改正，可以处五万元以下的罚款，对其直接负责的主管人员和其他直接责任人员可以处一万元以下的罚款；逾期未改正的，责令停产停业整顿；构成犯罪的，依照刑法有关规定追究刑事责任：

（一）生产、经营、储存、使用危险物品的车间、商店、仓库与员工宿舍在同一座建筑内，或者与员工宿舍的距离不符合安全要求的；

（二）生产经营场所和员工宿舍未设有符合紧急疏散需要、标志明显、保持畅通的出口，或者锁闭、封堵生产经营场所或者员工宿舍出口的。

⑥ 生产经营单位拒绝、阻碍负有安全生产监督管理职责的部门依法实施监督检查的，责令改正；拒不改正的，处二万元以上二十万元以下的罚款；对其直接负责的主管人员和其他直接责任人员处一万元以上二万元以下的罚款；构成犯罪的，依照刑法有关规定追究刑事责任。

两个以上生产经营单位在同一作业区域内进行可能危及对方安全生产的生产经营活动，未签订安全生产管理协议或者未指定专职安全生产管理人员进行安全检查与协调的，责令限期改正，可以处五万元以下的罚款，对其直接负责的主管人员和其他直接责任人员可以处一万元以下的罚款；逾期未改正的，责令停产停业整顿。

7）建立健全安全生产应急救援体系

应急救援管理：

2015 年 1 月 30 日，国家安全生产监督管理总局印发了《企业安全生产应急管理九条规定》，具体要求为：

（一）必须落实企业主要负责人是安全生产应急管理第一责任人的工作责任制，层层建立安全生产应急管理责任体系。

（二）必须依法设置安全生产应急管理机构，配备专职或者兼职安全生产应急管理人员，建立应急管理工作制度。

（三）必须建立专（兼）职应急救援队伍或与邻近专职救援队签订救援协议，配备必要的应急装备、物资，危险作业必须有专人监护。

（四）必须在风险评估的基础上，编制与当地政府及相关部门相衔接的应急预案，重点岗位制定应急处置卡，每年至少组织一次应急演练。

（五）必须开展从业人员岗位应急知识教育和自救互救、避险逃生技能培训，并定期组织考核。

（六）必须向从业人员告知作业岗位、场所危险因素和险情处置要点，高风险区域和重大危险源必须设立明显标识，并确保逃生通道畅通。

（七）必须落实从业人员在发现直接危及人身安全的紧急情况时停止作业，或在采取可能的应急措施后撤离作业场所的权利。

（八）必须在险情或事故发生后第一时间做好先期处置，及时采取隔离和疏散措施，并按规定立即如实向当地政府及有关部门报告。

（九）必须每年对应急投入、应急准备、应急处置与救援等工作进行总结评估。

生产经营单位应当制定本单位生产安全事故应急救援预案，与所在地县级以上地方人民政府组织制定的生产安全事故应急救援预案相衔接，并定期组织演练。

事故报告：

根据《生产安全事故报告和调查处理条例》，生产安全事故（以下简称事故）造成的人员伤亡或者直接经济损失，事故一般分为以下等级：

（一）特别重大事故，是指造成30人及以上死亡，或者100人及以上重伤（包括急性工业中毒，下同），或者1亿元以上直接经济损失的事故；

（二）重大事故，是指造成10人以上30人以下死亡，或者50人以上100人以下重伤，或者5000万元以上1亿元以下直接经济损失的事故；

（三）较大事故，是指造成3人以上10人以下死亡，或者10人以上50人以下重伤，或者1000万元以上5000万元以下直接经济损失的事故；

（四）一般事故，是指造成3人以下死亡，或者10人以下重伤，或者1000万元以下直接经济损失的事故。

事故报告应当及时、准确、完整，任何单位和个人对事故不得迟报、漏报、谎报或者瞒报。事故发生后，事故现场有关人员应当立即向本单位负责人报告；单位负责人接到报告后，应当于1小时内向事故发生地县级以上人民政府安全生产监督管理部门和负有安全生产监督管理职责的有关部门报告。情况紧急时，事故现场有关人员可以直接向事故发生地县级以上人民政府安全生产监督管理部门和负有安全生产监督管理职责的有关部门报告。报告事故应当包括下列内容：

（一）事故发生单位概况；

（二）事故发生的时间、地点以及事故现场情况；

（三）事故的简要经过；

（四）事故已经造成或者可能造成的伤亡人数（包括下落不明的人数）和初步估计的直接经济损失；

（五）已经采取的措施；

（六）其他应当报告的情况。

事故报告后出现新情况的，应当及时补报。自事故发生之日起30日内，事故造成的伤亡人数发生变化的，应当及时补报。道路交通事故、火灾事故自发生之日起7日内，事故造成的伤亡人数发生变化的，应当及时补报。

安全生产监督管理部门和负有安全生产监督管理职责的有关部门接到事故报告后，应当依照下列规定上报事故情况，并通知公安机关、劳动保障行政部门、工会和人民检察院：

（一）特别重大事故、重大事故逐级上报至国务院安全生产监督管理部门和负有安全生产监督管理职责的有关部门；

（二）较大事故逐级上报至省、自治区、直辖市人民政府安全生产监督管理部门和负有安全生产监督管理职责的有关部门；

（三）一般事故上报至设区的市级人民政府安全生产监督管理部门和负有安全生产监督管理职责的有关部门。

安全生产监督管理部门和负有安全生产监督管理职责的有关部门依照规定上报事故情况，应当同时报告本级人民政府。每级上报的时间不得超过 2 小时。国务院安全生产监督管理部门和负有安全生产监督管理职责的有关部门以及省级人民政府接到发生特别重大事故、重大事故的报告后，应当立即报告国务院。必要时，安全生产监督管理部门和负有安全生产监督管理职责的有关部门可以越级上报事故情况。

事故处置：

事故发生单位：负责人接到事故报告后，应当立即启动事故相应应急预案，或者采取有效措施，组织抢救，防止事故扩大，减少人员伤亡和财产损失。

政府主管部门：事故发生地有关地方人民政府、安全生产监督管理部门和负有安全生产监督管理职责的有关部门接到事故报告后，其负责人应当立即赶赴事故现场，组织事故救援。事故发生地公安机关根据事故的情况，对涉嫌犯罪的，应当依法立案侦查，采取强制措施和侦查措施。犯罪嫌疑人逃匿的，公安机关应当迅速追捕归案。安全生产监督管理部门和负有安全生产监督管理职责的有关部门应当建立值班制度，并向社会公布值班电话，受理事故报告和举报。

事故发生后，有关单位和人员应当妥善保护事故现场以及相关证据，任何单位和个人不得破坏事故现场、毁灭相关证据。因抢救人员、防止事故扩大以及疏通交通等原因，需要移动事故现场物件的，应当做出标志，绘制现场简图并做出书面记录，妥善保存现场重要痕迹、物证。

事故调查处理：

事故调查处理应当坚持实事求是、尊重科学的原则，及时、准确地查清事故经过、事故原因和事故损失，查明事故性质，认定事故责任，总结事故教训，提出整改措施，并对事故责任者依法追究责任。

特别重大事故由国务院或者国务院授权有关部门组织事故调查组进行调查。重大事故、较大事故、一般事故分别由事故发生地省级人民政府、设区的市级人民政府、县级人民政府负责调查。省级人民政府、设区的市级人民政府、县级人民政府可以直接组织事故调查组进行调查，也可以授权或者委托有关部门组织事故调查组进行调查。未造成人员伤亡的一般事故，县级人民政府也可以委托事故发生单位组织事故调查组进行调查。

事故调查组的组成应当遵循精简、效能的原则。根据事故的具体情况，事故调查组由有关人民政府、安全生产监督管理部门、负有安全生产监督管理职责的有关部门、监察机关、公安机关以及工会派人组成，并应当邀请人民检察院派人参加。事故调查组可以聘请有关专家参与调查。

事故调查组组长由负责事故调查的人民政府指定。事故调查组组长主持事故调查组的工作。事故调查组成员应当具有事故调查所需要的知识和专长，并与所调查的事故没有直接利害关系。

事故调查组履行下列职责：

（一）查明事故发生的经过、原因、人员伤亡情况及直接经济损失；

（二）认定事故的性质和事故责任；

（二）提出对事故责任者的处理建议；

（四）总结事故教训，提出防范和整改措施；

（五）提交事故调查报告。

事故调查报告应当包括下列内容：

（一）事故发生单位概况；

（二）事故发生经过和事故救援情况；

（三）事故造成的人员伤亡和直接经济损失；

（四）事故发生的原因和事故性质；

（五）事故责任的认定以及对事故责任者的处理建议；

（六）事故防范和整改措施。

事故调查组有权向有关单位和个人了解与事故有关的情况，并要求其提供相关文件、资料，有关单位和个人不得拒绝。事故发生单位的负责人和有关人员在事故调查期间不得擅离职守，并应当随时接受事故调查组的询问，如实提供有关情况。

事故调查中需要进行技术鉴定的，事故调查组应当委托具有国家规定资质的单位进行技术鉴定。必要时，事故调查组可以直接组织专家进行技术鉴定。技术鉴定所需时间不计入事故调查期限。

事故调查组应当自事故发生之日起 60 日内提交事故调查报告；特殊情况下，经负责事故调查的人民政府批准，提交事故调查报告的期限可以适当延长，但延长的期限最长不超过 60 日。事故调查报告报送负责事故调查的人民政府后，事故调查工作即告结束。

重大事故、较大事故、一般事故，负责事故调查的人民政府应当自收到事故调查报告之日起 15 日内做出批复；特别重大事故，30 日内做出批复，特殊情况下，批复时间可以适当延长，但延长的时间最长不超过 30 日。

有关机关应当按照人民政府的批复，依照法律、行政法规规定的权限和程序，对事故发生单位和有关人员进行行政处罚，对负有事故责任的国家工作人员进行处分。负有事故责任的人员涉嫌犯罪的，依法追究刑事责任。

事故发生单位应当按照负责事故调查的人民政府的批复，对本单位负有事故责任的人员进行处理。认真吸取事故教训，落实防范和整改措施，防止事故再次发生。安全生产监督管理部门和负有安全生产监督管理职责的有关部门应当对事故发生单位落实防范和整改措施的情况进行监督检查。

其他要求：

事故发生单位主要负责人有下列行为之一的，处上一年年收入 40% 至 80% 的罚款；属于国家工作人员的，并依法给予处分；构成犯罪的，依法追究刑事责任：

（一）不立即组织事故抢救的；

（二）迟报或者漏报事故的；

（三）在事故调查处理期间擅离职守的。

事故发生单位及其有关人员有下列行为之一的，对事故发生单位处100万元以上500万元以下的罚款；对主要负责人、直接负责的主管人员和其他直接责任人员处上一年年收入60%至100%的罚款；属于国家工作人员的，并依法给予处分；构成违反治安管理行为的，由公安机关依法给予治安管理处罚；构成犯罪的，依法追究刑事责任：

（一）谎报或者瞒报事故的；

（二）伪造或者故意破坏事故现场的；

（三）转移、隐匿资金、财产，或者销毁有关证据、资料的；

（四）拒绝接受调查或者拒绝提供有关情况和资料的；

（五）在事故调查中作伪证或者指使他人作伪证的；

（六）事故发生后逃匿的。

事故发生单位对事故发生负有责任的，由有关部门依法暂扣或者吊销其有关证照；对事故发生单位负有事故责任的有关人员，依法暂停或者撤销其与安全生产有关的执业资格、岗位证书；事故发生单位主要负责人受到刑事处罚或者撤职处分的，自刑罚执行完毕或者受处分之日起，5年内不得担任任何生产经营单位的主要负责人。

为发生事故的单位提供虚假证明的中介机构，由有关部门依法暂扣或者吊销其有关证照及其相关人员的执业资格；构成犯罪的，依法追究刑事责任。

参与事故调查的人员在事故调查中有下列行为之一的，依法给予处分；构成犯罪的，依法追究刑事责任：对事故调查工作不负责任，致使事故调查工作有重大疏漏的；包庇、袒护负有事故责任的人员或者借机打击报复的。

2. 从业人员的安全生产权利和义务

企业从业人员，是指该企业从事生产经营活动各项工作的所有人员，包括管理人员、技术人员和各岗位的工人，也包括企业临时雇用的人员。《安全生产法》规定：生产经营单位的从业人员有依法获得安全生产保障的权利，并应当依法履行安全生产方面的义务。

（1）生产经营单位的安全生产管理机构以及安全生产管理人员应当恪尽职守，依法履行职责。生产经营单位作出涉及安全生产的经营决策，应当听取安全生产管理机构以及安全生产管理人员的意见。生产经营单位不得因安全生产管理人员依法履行职责而降低其工资、福利等待遇或者解除与其订立的劳动合同。危险物品的生产、储存单位以及矿山、金属冶炼单位的安全生产管理人员的任免，应当告知主管的负有安全生产监督管理职责的部门。

（2）生产经营单位的主要负责人和安全生产管理人员必须具备与本单位所从事的生产经营活动相应的安全生产知识和管理能力。危险物品的生产、经营、储存单位以及矿山、金属冶炼、建筑施工、道路运输单位的主要负责人和安全生产管理人员，应当由主管的负有安全生产监督管理职责的部门对其安全生产知识和管理能力考核合格。考核不得收费。

危险物品的生产、储存单位以及矿山、金属冶炼单位应当有注册安全工程师从事安全生产管理工作。鼓励其他生产经营单位聘用注册安全工程师从事安全生产管理工作。注册安全工程师按专业分类管理，具体办法由国务院人力资源和社会保障部门、国务院安全生产监督管理部门会同国务院有关部门制定。

（3）生产经营单位应当教育和督促从业人员严格执行本单位的安全生产规章制度和安全操作规程；并向从业人员如实告知作业场所和工作岗位存在的危险因素、防范措施以及事故应急措施。必须依法参加工伤保险，为从业人员缴纳保险费。

（4）生产经营单位的安全生产管理人员应当根据本单位的生产经营特点，对安全生产状况进行经常性检查；对检查中发现的安全问题，应当立即处理；不能处理的，应当及时报告本单位有关负责人，有关负责人应当及时处理。检查及处理情况应当如实记录在案。

生产经营单位的安全生产管理人员在检查中发现重大事故隐患，依照规定向本单位有关负责人报告，有关负责人不及时处理的，安全生产管理人员可以向主管的负有安全生产监督管理职责的部门报告，接到报告的部门应当依法及时处理。

（5）生产经营单位发生生产安全事故后，事故现场有关人员应当立即报告本单位负责人。单位负责人接到事故报告后，应当迅速采取有效措施，组织抢救，防止事故扩大，减少人员伤亡和财产损失，并按照国家有关规定立即如实报告当地负有安全生产监督管理职责的部门，不得隐瞒不报、谎报或者迟报，不得故意破坏事故现场、毁灭有关证据，且不得在事故调查处理期间擅离职守。

（6）生产经营单位的决策机构、主要负责人或者个人经营的投资人不依照规定保证安全生产所必需的资金投入，致使生产经营单位不具备安全生产条件的，责令限期改正，提供必需的资金；逾期未改正的，责令生产经营单位停产停业整顿。因投入不足，导致发生生产安全事故的，对生产经营单位的主要负责人给予撤职处分，对个人经营的投资人处二万元以上二十万元以下的罚款；构成犯罪的，依照刑法有关规定追究刑事责任。

（7）生产经营单位的主要负责人未履行规定的安全生产管理职责的，责令限期改正；逾期未改正的，处二万元以上五万元以下的罚款，责令生产经营单位停产停业整顿。生产经营单位的主要负责人有违法行为，导致发生生产安全事故的，给予撤职处分；构成犯罪的，依照刑法有关规定追究刑事责任。

生产经营单位的主要负责人依照规定受刑事处罚或者撤职处分的，自刑罚执行完毕或者受处分之日起，五年内不得担任任何生产经营单位的主要负责人；对重大、特别重大生产安全事故负有责任的，终身不得担任本行业生产经营单位的主要负责人。

（8）生产经营单位的主要负责人未履行本法规定的安全生产管理职责，导致发生生产安全事故的，由安全生产监督管理部门依照下列规定处以罚款：

① 发生一般事故的，处上一年年收入百分之三十的罚款；

② 发生较大事故的，处上一年年收入百分之四十的罚款；

③ 发生重大事故的，处上一年年收入百分之六十的罚款；

④ 发生特别重大事故的，处上一年年收入百分之八十的罚款。

生产经营单位的主要负责人在本单位发生生产安全事故时，不立即组织抢救或者在事故调查处理期间擅离职守或者逃匿的，给予降级、撤职的处分，并由安全生产监督管理部门处上一年年收入百分之六十至百分之一百的罚款；对逃匿的处十五日以下拘留；构成犯罪的，依照刑法有关规定追究刑事责任。生产经营单位的主要负责人对生产安全事故隐瞒不报、谎报或者迟报的，依照以上规定处罚。

（9）生产经营单位与从业人员订立协议，免除或者减轻其对从业人员因生产安全事故伤亡依法应承担的责任的，该协议无效；对生产经营单位的主要负责人、个人经营的投资人处二万元以上十万元以下的罚款。

生产经营单位的从业人员不服从管理，违反安全生产规章制度或者操作规程的，由生产经营单位给予批评教育，依照有关规章制度给予处分；构成犯罪的，依照刑法有关规定追究刑事责任。

3. 安全责任追究体系

国家实行生产安全事故责任追究制度，依照有关法律、法规的规定，追究生产安全事故责任人员的法律责任。中共中央、国务院公布《关于推进安全生产领域改革发展的意见》，将严格责任追究制度，实行党政领导干部任期安全生产责任制，日常工作依责尽职、发生事故依责追究。依法依规制定各有关部门安全生产权力和责任清单，尽职照单免责、失职照单问责。

《安全生产法》关于追究刑事责任的规定，如果违反了其中任何一条规定而构成犯罪的，都要依照《刑法》追究刑事责任。《刑法》对安全生产犯罪主要分为重大责任事故罪、强令违章冒险作业罪、重大劳动安全事故罪、不报或者谎报事故罪等。

重大责任事故罪：在生产、作业中违反有关安全管理的规定，因而发生重大伤亡事故或造成其他严重后果的，处三年以下有期徒刑或者拘役；情节特别恶劣的，处三年以上七年以下有期徒刑。

强令违章冒险作业罪：强令他人违章冒险作业，因而发生重大伤亡事故或造成其他严重后果的，处五年以下有期徒刑或者拘役；情节特别恶劣的，处五年以上有期徒刑。

重大劳动安全事故罪：安全生产设施或者安全生产条件不符合国家规定，因而发生重大伤亡事故或造成其他严重后果的，对直接负责的主管人员和其他直接责任人员，处三年以下有期徒刑或者拘役；情节特别恶劣的，处三年以上七年以下有期徒刑。

在《刑法》中，对于安全生产事故罪的相关条款有：

① 在生产、作业中违反有关安全管理的规定，因而发生重大伤亡事故或者造成其他严重后果的，处三年以下有期徒刑或者拘役；情节特别恶劣的，处三年以上七年以下有期徒刑。强令他人违章冒险作业，因而发生重大伤亡事故或者造成其他严重后果的，处五年以下有期徒刑或者拘役；情节特别恶劣的，处五年以上有期徒刑。

② 安全生产设施或者安全生产条件不符合国家规定，因而发生重大伤亡事故或者造成其他严重后果的，对直接负责的主管人员和其他直接责任人员，处三年以下有期徒刑或者拘役；情节特别恶劣的，处三年以上七年以下有期徒刑。

③ 举办大型群众性活动违反安全管理规定，因而发生重大伤亡事故或者造成其他严重后果的，对直接负责的主管人员和其他直接责任人员，处三年以下有期徒刑或者拘役；情节特别恶劣的，处三年以上七年以下有期徒刑。

④ 违反爆炸性、易燃性、放射性、毒害性、腐蚀性物品的管理规定，在生产、储存、运输、使用中发生重大事故，造成严重后果的，处三年以下有期徒刑或者拘役；后果特别严重的，处三年以上七年以下有期徒刑。

⑤ 建设单位、设计单位、施工单位、工程监理单位违反国家规定，降低工程质量标准，造成重大安全事故的，对直接责任人员，处五年以下有期徒刑或者拘役，并处罚金；后果特别严重的，处五年以上十年以下有期徒刑，并处罚金。

⑥ 违反消防管理法规，经消防监督机构通知采取改正措施而拒绝执行，造成严重后果的，对直接责任人员，处三年以下有期徒刑或者拘役；后果特别严重的，处三年以上七年以下有期徒刑。

⑦ 在安全事故发生后，负有报告职责的人员不报或者谎报事故情况，贻误事故抢救，情节严重的，处三年以下有期徒刑或者拘役；情节特别严重的，处三年以上七年以下有期徒刑。

《安全生产法》规定：发生生产安全事故，对负有责任的生产经营单位除要求其依法承担相应的赔偿等责任外，由安全生产监督管理部门依照下列规定处以罚款：发生一般事故的，处二十万元以上五十万元以下的罚款；发生较大事故的，处五十万元以上一百万元以下的罚款；发生重大事故的，处一百万元以上五百万元以下的罚款；发生特别重大事故的，处五百万元以上一千万元以下的罚款；情节特别严重的，处一千万元以上二千万元以下的罚款。

《安全生产法》规定的行政处罚，由安全生产监督管理部门和其他负有安全生产监督管理职责的部门按照职责分工决定。予以关闭的行政处罚由负有安全生产监督管理职责的部门报请县级以上人民政府按照国务院规定的权限决定；给予拘留的行政处罚由公安机关依照治安管理处罚法的规定决定。

生产经营单位发生生产安全事故造成人员伤亡、他人财产损失的，应当依法承担赔偿责任；拒不承担或者其负责人逃匿的，由人民法院依法强制执行。

生产安全事故的责任人未依法承担赔偿责任，经人民法院依法采取执行措施后，仍不能对受害人给予足额赔偿的，应当继续履行赔偿义务；受害人发现责任人有其他财产的，可以随时请求人民法院执行。

除此之外，还有一些其他的法规，也对安全生产方面做了处罚规定。例如，《安全生产许可证条例》规定：生产经营单位未取得安全生产许可证擅自进行生产的，冒用安全生产许可证或者使用伪造的安全生产许可证的，责令停止生产，没收违法所得，并处 10 万元以上 50 万元以下的罚款；造成重大事故或者其他严重后果，构成犯罪的，依法追究刑事责任。转让安全生产许可证的，没收违法所得，处 10 万元以上 50 万元以下的罚款，并吊销其安全生产许可证；构成犯罪的，依法追究刑事责任。安全生产许可证有效期满未办理延期手续，继续进行生产的，责令停止生产，限期补办延期手续，没收违法所得，并处 5 万元以上 10 万元以下的罚款。

三、建设单位的安全生产法律义务与责任

（一）建设工程施工许可管理

《建筑法》规定：建筑工程开工前，建设单位应当按照国家有关规定向工程所在地县级以上人民政府建设行政主管部门申请领取施工许可证；但是，国务院建设行政主管部门确定的限额以下的小型工程除外。按照国务院规定的权限和程序批准开工报告的建筑工程，不再领取施工许可证。没有施工许可证的建设项目均属违章建筑，不受法律保护。未取得施工许可证的不得擅自开工。未取得施工许可证或者开工报告未经批准擅自施工的，责令改正，对不符合开工条件的责令停止施工，可以处以罚款。

申请领取施工许可证，应当具备下列条件：

1. 已经办理该建筑工程用地批准手续；

2. 在城市规划区的建筑工程，已经取得规划许可证；

3. 需要拆迁的，其拆迁进度符合施工要求；

4. 已经确定建筑施工企业；

5. 有满足施工需要的施工图纸及技术资料；

6. 有保证工程质量和安全的具体措施；

7. 建设资金已经落实；

8. 法律、行政法规规定的其他条件。

建设行政主管部门应当自收到申请之日起十五日内，对符合条件的申请颁发施工许可证。

涉及建筑主体和承重结构变动的装修工程，建设单位应当在施工前委托原设计单位或者具有相应资质条件的设计单位提出设计方案；没有设计方案的，不得施工。

（二）建设单位的安全生产主体责任

1. 建设工程环境交底

《建筑法》规定：建设单位应当向建筑施工企业提供与施工现场相关的地下管线资料，建筑施工企业应当采取措施加以保护。有下列情形之一的，建设单位应当按照国家有关规定办理申请批准手续：

（1）需要临时占用规划批准范围以外场地的；

（2）可能损坏道路、管线、电力、邮电通讯等公共设施的；

（3）需要临时停水、停电、中断道路交通的；

（4）需要进行爆破作业的；

（5）法律、法规规定需要办理报批手续的其他情形。

《建设工程安全生产管理条例》中也强调，建设单位应当向施工单位提供施工现场及毗邻区域内供水、排水、供电、供气、供热、通信、广播电视等地下管线资料，气象和水文观测资料，相邻建筑物和构筑物、地下工程的有关资料，并保证资料的真实、准确、完整。建设单位因建设工程需要，向有关部门或者单位查询前款规定的资料时，有关部门或者单位应当及时提供。

2. 安全生产职责

《建设工程安全生产管理条例》中，对建设单位在工程建设过程中应履行的安全生产职责，进行了明确的规定，具体如下：

（1）建设单位在申请领取施工许可证时，应当提供建设工程有关安全施工措施的资料。依法批准开工报告的建设工程，建设单位应当自开工报告批准之日起 15 日内，将保证安全施工的措施报送建设工程所在地的县级以上地方人民政府建设行政主管部门或者其他有关部门备案。

（2）建设单位不得对勘察、设计、施工、工程监理等单位提出不符合建设工程安全生产法律、法规和强制性标准规定的要求，不得压缩合同约定的工期。在编制工程概算时，应当确定建设工程安全作业环境及安全施工措施所需费用。建设单位不得明示或者暗示施工单位购买、租赁、使用不符合安全施工要求的安全防护用具、机械设备、施工机具及配件、消防设施和器材。

（3）建设单位应当将拆除工程发包给具有相应资质等级的施工单位。建设单位应当在拆除工程施工 15 日前，将下列资料报送建设工程所在地的县级以上地方人民政府建设行政主管部门或者其他有关部门备案：

1）施工单位资质等级证明；

2）拟拆除建筑物、构筑物及可能危及毗邻建筑的说明；

3）拆除施工组织方案；

4）堆放、清除废弃物的措施。

实施爆破作业的，应当遵守国家有关民用爆炸物品管理的规定。

（4）相关处罚规定：

建设单位未提供建设工程安全生产作业环境及安全施工措施所需费用的，责令限期改正；逾期未改正的，责令该建设工程停止施工。建设单位未将保证安全施工的措施或者拆除工程的有关资料报送有关部门备案的，责令限期改正，给予警告。

建设单位有下列行为之一的，责令限期改正，处二十万元以上五十万元以下的罚款；造成重大安全事故，构成犯罪的，对直接责任人员，依照刑法有关规定追究刑事责任；造成损失的，依法承担赔偿责任：对勘察、设计、施工、工程监理等单位提出不符合安全生产法律、法规和强制性标准规定的要求的；要求施工单位压缩合同约定的工期的；将拆除工程发包给不具有相应资质等级的施工单位的。

3. 消防安全职责

单位的主要负责人是本单位的消防安全责任人。《消防法》对建设工程的消防管理要求做了具体要求，具体如下：

（1）建设工程的消防设计、施工必须符合国家工程建设消防技术标准。建设、设计、施工、工程监理等单位依法对建设工程的消防设计、施工质量负责。建筑构件、建筑材料和室内装修、装饰材料的防火性能必须符合国家标准；没有国家标准的，必须符合行业标准。人员密集场所室内装修、装饰，应当按照消防技术标准的要求，使用不燃、难燃材料。

（2）按照国家工程建设消防技术标准需要进行消防设计的建设工程，建设单位应当自依法取得施工许可之日起七个工作日内，将消防设计文件报公安机关消防机构备案，公安机关消防机构应当进行抽查。国务院公安部门规定的大型的人员密集场所和其他特殊建设工程，建设单位应当将消防设计文件报送公安机关消防机构审核。公安机关消防机构依法对审核的结果负责。建设单位未将消防设计文件报公安机关消防机构备案，或者在竣工后未依照本法规定报公安机关消防机构备案的，责令限期改正，处五千元以下罚款。

（3）依法应当经公安机关消防机构进行消防设计审核的建设工程，未经依法审核或者审核不合格的，负责审批该工程施工许可的部门不得给予施工许可，建设单位、施工单位不得施工；其他建设工程取得施工许可后经依法抽查不合格的，应当停止施工。

（4）按照国家工程建设消防技术标准需要进行消防设计的建设工程竣工，依照下列规定进行消防验收、备案：国务院公安部门规定的大型的人员密集场所和其他特殊建设工程，建设单位应当向公安机关消防机构申请消防验收；其他建设工程，建设单位在验收后应当报公安机关消防机构备案，公安机关消防机构应当进行抽查。

依法应当进行消防验收的建设工程，未经消防验收或者消防验收不合格的，禁止投入使用；其他建设工程经依法抽查不合格的，应当停止使用。

（5）《消防法》对建设工程在施工中相应的处罚规定有：

有下列行为之一的，将被责令停止施工、停止使用或者停产停业，并处三万元以上三十万元以下罚款：

1）依法应当经公安机关消防机构进行消防设计审核的建设工程，未经依法审核或者审核不合格，擅自施工的；

2）消防设计经公安机关消防机构依法抽查不合格，不停止施工的；

3）依法应当进行消防验收的建设工程，未经消防验收或者消防验收不合格，擅自投入使用的；

4）建设工程投入使用后经公安机关消防机构依法抽查不合格，不停止使用的；

5）公众聚集场所未经消防安全检查或者经检查不符合消防安全要求，擅自投入使用、营业的。

有下列行为之一的，责令改正或者停止施工，并处一万元以上十万元以下罚款：

1）建设单位要求建筑设计单位或者建筑施工企业降低消防技术标准设计、施工的；

2）建筑设计单位不按照消防技术标准强制性要求进行消防设计的；

3）建筑施工企业不按照消防设计文件和消防技术标准施工，降低消防施工质量的；

4）工程监理单位与建设单位或者建筑施工企业串通，弄虚作假，降低消防施工质量的。

4. 职业健康管理职责

为了预防、控制和消除职业病危害，防治职业病，保护劳动者健康及其相关权益，促进经济发展，国家出台了《职业病防治法》，对建设工程的职业健康要求如下：

（1）新建、扩建、改建建设项目和技术改造、技术引进项目（以下统称"建设项目"）可能产生职业病危害的，建设单位在可行性论证阶段应当进行职业病危害预评价。医疗机构建设项目可能产生放射性职业病危害的，建设单位应当向卫生行政部门提交放射性职业病危害预评价报告。卫生行政部门应当自收到预评价报告之日起三十日内，作出审核决定并书面通知建设单位。未提交预评价报告或者预评价报告未经卫生行政部门审核同意的，不得开工建设。

（2）建设项目的职业病防护设施所需费用应当纳入建设项目工程预算，并与主体工程同时设计，同时施工，同时投入生产和使用。

建设项目的职业病防护设施设计应当符合国家职业卫生标准和卫生要求；其中，医疗机构放射性职业病危害严重的建设项目的防护设施设计，应当经卫生行政部门审查同意后，方可施工。

建设项目在竣工验收前，建设单位应当进行职业病危害控制效果评价。

医疗机构可能产生放射性职业病危害的建设项目竣工验收时，其放射性职业病防护设施经卫生行政部门验收合格后，方可投入使用；其他建设项目的职业病防护设施应当由建设单位负责依法组织验收，验收合格后，方可投入生产和使用。安全生产监督管理部门应当加强对建设单位组织的验收活动和验收结果的监督核查。

（3）建设单位违反本法规定，有下列行为之一的，由安全生产监督管理部门和卫生行政部门依据职责分工给予警告，责令限期改正；逾期不改正的，处十万元以上五十万元以下的罚款；情节严重的，责令停止产生职业病危害的作业，或者提请有关人民政府按照国务院规定的权限责令停建、关闭：

1）未按照规定进行职业病危害预评价的；

2）医疗机构可能产生放射性职业病危害的建设项目未按照规定提交放射性职业病危害预评价报告，或者放射性职业病危害预评价报告未经卫生行政部门审核同意，开工建设的；

3）建设项目的职业病防护设施未按照规定与主体工程同时设计、同时施工、同时投入生产和使用的；

4）建设项目的职业病防护设施设计不符合国家职业卫生标准和卫生要求，或者医疗机构放射性职业病危害严重的建设项目的防护设施设计未经卫生行政部门审查同意擅自施工的；

5）未按照规定对职业病防护设施进行职业病危害控制效果评价的；

6）建设项目竣工投入生产和使用前，职业病防护设施未按照规定验收合格的。

四、勘察设计监理单位的安全生产法律义务与责任

（一）勘察、设计单位的安全生产主体责任

1. 从事建设工程勘察、设计活动，应当坚持先勘察、后设计、再施工的原则。建设工程勘察、设计单位应当在其资质等级许可的范围内承揽建设工程勘察、设计业务。禁止建设工程勘察、设计单位超越其资质等级许可的范围或者以其他建设工程勘察、设计单位的名义承揽建设工程勘察、设计业务。禁止建设工程勘察、设计单位允许其他单位或者个人以本单位的名义承揽建设工程勘察、设计业务。

2. 国家对从事建设工程勘察、设计活动的专业技术人员，实行执业资格注册管理制度。建设工程勘察、设计注册执业人员和其他专业技术人员只能受聘于一个建设工程勘察、设计单位；未受聘于建设工程勘察、设计单位的，不得从事建设工程勘察、设计活动。未经注册的建设工程勘察、设计人员，不得以注册执业人员的名义从事建设工程勘察、设计活动。

3. 建设工程勘察、设计应当依照《中华人民共和国招标投标法》的规定，实行招标发包。除建设工程主体部分的勘察、设计外，经发包方书面同意，承包方可以将建设工程其他部分的勘察、设计再分包给其他具有相应资质等级的建设工程勘察、设计单位。建设工程勘察、设计单位不得将所承揽的建设工程勘察、设计转包。

4. 勘察单位应当按照法律、法规和工程建设强制性标准进行勘察，提供的勘察文件应当真实、准确，满足建设工程安全生产的需要。勘察单位在勘察作业时，应当严格执行操作规程，采取措施保证各类管线、设施和周边建筑物、构筑物的安全。

5. 建设工程勘察、设计文件中规定采用的新技术、新材料，可能影响建设工程质量和安全，又没有国家技术标准的，应当由国家认可的检测机构进行试验、论证，出具检测报告，并经国务院有关部门或者省、自治区、直辖市人民政府有关部门组织的建设工程技术专家委员会审定后，方可使用。

建设工程勘察、设计单位应当在建设工程施工前，向施工单位和监理单位说明建设工

程勘察、设计意图，解释建设工程勘察、设计文件。建设工程勘察、设计单位应当及时解决施工中出现的勘察、设计问题。

6. 建设项目安全设施的设计人、设计单位应当对安全设施设计负责。设计单位应当按照法律、法规和工程建设强制性标准进行设计，防止因设计不合理导致生产安全事故的发生。设计单位应当考虑施工安全操作和防护的需要，对涉及施工安全的重点部位和环节在设计文件中注明，并对防范生产安全事故提出指导意见。采用新结构、新材料、新工艺的建设工程和特殊结构的建设工程，设计单位应当在设计中提出保障施工作业人员安全和预防生产安全事故的措施建议。

7. 建设单位、施工单位、监理单位不得修改建设工程勘察、设计文件；确需修改建设工程勘察、设计文件的，应当由原建设工程勘察、设计单位修改。经原建设工程勘察、设计单位书面同意，建设单位也可以委托其他具有相应资质的建设工程勘察、设计单位修改。修改单位对修改的勘察、设计文件承担相应责任。

施工单位、监理单位发现建设工程勘察、设计文件不符合工程建设强制性标准、合同约定的质量要求的，应当报告建设单位，建设单位有权要求建设工程勘察、设计单位对建设工程勘察、设计文件进行补充、修改。建设工程勘察、设计文件内容需要作重大修改的，建设单位应当报经原审批机关批准后，方可修改。

8. 勘察单位、设计单位有下列行为之一的，责令限期改正，处10万元以上30万元以下的罚款；情节严重的，责令停业整顿，降低资质等级，直至吊销资质证书；造成重大安全事故，构成犯罪的，对直接责任人员，依照刑法有关规定追究刑事责任；造成损失的，依法承担赔偿责任：

1) 未按照法律、法规和工程建设强制性标准进行勘察、设计的；

2) 采用新结构、新材料、新工艺的建设工程和特殊结构的建设工程，设计单位未在设计中提出保障施工作业人员安全和预防生产安全事故的措施建议的。

（二）监理单位的安全生产主体责任

工程监理单位是指依法成立并取得建设主管部门颁发的工程监理企业资质证书，从事建设工程监理与相关服务活动的服务机构。建设工程监理单位受建设单位委托，根据法律法规、工程建设标准、勘察设计文件及合同，在施工阶段对建设工程质量、造价、进度进行控制，对合同、信息进行管理，对工程建设相关方的关系进行协调，并履行建设工程安全生产管理法定职责的服务活动。

《建筑法》、《建设工程安全生产管理条例》等法律法规关于监理单位和人员的安全规定有：

1. 实施建筑工程监理前，建设单位应当将委托的工程监理单位、监理的内容及监理权限，书面通知被监理的建筑施工企业。

2. 建筑工程监理应当依照法律、行政法规及有关的技术标准、设计文件和建筑工程承包合同，对承包单位在施工质量、建设工期和建设资金使用等方面，代表建设单位实施监督。工程监理人员认为工程施工不符合工程设计要求、施工技术标准和合同约定的，有权要求建筑施工企业改正。工程监理人员发现工程设计不符合建筑工程质量标准或者合同约定的质量要求的，应当报告建设单位要求设计单位改正。

工程监理单位应当审查施工组织设计中的安全技术措施或者专项施工方案是否符合工程建设强制性标准。工程监理单位在实施监理过程中，发现存在安全事故隐患的，应当要求施工单位整改；情况严重的，应当要求施工单位暂时停止施工，并及时报告建设单位。施工单位拒不整改或者不停止施工的，工程监理单位应当及时向有关主管部门报告。工程监理单位和监理工程师应当按照法律、法规和工程建设强制性标准实施监理，并对建设工程安全生产承担监理责任。

3. 工程监理单位不按照委托监理合同的约定履行监理义务，对应当监督检查的项目不检查或者不按照规定检查，给建设单位造成损失的，应当承担相应的赔偿责任。工程监理单位与承包单位串通，为承包单位谋取非法利益，给建设单位造成损失的，应当与承包单位承担连带赔偿责任。

4. 工程监理单位与建设单位或者建筑施工企业串通，弄虚作假、降低工程质量的，责令改正，处以罚款，降低资质等级或者吊销资质证书；有违法所得的，予以没收；造成损失的，承担连带赔偿责任；构成犯罪的，依法追究刑事责任。工程监理单位转让监理业务的，责令改正，没收违法所得，可以责令停业整顿，降低资质等级；情节严重的，吊销资质证书。

5. 工程监理单位有下列行为之一的，责令限期改正；逾期未改正的，责令停业整顿，并处 10 万元以上 30 万元以下的罚款；情节严重的，降低资质等级，直至吊销资质证书；造成重大安全事故，构成犯罪的，对直接责任人员，依照刑法有关规定追究刑事责任；造成损失的，依法承担赔偿责任：

1）未对施工组织设计中的安全技术措施或者专项施工方案进行审查的；

2）发现安全事故隐患未及时要求施工单位整改或者暂时停止施工的；

3）施工单位拒不整改或者不停止施工，未及时向有关主管部门报告的；

4）未依照法律、法规和工程建设强制性标准实施监理的。

五、机械设备、施工机具、自升式架设设施及检验检测 机构等的安全生产法律义务与责任

（一）施工机械设备、设施单位的安全生产主体责任

1. 资质要求

在施工现场安装、拆卸施工起重机械和整体提升脚手架、模板等自升式架设设施，必须由具有相应资质的单位承担。

安装、拆卸施工起重机械和整体提升脚手架、模板等自升式架设设施，应当编制拆装方案、制定安全施工措施，并由专业技术人员现场监督。

施工起重机械和整体提升脚手架、模板等自升式架设设施安装完毕后，安装单位应当自检，出具自检合格证明，并向施工单位进行安全使用说明，办理验收手续并签字。

2. 设备要求

（1）出租的机械设备和施工机具及配件，应当具有生产（制造）许可证、产品合格证。出租单位应当对出租的机械设备和施工机具及配件的安全性能进行检测，在签订租赁

协议时，应当出具检测合格证明。禁止出租检测不合格的机械设备和施工机具及配件。施工起重机械和整体提升脚手架、模板等自升式架设设施的使用达到国家规定的检验检测期限的，必须经具有专业资质的检验检测机构检测。经检测不合格的，不得继续使用。检验检测机构对检测合格的施工起重机械和整体提升脚手架、模板等自升式架设设施，应当出具安全合格证明文件，并对检测结果负责。

（2）为建设工程提供机械设备和配件的单位，应当按照安全施工的要求配备齐全有效的保险、限位等安全设施和装置。为建设工程提供机械设备和配件的单位，未按照安全施工的要求配备齐全有效的保险、限位等安全设施和装置的，责令限期改正，处合同价款 1 倍以上 3 倍以下的罚款；造成损失的，依法承担赔偿责任。

3. 责任追究

（1）未经许可，擅自从事电梯、起重机械及其安全附件、安全保护装置的制造、安装、改造以及压力管道元件的制造活动的，由特种设备安全监督管理部门予以取缔，没收非法制造的产品，已经实施安装、改造的，责令恢复原状或者责令限期由取得许可的单位重新安装、改造，处 10 万元以上 50 万元以下罚款；触犯刑律的，对负有责任的主管人员和其他直接责任人员依照刑法关于生产、销售伪劣产品罪、非法经营罪、重大责任事故罪或者其他罪的规定，依法追究刑事责任。

（2）未经许可，擅自从事电梯、起重机械的维修或者日常维护保养的，由特种设备安全监督管理部门予以取缔，处 1 万元以上 5 万元以下罚款；有违法所得的，没收违法所得；触犯刑律的，对负有责任的主管人员和其他直接责任人员依照刑法关于非法经营罪、重大责任事故罪或者其他罪的规定，依法追究刑事责任。

（3）出租单位出租未经安全性能检测或者经检测不合格的机械设备和施工机具及配件的，责令停业整顿，并处 5 万元以上 10 万元以下的罚款；造成损失的，依法承担赔偿责任。

（4）施工起重机械和整体提升脚手架、模板等自升式架设设施安装、拆卸单位有下列行为之一的，责令限期改正，处 5 万元以上 10 万元以下的罚款；情节严重的，责令停业整顿，降低资质等级，直至吊销资质证书；造成损失的，依法承担赔偿责任：

1）未编制拆装方案、制定安全施工措施的；

2）未由专业技术人员现场监督的；

3）未出具自检合格证明或者出具虚假证明的；

4）未向施工单位进行安全使用说明，办理移交手续的。

施工起重机械和整体提升脚手架、模板等自升式架设设施安装、拆卸单位有前款规定的第 1）项、第 3）项行为，经有关部门或者单位职工提出后，对事故隐患仍不采取措施，因而发生重大伤亡事故或者造成其他严重后果，构成犯罪的，对直接责任人员，依照刑法有关规定追究刑事责任。

（二）检验检测机构的安全生产主体责任

在《特种设备安全监察条例》中，对检验检测机构的安全生产主体责任进行了明确的规定：

1. 特种设备的生产、使用单位或者检验检测机构，拒不接受特种设备安全监督管理部门依法实施的安全监察的，由特种设备安全监督管理部门责令限期改正；逾期未改正的，责令停产停业整顿，处 2 万元以上 10 万元以下罚款；触犯刑律的，依照刑法关于妨害公务罪或者其他罪的规定，依法追究刑事责任。

特种设备生产、使用单位擅自动用、调换、转移、损毁被查封、扣押的特种设备或者其主要部件的，由特种设备安全监督管理部门责令改正，处 5 万元以上 20 万元以下罚款；情节严重的，撤销其相应资格。

2. 特种设备检验检测机构，有下列情形之一的，由特种设备安全监督管理部门处 2 万元以上 10 万元以下罚款；情节严重的，撤销其检验检测资格：聘用未经特种设备安全监督管理部门组织考核合格并取得检验检测人员证书的人员，从事相关检验检测工作的；在进行特种设备检验检测中，发现严重事故隐患或者能耗严重超标，未及时告知特种设备使用单位，并立即向特种设备安全监督管理部门报告的。

3. 特种设备检验检测机构和检验检测人员，出具虚假的检验检测结果、鉴定结论或者检验检测结果、鉴定结论严重失实的，由特种设备安全监督管理部门对检验检测机构没收违法所得，处 5 万元以上 20 万元以下罚款，情节严重的，撤销其检验检测资格；对检验检测人员处 5000 元以上 5 万元以下罚款，情节严重的，撤销其检验检测资格，触犯刑律的，依照刑法关于中介组织人员提供虚假证明文件罪、中介组织人员出具证明文件重大失实罪或者其他罪的规定，依法追究刑事责任。

特种设备检验检测机构和检验检测人员，出具虚假的检验检测结果、鉴定结论或者检验检测结果、鉴定结论严重失实，造成损害的，应当承担赔偿责任。

4. 特种设备检验检测机构或者检验检测人员从事特种设备的生产、销售，或者以其名义推荐或者监制、监销特种设备的，由特种设备安全监督管理部门撤销特种设备检验检测机构和检验检测人员的资格，处 5 万元以上 20 万元以下罚款；有违法所得的，没收违法所得。

5. 特种设备检验检测机构和检验检测人员利用检验检测工作故意刁难特种设备生产、使用单位，由特种设备安全监督管理部门责令改正；拒不改正的，撤销其检验检测资格。检验检测人员，从事检验检测工作，不在特种设备检验检测机构执业或者同时在两个以上检验检测机构中执业的，由特种设备安全监督管理部门责令改正，情节严重的，给予停止执业 6 个月以上 2 年以下的处罚；有违法所得的，没收违法所得。

6. 特种设备安全监督管理部门及其特种设备安全监察人员，有下列违法行为之一的，对直接负责的主管人员和其他直接责任人员，依法给予降级或者撤职的处分；触犯刑律的，依照刑法关于受贿罪、滥用职权罪、玩忽职守罪或者其他罪的规定，依法追究刑事责任：

1）不按照规定的条件和安全技术规范要求，实施许可、核准、登记的；发现未经许可、核准、登记擅自从事特种设备的生产、使用或者检验检测活动不予取缔或者不依法予以处理的；

2）发现特种设备生产、使用单位不再具备规定的条件而不撤销其原许可，或者发现特种设备生产、使用违法行为不予查处的；

3）发现特种设备检验检测机构不再具备规定的条件而不撤销其原核准，或者对其出具虚假的检验检测结果、鉴定结论或者检验检测结果、鉴定结论严重失实的行为不予查处的；

　　4）对依照规定在其他地方取得许可的特种设备生产单位重复进行许可，或者对依照规定在其他地方检验检测合格的特种设备，重复进行检验检测的；

　　5）发现有违反相关规定和安全技术规范的行为，或者在用的特种设备存在严重事故隐患，不立即处理的；发现重大的违法行为或者严重事故隐患，未及时向上级特种设备安全监督管理部门报告，或者接到报告的特种设备安全监督管理部门不立即处理的；

　　6）迟报、漏报、瞒报或者谎报事故的；妨碍事故救援或者事故调查处理的。

六、施工单位的安全生产法律义务与责任

（一）企业安全生产许可

　　1. 建筑行业属于高危行业，施工单位从事建设工程的新建、扩建、改建和拆除等活动，应当具备国家规定的注册资本、专业技术人员、技术装备和安全生产等条件，依法取得相应等级的资质证书，并在其资质等级许可的范围内承揽工程。

　　2. 施工现场安全由建筑施工企业负责。实行施工总承包的，由总承包单位负责。分包单位向总承包单位负责，服从总承包单位对施工现场的安全生产管理。总承包单位应当自行完成建设工程主体结构的施工。总承包单位依法将建设工程分包给其他单位的，分包合同中应当明确各自的安全生产方面的权利、义务。总承包单位和分包单位对分包工程的安全生产承担连带责任。分包单位应当服从总承包单位的安全生产管理，分包单位不服从管理导致生产安全事故的，由分包单位承担主要责任。

　　3. 建筑工程总承包单位按照总承包合同的约定对建设单位负责；分包单位按照分包合同的约定对总承包单位负责。总承包单位和分包单位就分包工程对建设单位承担连带责任。禁止总承包单位将工程分包给不具备相应资质条件的单位，禁止分包单位将其承包的工程再分包。

　　发包单位将工程发包给不具有相应资质条件的承包单位的，或者违反将建筑工程肢解发包的，责令改正，处以罚款。超越本单位资质等级承揽工程的，责令停止违法行为，处以罚款，可以责令停业整顿，降低资质等级；情节严重的，吊销资质证书；有违法所得的，予以没收。未取得资质证书承揽工程的，予以取缔，并处罚款；有违法所得的，予以没收。以欺骗手段取得资质证书的，吊销资质证书，处以罚款；构成犯罪的，依法追究刑事责任。

　　4. 大型建筑工程或者结构复杂的建筑工程，可以由两个以上的承包单位联合共同承包。共同承包的各方对承包合同的履行承担连带责任。

（二）安全生产组织体系

　　建筑施工企业必须依法加强对建筑安全生产的管理，执行安全生产责任制度，采取有效措施，防止伤亡和其他安全生产事故的发生。建筑施工企业的法定代表人对本企业的安全生产负责。根据《安全生产法》规定：建筑企业须设置独立的安监机构，配齐配强专职安全管理人员。按照《建筑施工企业安全生产管理机构设置及专职安全生产管理人员配备

办法》规定：

1. 建筑施工企业安全生产管理机构专职安全生产管理人员的配备应满足下列要求，并应根据企业经营规模、设备管理和生产需要予以增加：

（1）建筑施工总承包资质序列企业：特级资质不少于6人；一级资质不少于4人；二级和二级以下资质企业不少于3人。

（2）建筑施工专业承包资质序列企业：一级资质不少于3人；二级和二级以下资质企业不少于2人。

（3）建筑施工劳务分包资质序列企业：不少于2人。

（4）建筑施工企业的分公司、区域公司等较大的分支机构（以下简称"分支机构"）应依据实际生产情况配备不少于2人的专职安全生产管理人员。

2. 建筑施工企业安全生产管理机构具有以下职责：

宣传和贯彻国家有关安全生产法律法规和标准；编制并适时更新安全生产管理制度并监督实施；组织或参与企业生产安全事故应急救援预案的编制及演练；组织开展安全教育培训与交流；协调配备项目专职安全生产管理人员；制订企业安全生产检查计划并组织实施；监督在建项目安全生产费用的使用；参与危险性较大工程安全专项施工方案专家论证会；通报在建项目违规违章查处情况；组织开展安全生产评优评先表彰工作；建立企业在建项目安全生产管理档案；考核评价分包企业安全生产业绩及项目安全生产管理情况；参加生产安全事故的调查和处理工作。

3. 建筑施工企业安全生产管理机构专职安全生产管理人员在施工现场检查过程中具有以下职责：

查阅在建项目安全生产有关资料、核实有关情况；检查危险性较大工程安全专项施工方案落实情况；监督项目专职安全生产管理人员履责情况；监督作业人员安全防护用品的配备及使用情况；对发现的安全生产违章违规行为或安全隐患，有权当场予以纠正或作出处理决定；对不符合安全生产条件的设施、设备、器材，有权当场作出查封的处理决定；对施工现场存在的重大安全隐患有权越级报告或直接向建设主管部门报告。

4. 总承包单位配备项目专职安全生产管理人员应当满足下列要求：

（1）建筑工程、装修工程按照建筑面积配备：1万平方米以下的工程不少于1人；1万～5万平方米的工程不少于2人；5万平方米及以上的工程不少于3人，且按专业配备专职安全生产管理人员。

（2）土木工程、线路管道、设备安装工程按照工程合同价配备：5000万元以下的工程不少于1人；5000万元～1亿元的工程不少于2人；1亿元及以上的工程不少于3人，且按专业配备专职安全生产管理人员。

5. 分包单位配备项目专职安全生产管理人员应当满足下列要求：

（1）专业承包单位应当配置至少1人，并根据所承担的分部分项工程的工程量和施工危险程度增加。

（2）劳务分包单位施工人员在50人以下的，应当配备1名专职安全生产管理人员；50～200人的，应当配备2名专职安全生产管理人员；200人及以上的，应当配备3名及以上专职安全生产管理人员，并根据所承担的分部分项工程施工危险实际情况增加，不得少于工程施工人员总人数的5‰。

（三）相关人员的责任与义务

1. 施工单位主要负责人依法对本单位的安全生产工作全面负责。施工单位应当建立健全安全生产责任制度和安全生产教育培训制度，制定安全生产规章制度和操作规程，保证本单位安全生产条件所需资金的投入，对所承担的建设工程进行定期和专项安全检查，并做好安全检查记录。

2. 施工单位的项目负责人应当由取得相应执业资格的人员担任，对建设工程项目的安全施工负责，落实安全生产责任制度、安全生产规章制度和操作规程，确保安全生产费用的有效使用，并根据工程的特点组织制定安全施工措施，消除安全事故隐患，及时、如实报告生产安全事故。

3. 建设工程施工前，施工单位负责项目管理的技术人员应当对有关安全施工的技术要求向施工作业班组、作业人员作出详细说明，并由双方签字确认。垂直运输机械作业人员、安装拆卸工、爆破作业人员、起重信号工、登高架设作业人员等特种作业人员，必须按照国家有关规定经过专门的安全作业培训，并取得特种作业操作资格证书后，方可上岗作业。

4. 作业人员有权对施工现场的作业条件、作业程序和作业方式中存在的安全问题提出批评、检举和控告，有权拒绝违章指挥和强令冒险作业。作业人员应当遵守安全施工的强制性标准、规章制度和操作规程，正确使用安全防护用具、机械设备等。在施工中发生危及人身安全的紧急情况时，作业人员有权立即停止作业或者在采取必要的应急措施后撤离危险区域。

5. 施工单位对列入建设工程概算的安全作业环境及安全施工措施所需费用，应当用于施工安全防护用具及设施的采购和更新、安全施工措施的落实、安全生产条件的改善，不得挪作他用。

施工单位应当向作业人员提供安全防护用具和安全防护服装，并书面告知危险岗位的操作规程和违章操作的危害。建筑施工企业必须为从事危险作业的职工办理意外伤害保险，支付保险费。

施工单位应当为施工现场从事危险作业的人员办理意外伤害保险。意外伤害保险费由施工单位支付。实行施工总承包的，由总承包单位支付意外伤害保险费。意外伤害保险期限自建设工程开工之日起至竣工验收合格止。

（四）安全技术管理

1. 技术要求

（1）建筑施工企业在编制施工组织设计时，应当根据建筑工程的特点制定相应的安全技术措施；对专业性较强的工程项目，应当编制专项安全施工组织设计，并采取安全技术措施。企业应该编制相应的施工组织设计评审制度、安全技术操作规程、安全专项施工方案制度等。

（2）施工单位应当在施工组织设计中编制安全技术措施和施工现场临时用电方案，对下列达到一定规模的危险性较大的分部分项工程编制专项施工方案，并附具安全验算结果，经施工单位技术负责人、总监理工程师签字后实施，由专职安全生产管理人员进行现场监督；基坑支护与降水工程；土方开挖工程；模板工程；起重吊装工程；脚手架工程；拆除、爆破工程；国务院建设行政主管部门或者其他有关部门规定的其他危险性较大的工程。

对涉及深基坑、地下暗挖工程、高大模板工程的专项施工方案，施工单位还应当组织专家进行论证、审查。

（3）施工单位在使用施工起重机械和整体提升脚手架、模板等自升式架设设施前，应当组织有关单位进行验收，也可以委托具有相应资质的检验检测机构进行验收；使用承租的机械设备和施工机具及配件的，由施工总承包单位、分包单位、出租单位和安装单位共同进行验收。验收合格的方可使用。

施工单位应当自施工起重机械和整体提升脚手架、模板等自升式架设设施验收合格之日起 30 日内，向建设行政主管部门或者其他有关部门登记。登记标志应当置于或者附着于该设备的显著位置。《特种设备安全监察条例》规定的施工起重机械，在验收前应当经有相应资质的检验检测机构监督检验合格。

2. 防护设施

（1）施工单位应当在施工现场入口处、施工起重机械、临时用电设施、脚手架、出入通道口、楼梯口、电梯井口、孔洞口、桥梁口、隧道口、基坑边沿、爆破物及有害危险气体和液体存放处等危险部位，设置明显的安全警示标志。应当根据不同施工阶段和周围环境及季节、气候的变化，在施工现场采取相应的安全施工措施。施工现场暂时停止施工的，施工单位应当做好现场防护，所需费用由责任方承担，或者按照合同约定执行。

（2）施工单位应当将施工现场的办公、生活区与作业区分开设置，并保持安全距离；办公、生活区的选址应当符合安全性要求。职工的膳食、饮水、休息场所等应当符合卫生标准。施工单位不得在尚未竣工的建筑物内设置员工集体宿舍。施工现场临时搭建的建筑物应当符合安全使用要求。施工现场使用的装配式活动房屋应当具有产品合格证。

（3）施工单位对因建设工程施工可能造成损害的毗邻建筑物、构筑物和地下管线等，应当采取专项防护措施。施工单位应当遵守有关环境保护法律、法规的规定，在施工现场采取措施，防止或者减少粉尘、废气、废水、固体废物、噪声、振动和施工照明对人和环境的危害和污染。在城市市区内的建设工程，施工单位应当对施工现场实行封闭围挡。

（4）施工单位采购、租赁的安全防护用具、机械设备、施工机具及配件，应当具有生产（制造）许可证、产品合格证，并在进入施工现场前进行查验。施工现场的安全防护用具、机械设备、施工机具及配件必须由专人管理，定期进行检查、维修和保养，建立相应的资料档案，并按照国家有关规定及时报废。

（五）安全培训管理

1. 建筑施工企业应当建立健全劳动安全生产教育培训制度，加强对职工安全生产的教育培训；未经安全生产教育培训的人员，不得上岗作业。

2. 施工单位的主要负责人、项目负责人、专职安全生产管理人员应当经建设行政主管部门或者其他有关部门考核合格后方可任职。应当对管理人员和作业人员每年至少进行一次安全生产教育培训，其教育培训情况记入个人工作档案。安全生产教育培训考核不合格的人员，不得上岗。

3. 建筑施工企业和作业人员在施工过程中，应当遵守有关安全生产的法律、法规和建筑行业安全规章、规程，不得违章指挥或者违章作业。作业人员有权对影响人身健康的作业程序和作业条件提出改进意见，有权获得安全生产所需的防护用品。作业人员对危及生命安全和人身健康的行为有权提出批评、检举和控告。

4. 作业人员进入新的岗位或者新的施工现场前，应当接受安全生产教育培训。未经教育培训或者教育培训考核不合格的人员，不得上岗作业。施工单位在采用新技术、新工艺、新设备、新材料时，应当对作业人员进行相应的安全生产教育培训。

（六）隐患排查管理

1. 企业应当建立安全隐患排查治理制度，出台或明确企业层面和工程项目的检查标准，定期组织开展安全检查工作，排除安全隐患，确保施工生产安全。

2. 建筑施工企业应当在施工现场采取维护安全、防范危险、预防火灾等措施；有条件的，应当对施工现场实行封闭管理。施工现场对毗邻的建筑物、构筑物和特殊作业环境可能造成损害的，建筑施工企业应当采取安全防护措施。

3. 建筑施工企业应当遵守有关环境保护和安全生产的法律、法规的规定，采取控制和处理施工现场的各种粉尘、废气、废水、固体废物以及噪声、振动对环境的污染和危害的措施。

4. 建筑施工企业违反规定，对建筑安全事故隐患不采取措施予以消除的，责令改正，可以处以罚款；情节严重的，责令停业整顿，降低资质等级或者吊销资质证书；构成犯罪的，依法追究刑事责任。建筑施工企业的管理人员违章指挥、强令职工冒险作业，因而发生重大伤亡事故或者造成其他严重后果的，依法追究刑事责任。

5. 施工单位应当在施工现场建立消防安全责任制度，确定消防安全责任人，制定用火、用电、使用易燃易爆材料等各项消防安全管理制度和操作规程，设置消防通道、消防水源，配备消防设施和灭火器材，并在施工现场入口处设置明显标志。

（七）事故调查处理与责任追究

1. 安全生产应急救援

（1）施工企业应当建立安全生产应急预案管理制度，编制安全应急预案，并组织应急演练。施工单位应当制定本单位生产安全事故应急救援预案，建立应急救援组织或者配备应急救援人员，配备必要的应急救援器材、设备，并定期组织演练。

施工单位应当根据建设工程施工的特点、范围，对施工现场易发生重大事故的部位、环节进行监控，制定施工现场生产安全事故应急救援预案。实行施工总承包的，由总承包单位统一组织编制建设工程生产安全事故应急救援预案，工程总承包单位和分包单位按照应急救援预案，各自建立应急救援组织或者配备应急救援人员，配备救援器材、设备，并定期组织演练。

（2）施工中发生事故时，建筑施工企业应当采取紧急措施减少人员伤亡和事故损失，并按照国家有关规定及时向有关部门报告。按照国家有关伤亡事故报告和调查处理的规定，及时、如实地向负责安全生产监督管理的部门、建设行政主管部门或者其他有关部门报告；特种设备发生事故的，还应当同时向特种设备安全监督管理部门报告。接到报告的部门应当按照国家有关规定，如实上报。实行施工总承包的建设工程，由总承包单位负责上报事故。

（3）发生生产安全事故后，施工单位应当采取措施防止事故扩大，保护事故现场。需要移动现场物品时，应当做出标记和书面记录，妥善保管有关证物。

2. 责任追究与处罚

建筑行业安全生产事故责任追究的依然遵照《安全生产法》、《生产安全事故报告和调查处理条例》，行业具体相关处罚规定如下：

（1）施工单位取得资质证书后，降低安全生产条件的，责令限期改正；经整改仍未达到与其资质等级相适应的安全生产条件的，责令停业整顿，降低其资质等级直至吊销资质证书。

（2）施工单位挪用列入建设工程概算的安全生产作业环境及安全施工措施所需费用的，责令限期改正，处挪用费用20%以上50%以下的罚款；造成损失的，依法承担赔偿责任。

（3）施工单位的主要负责人、项目负责人未履行安全生产管理职责的，责令限期改正；逾期未改正的，责令施工单位停业整顿；造成重大安全事故、重大伤亡事故或者其他严重后果，构成犯罪的，依照刑法有关规定追究刑事责任。

作业人员不服管理、违反规章制度和操作规程冒险作业造成重大伤亡事故或者其他严重后果，构成犯罪的，依照刑法有关规定追究刑事责任。

施工单位的主要负责人、项目负责人有前款违法行为，尚不够刑事处罚的，处2万元以上20万元以下的罚款或者按照管理权限给予撤职处分；自刑罚执行完毕或者受处分之日起，5年内不得担任任何施工单位的主要负责人、项目负责人。

（4）施工单位有下列行为之一的，责令限期改正；逾期未改正的，责令停业整顿，依照《中华人民共和国安全生产法》的有关规定处以罚款；造成重大安全事故，构成犯罪的，对直接责任人员，依照刑法有关规定追究刑事责任：

① 未设立安全生产管理机构、配备专职安全生产管理人员或者分部分项工程施工时无专职安全生产管理人员现场监督的；

② 施工单位的主要负责人、项目负责人、专职安全生产管理人员、作业人员或者特种作业人员，未经安全教育培训或者经考核不合格即从事相关工作的；

③ 未在施工现场的危险部位设置明显的安全警示标志，或者未按照国家有关规定在施工现场设置消防通道、消防水源、配备消防设施和灭火器材的；

④ 未向作业人员提供安全防护用具和安全防护服装的；

⑤ 未按照规定在施工起重机械和整体提升脚手架、模板等自升式架设设施验收合格后登记的；

⑥ 使用国家明令淘汰、禁止使用的危及施工安全的工艺、设备、材料的。

（5）施工单位有下列行为之一的，责令限期改正；逾期未改正的，责令停业整顿，并处5万元以上10万元以下的罚款；造成重大安全事故，构成犯罪的，对直接责任人员，依照刑法有关规定追究刑事责任：

① 施工前未对有关安全施工的技术要求作出详细说明的；

② 未根据不同施工阶段和周围环境及季节、气候的变化，在施工现场采取相应的安全施工措施，或者在城市市区内的建设工程的施工现场未实行封闭围挡的；

③ 在尚未竣工的建筑物内设置员工集体宿舍的；

④ 施工现场临时搭建的建筑物不符合安全使用要求的；

⑤ 未对因建设工程施工可能造成损害的毗邻建筑物、构筑物和地下管线等采取专项防护措施的。

（6）施工单位有下列行为之一的，责令限期改正；逾期未改正的，责令停业整顿，并处 10 万元以上 30 万元以下的罚款；情节严重的，降低资质等级，直至吊销资质证书；造成重大安全事故，构成犯罪的，对直接责任人员，依照刑法有关规定追究刑事责任；造成损失的，依法承担赔偿责任：

① 安全防护用具、机械设备、施工机具及配件在进入施工现场前未经查验或者查验不合格即投入使用的；

② 使用未经验收或者验收不合格的施工起重机械和整体提升脚手架、模板等自升式架设设施的；

③ 委托不具有相应资质的单位承担施工现场安装、拆卸施工起重机械和整体提升脚手架、模板等自升式架设设施的；

④ 在施工组织设计中未编制安全技术措施、施工现场临时用电方案或者专项施工方案的。

（八）职业健康管理

1. 建立健全职业健康管理体系

企业应当采取建立完善的职业健康管理体系，防止职业病的发生。具体要求为：设置或者指定职业卫生管理机构或者组织，配备专职或者兼职的职业卫生管理人员，负责本单位的职业病防治工作；制定职业病防治计划和实施方案；建立、健全职业卫生管理制度和操作规程；建立健全职业卫生档案和劳动者健康监护档案；建立、健全工作场所职业病危害因素监测及评价制度；建立、健全职业病危害事故应急救援预案。

2. 确保职业健康投入

用人单位应当保障职业病防治所需的资金投入，不得挤占、挪用，并对因资金投入不足导致的后果承担责任。必须采用有效的职业病防护设施，并为劳动者提供个人使用的职业病防护用品。用人单位为劳动者个人提供的职业病防护用品必须符合防治职业病的要求；不符合要求的，不得使用。

用人单位应当优先采用有利于防治职业病和保护劳动者健康的新技术、新工艺、新设备、新材料，逐步替代职业病危害严重的技术、工艺、设备、材料。对采用的技术、工艺、设备、材料，应当知悉其产生的职业病危害，对有职业病危害的技术、工艺、设备、材料隐瞒其危害而采用的，对所造成的职业病危害后果承担责任。

用人单位的主要负责人和职业卫生管理人员应当接受职业卫生培训，遵守职业病防治法律、法规，依法组织本单位的职业病防治工作。用人单位应当对劳动者进行上岗前的职业卫生培训和在岗期间的定期职业卫生培训，普及职业卫生知识，督促劳动者遵守职业病防治法律、法规、规章和操作规程，指导劳动者正确使用职业病防护设备和个人使用的职业病防护用品。劳动者应当学习和掌握相关的职业卫生知识，增强职业病防范意识，遵守职业病防治法律、法规、规章和操作规程，正确使用、维护职业病防护设备和个人使用的职业病防护用品，发现职业病危害事故隐患应当及时报告。

3. 相关处罚规定

（1）发生或者可能发生急性职业病危害事故时，用人单位应当立即采取应急救援和控制措施，并及时报告所在地安全生产监督管理部门和有关部门。安全生产监督管理部门接到报告后，应当及时会同有关部门组织调查处理；必要时，可以采取临时控制措施。对遭受或者可能遭受急性职业病危害的劳动者，用人单位应当及时组织救治、进行健康检查和医学观察，所需费用由用人单位承担。

（2）违反规定，有下列行为之一的，由安全生产监督管理部门给予警告，责令限期改正；逾期不改正的，处十万元以下的罚款：工作场所职业病危害因素检测、评价结果没有存档、上报、公布的；未采取本法第二十一条规定的职业病防治管理措施的；未按照规定公布有关职业病防治的规章制度、操作规程、职业病危害事故应急救援措施的；未按照规定组织劳动者进行职业卫生培训，或者未对劳动者个人职业病防护采取指导、督促措施的；国内首次使用或者首次进口与职业病危害有关的化学材料，未按照规定报送毒性鉴定资料以及经有关部门登记注册或者批准进口的文件的。

（3）有下列行为之一的，由安全生产监督管理部门责令限期改正，给予警告，可以并处五万元以上十万元以下的罚款：未按照规定及时、如实向安全生产监督管理部门申报产生职业病危害的项目的；未实施由专人负责的职业病危害因素日常监测，或者监测系统不能正常监测的；订立或者变更劳动合同时，未告知劳动者职业病危害真实情况的；未按照规定组织职业健康检查、建立职业健康监护档案或者未将检查结果书面告知劳动者的；未依照本法规定在劳动者离开用人单位时提供职业健康监护档案复印件的。

（4）有下列行为之一的，由安全生产监督管理部门给予警告，责令限期改正，逾期不改正的，处五万元以上二十万元以下的罚款；情节严重的，责令停止产生职业病危害的作业，或者提请有关人民政府按照国务院规定的权限责令关闭：

① 工作场所职业病危害因素的强度或者浓度超过国家职业卫生标准的；

② 未提供职业病防护设施和个人使用的职业病防护用品，或者提供的职业病防护设施和个人使用的职业病防护用品不符合国家职业卫生标准和卫生要求的；

③ 对职业病防护设备、应急救援设施和个人使用的职业病防护用品未按照规定进行维护、检修、检测，或者不能保持正常运行、使用状态的；

④ 未按照规定对工作场所职业病危害因素进行检测、评价的；

⑤ 工作场所职业病危害因素经治理仍然达不到国家职业卫生标准和卫生要求时，未停止存在职业病危害因素的作业的；

⑥ 未按照规定安排职业病病人、疑似职业病病人进行诊治的；

⑦ 发生或者可能发生急性职业病危害事故时，未立即采取应急救援和控制措施或者未按照规定及时报告的；

⑧ 未按照规定在产生严重职业病危害的作业岗位醒目位置设置警示标识和中文警示说明的；

⑨ 拒绝职业卫生监督管理部门监督检查的；

⑩ 隐瞒、伪造、篡改、毁损职业健康监护档案、工作场所职业病危害因素检测评价结果等相关资料，或者拒不提供职业病诊断、鉴定所需资料的；未按照规定承担职业病诊断、鉴定费用和职业病病人的医疗、生活保障费用的。

（5）向用人单位提供可能产生职业病危害的设备、材料，未按照规定提供中文说明书或者设置警示标识和中文警示说明的，由安全生产监督管理部门责令限期改正，给予警告，并处五万元以上二十万元以下的罚款。

（6）用人单位和医疗卫生机构未按照规定报告职业病、疑似职业病的，由有关主管部门依据职责分工责令限期改正，给予警告，可以并处一万元以下的罚款；弄虚作假的，并处二万元以上五万元以下的罚款；对直接负责的主管人员和其他直接责任人员，可以依法给予降级或者撤职的处分。

（7）有下列情形之一的，由安全生产监督管理部门责令限期治理，并处五万元以上三十万元以下的罚款；情节严重的，责令停止产生职业病危害的作业，或者提请有关人民政府按照国务院规定的权限责令关闭：

① 隐瞒技术、工艺、设备、材料所产生的职业病危害而采用的；

② 隐瞒本单位职业卫生真实情况的；

③ 可能发生急性职业损伤的有毒、有害工作场所、放射工作场所或者放射性同位素的运输、贮存不符合本法第二十五条规定的；

④ 使用国家明令禁止使用的可能产生职业病危害的设备或者材料的；

⑤ 将产生职业病危害的作业转移给没有职业病防护条件的单位和个人，或者没有职业病防护条件的单位和个人接受产生职业病危害的作业的；

⑥ 擅自拆除、停止使用职业病防护设备或者应急救援设施的；

⑦ 安排未经职业健康检查的劳动者、有职业禁忌的劳动者、未成年工或者孕期、哺乳期女职工从事接触职业病危害的作业或者禁忌作业的；

⑧ 违章指挥和强令劳动者进行没有职业病防护措施的作业的。

（8）用人单位违反规定，已经对劳动者生命健康造成严重损害的，由安全生产监督管理部门责令停止产生职业病危害的作业，或者提请有关人民政府按照国务院规定的权限责令关闭，并处十万元以上五十万元以下的罚款。造成重大职业病危害事故或者其他严重后果，构成犯罪的，对直接负责的主管人员和其他直接责任人员，依法追究刑事责任。

七、政府主管部门的监督管理

（一）政府主管部门的安全生产法律权利和义务

《安全生产法》对政府、安全生产监督管理部门和其他负有安全生产监督管理职责部门的安全生产权利和义务，作出了规定：

1. 安全生产监督管理部门和其他负有安全生产监督管理职责的部门依法开展安全生产行政执法工作，对生产经营单位执行有关安全生产的法律、法规和国家标准或者行业标准的情况进行监督检查，行使以下职权：

（1）进入生产经营单位进行检查，调阅有关资料，向有关单位和人员了解情况；

（2）对检查中发现的安全生产违法行为，当场予以纠正或者要求限期改正；对依法应当给予行政处罚的行为，依照本法和其他有关法律、行政法规的规定作出行政处罚决定；

（3）对检查中发现的事故隐患，应当责令立即排除；重大事故隐患排除前或者排除过程中无法保证安全的，应当责令从危险区域内撤出作业人员，责令暂时停产停业或者停止使用相关设施、设备；重大事故隐患排除后，经审查同意，方可恢复生产经营和使用；

（4）对有根据认为不符合保障安全生产的国家标准或者行业标准的设施、设备、器材以及违法生产、储存、使用、经营、运输的危险物品予以查封或者扣押，对违法生产、储存、使用、经营危险物品的作业场所予以查封，并依法作出处理决定。

2. 负有安全生产监督管理职责的部门依照有关法律、法规的规定，对涉及安全生产的事项需要审查批准（包括批准、核准、许可、注册、认证、颁发证照等，下同）或者验收的，必须严格依照有关法律、法规和国家标准或者行业标准规定的安全生产条件和程序进行审查；不符合有关法律、法规和国家标准或者行业标准规定的安全生产条件的，不得批准或者验收通过。对未依法取得批准或者验收合格的单位擅自从事有关活动的，负责行政审批的部门发现或者接到举报后应当立即予以取缔，并依法予以处理。对已经依法取得批准的单位，负责行政审批的部门发现其不再具备安全生产条件的，应当撤销原批准。

3. 县级以上地方各级人民政府应当根据本行政区域内的安全生产状况，组织有关部门按照职责分工，对本行政区域内容易发生重大生产安全事故的生产经营单位进行严格检查。

负有安全生产监督管理职责的部门在监督检查中，应当互相配合，实行联合检查；确需分别进行检查的，应当互通情况，发现存在的安全问题应当由其他有关部门进行处理的，应当及时移送其他有关部门并形成记录备查，接受移送的部门应当及时进行处理。

安全生产监督检查人员应当将检查的时间、地点、内容、发现的问题及其处理情况，作出书面记录，并由检查人员和被检查单位的负责人签字；被检查单位的负责人拒绝签字的，检查人员应当将情况记录在案，并向负有安全生产监督管理职责的部门报告。

4. 负有安全生产监督管理职责的部门依法对存在重大事故隐患的生产经营单位作出停产停业、停止施工、停止使用相关设施或者设备的决定，生产经营单位应当依法执行，及时消除事故隐患。生产经营单位拒不执行，有发生生产安全事故的现实危险的，在保证安全的前提下，经本部门主要负责人批准，负有安全生产监督管理职责的部门可以采取通知有关单位停止供电、停止供应民用爆炸物品等措施，强制生产经营单位履行决定。通知应当采用书面形式，有关单位应当予以配合。

负有安全生产监督管理职责的部门依照前款规定采取停止供电措施，除有危及生产安全的紧急情形外，应当提前二十四小时通知生产经营单位。生产经营单位依法履行行政决定、采取相应措施消除事故隐患的，负有安全生产监督管理职责的部门应当及时解除前款规定的措施。

5. 负有安全生产监督管理职责的部门应当建立安全生产违法行为信息库，如实记录生产经营单位的安全生产违法行为信息；对违法行为情节严重的生产经营单位，应当向社会公告，并通报行业主管部门、投资主管部门、国土资源主管部门、证券监督管理机构以及有关金融机构。

《建设工程安全生产管理条例》对建设工程主管部门的安全生产监管管理职责，作出了如下要求：

1. 国务院负责安全生产监督管理的部门依照《安全生产法》的规定，国务院建设行政主管部门对全国建设工程安全生产工作实施综合监督管理。国务院铁路、交通、水利等有关部门按照国务院规定的职责分工，负责有关专业建设工程安全生产的监督管理。

县级以上地方人民政府负责安全生产监督管理的部门依照《安全生产法》的规定，县级以上地方人民政府建设行政主管部门对本行政区域内建设工程安全生产工作实施综合监督管理。县级以上地方人民政府交通、水利等有关部门在各自的职责范围内，负责本行政区域内的专业建设工程安全生产的监督管理。

2. 建设行政主管部门在审核发放施工许可证时，应当对建设工程是否有安全施工措施进行审查，对没有安全施工措施的，不得颁发施工许可证。建设行政主管部门或者其他有关部门对建设工程是否有安全施工措施进行审查时，不得收取费用。

3. 县级以上人民政府负有建设工程安全生产监督管理职责的部门在各自的职责范围内履行安全监督检查职责时，有权采取下列措施：

（1）要求被检查单位提供有关建设工程安全生产的文件和资料；

（2）进入被检查单位施工现场进行检查；

（3）纠正施工中违反安全生产要求的行为；

（4）对检查中发现的安全事故隐患，责令立即排除；重大安全事故隐患排除前或者排除过程中无法保证安全的，责令从危险区域内撤出作业人员或者暂时停止施工。

4. 建设行政主管部门或者其他有关部门可以将施工现场的监督检查委托给建设工程安全监督机构具体实施。

（二）政府主管部门的安全生产法律责任

《安全生产法》规定，负有安全生产监督管理职责的部门对涉及安全生产的事项进行审查、验收，不得收取费用；不得要求接受审查、验收的单位购买其指定品牌或者指定生产、销售单位的安全设备、器材或者其他产品。

安全生产监督检查人员应当忠于职守，坚持原则，秉公执法。安全生产监督检查人员执行监督检查任务时，必须出示有效的监督执法证件；对涉及被检查单位的技术秘密和业务秘密，应当为其保密。承担安全评价、认证、检测、检验的机构应当具备国家规定的资质条件，并对其作出的安全评价、认证、检测、检验的结果负责。

负有安全生产监督管理职责的部门应当建立举报制度，公开举报电话、信箱或者电子邮件地址，受理有关安全生产的举报；受理的举报事项经调查核实后，应当形成书面材料；需要落实整改措施的，报经有关负责人签字并督促落实。监察机关依照《行政监察法》的规定，对负有安全生产监督管理职责的部门及其工作人员履行安全生产监督管理职责实施监察。

《建设工程安全生产管理条例》中规定，县级以上人民政府建设行政主管部门和其他有关部门应当及时受理对建设工程生产安全事故及安全事故隐患的检举、控告和投诉。县级以上地方人民政府建设行政主管部门应当根据本级人民政府的要求，制定本行政区域内建设工程特大生产安全事故应急救援预案。

县级以上人民政府建设行政主管部门或者其他有关行政管理部门的工作人员，有下列行为之一的，给予降级或者撤职的行政处分；构成犯罪的，依照刑法有关规定追究刑事责任：

1. 对不具备安全生产条件的施工单位颁发资质证书的；
2. 对没有安全施工措施的建设工程颁发施工许可证的；
3. 发现违法行为不予查处的；
4. 不依法履行监督管理职责的其他行为。

第三章　建筑施工企业的安全生产责任制

一、建筑施工企业安全生产责任制的主要内容

习近平总书记对切实做好安全生产工作高度重视，在各大重要会议中强调"党政同责、一岗双责"原则。习近平指出："确保安全生产、维护社会安定、保障人民群众安居乐业是各级党委和政府必须承担好的重要责任。"他同时要求："各级党委和政府要牢固树立安全发展理念，坚持人民利益至上，始终把安全生产放在首要位置，切实维护人民群众生命财产安全。要坚决落实安全生产责任制，切实做到党政同责、一岗双责、失职追责"。这也是习近平同志针对安全生产责任制，再次明确提出"党政同责、一岗双责"。

安全责任党政同责是以习近平同志为总书记的新一届中央领导集体提出的新要求、新标准，充分体现新一届领导集体实事求是、求真务实、从实际问题出发的工作作风，充分体现中央全面从严治党、严管干部的担当和决心。

（一）企业管理层安全生产责任

1. 董事长/总经理/党委书记

（1）是企业安全生产第一责任人，对安全生产工作全面负责。

（2）贯彻安全生产方针政策、法律法规，主持安委会及安全生产重要工作会议，签发安全生产工作重大决定，审定安全生产重要奖惩。

（3）审定并批准安全生产责任制、安全生产规章制度，督促检查同级副职和所属企业主要负责人贯彻落实。

（4）按照国家相关规定健全安全生产管理机构，充实专职安全生产管理人员。

（5）保证企业安全生产投入的有效实施。

（6）督促、检查安全生产工作，及时消除事故隐患。

（7）组织制定并督促实施生产安全事故应急救援预案。

（8）及时、如实的报告生产安全事故。

2. 主管生产副总经理

（1）统筹组织实施生产过程中的安全生产措施，对安全生产负直接领导责任。

（2）协助总经理贯彻执行安全生产的方针政策、法律法规、标准规范。

（3）协助总经理组织制定安全生产规章制度和操作规程。

（4）协助总经理督促、检查本企业的安全生产工作，及时消除事故隐患。

（5）确定年度安全生产工作目标，组织落实安全生产责任制。

（6）组织制定安全生产投入使用计划，有效实施安全生产资金。

（7）组织企业安全生产检查，及时解决生产过程中的安全问题，落实重大事故隐患的

整改。

（8）组织实施企业生产安全事故应急救援预案。

（9）及时、如实的报告生产安全事故，组织对事故的内部调查处理。

3. 总工程师

（1）负责企业安全生产的科技工作，对企业安全生产负技术领导责任。

（2）组织建立安全技术保证体系，开展安全技术研究，推广先进的安全生产技术。

（3）审核、批准本企业安全技术规程及重大或特殊工程安全技术措施或方案。

（4）组织建立"四新"技术推广应用体系和培训体系。

（5）组织制订处置重大安全隐患和应急抢险中的技术方案。

（6）参加重大工程项目特殊结构安全防护设施的验收。

（7）组织和参加重大生产安全事故的调查分析，确定技术处理方案和改进措施。

4. 总经济师

（1）负责企业经济核算管理，对安全生产负重要领导责任。

（2）按照有关规定，审核企业安全生产费用的规定和使用方案。

（3）组织编制安全生产各项经济政策和奖罚条例。

（4）总结和调查研究安全生产工作各项措施和经费的实施情况，提出新的可行性方案。

5. 总会计师

（1）负责企业财务管理，对安全生产负重要领导责任。

（2）贯彻落实有关安全生产投入的规定，组织制订并实施安全生产费用管理办法。

（3）组织建立安全生产费用保证体系，统筹安排安全生产费用的筹集和使用。

（4）组织分析企业的安全生产费用，提出加强安全生产费用管理方案。

6. 安全总监

（1）配合主管生产副总经理开展安全生产监督管理工作，对安全生产负监管领导责任。

（2）协助总经理建立本企业安全生产监督保障体系并具体实施。

（3）配合主管生产副总经理组织落实安全生产规章制度、安全操作规程。

（4）组织编制本企业年度安全生产计划。

（5）负责企业安全生产监督管理工作的总体策划与部署，并督促实施。

（6）协助主管生产副总经理定期召开安全生产工作会议，及时解决存在的安全问题。

（7）组织开展安全生产检查，督促隐患整改。

（8）组织安全生产宣传、教育、培训工作，督促相关岗位人员持证上岗。

（9）领导安全生产监督管理部门开展工作，督促、指导下属单位安全生产工作。

（10）协助主管生产副总经理开展"安全生产月"、现场观摩会，以及安全生产、文明施工竞赛活动，总结推广先进经验。

（11）组织对下属单位安全生产目标完成情况进行考核，提出奖罚意见。

（12）实施应急预案，参加因工伤亡事故的调查、分析、处理。

7. 其他领导

按照分工抓好主管范围内的安全生产工作，对主管范围内的安全生产工作负领导责任。

(二) 企业机构及各职能部门的安全生产责任

1. 安委会

(1) 贯彻落实国家有关安全生产的法律、法规、方针和政策。

(2) 是企业安全生产的最高决策机构，统一领导企业的安全生产工作，研究决策企业安全生产的重大问题。

(3) 每年初研究分析上年度安全生产情况，解决实际工作中存在人、财、物等资源不足的问题，部署本年度安全生产工作。

(4) 组织事故的调查处理工作。

2. 安全生产监督管理部门

(1) 贯彻执行安全生产的方针政策、法律法规、标准规范。

(2) 监督检查企业的各类人员、各部门的安全生产工作及安全生产责任的落实。

(3) 组织安全教育培训和安全活动，开展安全思想意识和安全技术知识教育。

(4) 负责制订、更新安全生产管理制度，检查执行情况。

(5) 组织安全生产检查，督促隐患整改，对现场重大隐患和紧急情况有权令其停止作业。

(6) 监督企业和项目安全生产费用的正确使用。

(7) 审核项目专职安全生产管理人员的配备方案。

(8) 参与分包单位选择考核，对分包单位安全生产能力提出评价意见。

(9) 参加安全技术措施、安全专项施工方案的审核、专家论证。

(10) 参与重大工程项目机械设备、安全防护设施的验收。

(11) 组织安全考核评比，会同工会认真开展安全生产竞赛活动，总结、交流、推广安全生产先进管理方法、科研成果。

(12) 监督检查劳动防护用品、有毒有害作业场所劳动保护措施的落实。

(13) 指导基层安全生产工作，定期召开安全专业人员会议。

(14) 编制生产安全事故应急救援预案，开展演练活动。

(15) 及时、如实报告生产安全事故，参加事故调查处理，建立事故档案。

3. 技术管理部门

(1) 在总工程师领导下编制企业安全技术规程，并发布实施。

(2) 制定针对工程地质勘察文件、施工图设计文件进行会审的管理制度。

(3) 组织重大工程施工组织设计、重大专项安全技术方案的评审、专家论证。

(4) 督促项目经理部对生产操作工人进行施工工艺和安全操作技术培训。

(5) 开展安全技术研究，推广先进技术。

(6) 参加危险性较大分部分项工程和特殊结构安全防护设施的验收。

(7) 建立安全专项技术方案管理台账，做好方案策划、编审、论证工作记录。

(8) 参加应急救援，提出应急的技术措施，参加事故调查处理。

4. 工程部门

（1）在编制、检查、评价生产计划的同时考虑相应的安全技术措施。

（2）坚持管生产必须管安全的原则，对违反安全生产制度、规程的生产活动应及时制止。

（3）组织实施安全生产技术措施和专项施工方案。

（4）参加安全生产大检查，落实隐患整改。

（5）参加应急救援，组织实施相应的抢险抢救措施，参加事故调查处理。

5. 物资、设备管理部门

（1）制订材料设备采购、租赁、安装拆除、使用管理规定。

（2）负责采购（租赁）各类安全材料、机械设备、架设工具及劳动防护用品等，所有料具用品均应符合国家或有关行业规定，并组织进场验收，建立台账。

（3）负责易燃、易爆、剧毒物品的采购与管理，制定并执行发放和使用制度。

（4）组织对施工现场的大型机械设备的安装和验收。

（5）参加安全检查，对施工现场机械设备的安全性能提出评价意见。

（6）参加应急救援，负责及时供应所需的设备、材料、用品等，参加设备安全事故的调查处理。

6. 人力资源部门

（1）组织新入厂人员的安全教育，会同安全部门组织职工安全教育及特种作业人员的培训、考核。

（2）把安全工作业绩纳入领导班子考核、职工晋级和奖励考核内容。

（3）按国家规定，从质量和数量上落实安全管理人员的配备。

（4）负责落实职工的工伤保险。

（5）参与事故的调查、处理，依照有关制度落实对责任人员的追究处理。

7. 财务资金部门

（1）负责制订安全生产费用管理办法，按照国家、上级有关规定及时提取安全生产措施费用，保证专款专用。

（2）按财务制度对审定的安全生产费用列入年度预算，统一资金调度。

（3）按照会计科目对实际发生的安全生产费用进行统计，并按规定上报。

（4）落实经济岗位责任制和安全生产监督管理奖罚规定。

8. 企业策划与管理部门

（1）制定企业发展规划时，将安全发展纳入企业发展规划内容。

（2）按照国家或行业有关规定，负责企业安全生产管理机构和岗位的设立，明确分配各部门安全生产职责及工作考核。

9. 法律事务部门

（1）负责收集有关安全生产方面的法律法规。

（2）开展安全生产法制宣传及日常法律咨询工作，参加安全生产法律事务活动。

（3）负责安全生产过程及事故处理的法律援助，监督指导经营、施工等行为符合法律规范，在法律法规范围内维护企业利益的最大化。

10. 合约管理部门

（1）在编制招、投标文件时，根据安全生产措施核定安全生产投入数额。

（2）在签订分包合同时，严格审核分包方的安全生产资质和安全履约能力，分包合同中应包括安全生产和文明施工内容。

（3）对工程项目进行制造成本核算时，应明确安全技术措施费用。

（4）在进行分包单位工程款结算时，按规定扣除分包单位由于违规、违章的罚款款项。

11. 政工部门

（1）认真宣传、贯彻落实国家有关安全生产方针、政策和法律法规。

（2）负责建立本企业安全生产思想政治保障体系，并检查督促实施。

（3）配合相关部门组织职工遵纪守法教育，总结推广安全生产先进经验。

（4）消防保卫部门

（5）组织制订消防保卫制度，按照"预防为主、防消结合"的原则建立消防管理体系。

（6）负责施工中易燃、易爆、剧毒物品的使用审批和监管。

（7）掌握施工过程的火灾特点，深入基层监督检查火源、火险及消防设施的管理，督促落实火险隐患的整改，确保消防设施完备和消防道路通畅。

12. 工会

（1）贯彻安全卫生方针政策，对忽视安全生产和违反劳动保护的现象提出批评和建议，督促和配合有关部门及时改进。

（2）督促企业完善安全生产条件，依法维护职工合法权益，防止环境污染，预防职业危害。

（3）监督劳动保护费用的使用，对有碍安全生产、危害职工安全健康的行为有权抵制、纠正。

（4）督促落实安全生产宣传教育工作，支持企业安全生产奖励，对违反安全生产的给予批评并提出处罚建议。

（5）组织开展"安康杯"知识竞赛、安全生产合理化建议活动。

（6）参加事故的调查、处理。

（三）项目管理层的安全生产责任

1. 项目经理

（1）是项目安全生产第一责任人，对项目的安全生产工作负全面责任。

（2）严格执行安全生产法规、规章制度，与项目管理人员签订安全生产责任书。

（3）按照相关规定建立项目安全管理机构和配备安全管理人员，并依据企业相关制度，建立和完善项目相关制度。

（4）组织制订项目安全生产目标和施工安全措施计划，并贯彻落实。

（5）参与或主持本项目安全管理策划、安全工作计划和安全管理文件等工作。

（6）负责安全生产措施费用的及时投入，保证专款专用。

（7）组织并参加对项目管理和作业工人的安全教育。

（8）组织并参加项目定期的安全生产检查，落实隐患整改。

（9）参加对现场大型机械设备、特殊防护设施的验收。

（10）组织召开安全生产例会，研究解决安全生产中的重大问题。

（11）组织编制项目应急预案，并进交底和演练。

（12）及时、如实报告生产安全事故，负责事故现场保护和伤员救护工作，配合事故调查和处理。

2. 项目生产经理

（1）组织项目施工生产，对项目的安全生产负主要领导责任。

（2）组织落实安全生产的法规、标准、规范及规章制度，定期检查落实情况。

（3）组织实施安全专项方案和技术措施，检查指导安全技术交底。

（4）组织对现场机械设备、安全设施和消防设施的验收。

（5）组织进行安全生产和文明施工检查，对发现的问题落实整改。

（6）负责项目管理人员的安全教育，提高管理层的安全意识。

（7）组织项目积极参加各项安全生产、文明施工达标活动。

（8）发生伤亡事故，按照应急预案处理，组织抢救人员、保护现场。

3. 项目商务经理

（1）确定工程合同中安全生产措施费，在业主支付工程款时确保安全生产措施费同时得到支付。

（2）在组织工程合同交底、签订分包合同时，明确安全生产、文明施工措施费范围、比例（或数量）及支付方式。

（3）保证安全生产措施费的及时支付，做到专款专用，优先保证现场安全防护和安全隐患整改的资金。

（4）审核项目安全生产措施费清单，对该费用的统筹、统计工作负责。

4. 项目总工

（1）对项目安全生产负技术领导责任。

（2）严格落实安全技术标准规范，根据项目实际配备有关安全技术标准、规范。

（3）组织编制危险性较大的分部分项工程安全专项施工方案。

（4）组织超过一定规模的危险性较大的分部分项工程的专项方案专家论证。

（5）组织施工组织设计（施工方案）技术交底，检查施工组织设计或施工方案中安全技术措施落实情况。

（6）参加工程项目脚手架、模板支架、临时用电、大型机械设备及特殊结构防护的验收，履行验收手续。

（7）对施工方案中安全技术措施的变更或采用新材料、新技术、新工艺等要及时上报，审批后方可组织实施，并做好培训和交底。

（8）参加安全检查工作，对发现的重大隐患提出整改技术措施。

（9）参加事故应急和调查处理，分析技术原因，制定预防和纠正技术措施。

5. 项目安全总监或安全负责人

（1）对项目的安全生产进行监督检查。

（2）认真执行安全生产规定，监督项目安全管理人员的配备和安全生产费用的落实。

（3）组织制订项目有关安全生产管理制度、生产安全事故应急预案。

（4）组织危险源的识别、分析和评价，对项目安全生产监督管理进行总体策划并组织实施。

（5）参与编制项目安全设施和消防设施方案，合理布置现场安全警示标志。

（6）参加现场机械设备、安全设施、电力设施和消防设施的验收。

（7）组织定期安全生产检查，组织安全管理人员每天巡查，督促隐患整改。对存在重大安全隐患的分部分项工程，有权下达停工整改决定。

（8）落实员工安全教育、培训、持证上岗的相关规定，组织作业人员入场三级安全教育。

（9）组织开展安全生产月、安全达标、安全文明工地创建活动，督促主责部门及时上报有关活动资料。

（10）发生事故应立即报告，并迅速参与抢救。

（11）归口管理有关安全资料。

6. 项目责任工程师

（1）对其管理的单位工程（施工区域或专业）范围内的安全生产、文明施工全面负责。

（2）严格执行制定的安全施工方案，按照施工技术措施和安全技术操作规程的要求，结合负责施工的工程特点，以书面方式逐条向班组进行安全技术交底，履行签字手续，做好交底记录。

（3）检查施工人员执行安全技术操作规程的情况，制止不顾人身安全、违章冒险蛮干的行为。

（4）参加管辖范围内的机械设备、电力设施、安全防护设施和消防设施的验收，并负责对设施的完好情况进行过程监控。

（5）参加项目组织的安全生产、文明施工检查，对管辖范围内的安全隐患制订整改措施并落实。

（6）在危险性较大工程施工中，负责现场指导和监管。

（7）发生生产安全事故，要立即向项目经理报告，组织抢救伤员和人员疏散，并保护好现场，配合事故调查，认真落实防范措施。

7. 项目安全管理人员

（1）认真宣传、贯彻安全生产法律法规、标准规范，检查督促执行。

（2）参与制订项目有关安全生产管理制度、安全技术措施计划和安全技术操作规程，督促落实并检查执行情况。

（3）每天进行安全巡查，及时纠正和查处违章指挥、违规操作、违反安全生产纪律的行为和人员，并填写安全日志。对施工现场存在安全隐患有权责令纠正和整改，对重大安全隐患有权下达局部停工整改决定。

（4）对危险性较大工程安全专项施工方案实施过程进行旁站式监督。

（5）对各类检查中发现的安全隐患督促落实整改，对整改结果进行复查。

（6）组织项目日常安全教育，督促班组开展班前安全活动。

（7）参加现场机械设备、电力设施、安全防护设施和消防设施的验收。

（8）建立项目安全管理资料档案，如实记录和收集安全检查、交底、验收、教育培训及其他安全活动的资料。

（9）发生生产安全事故，要立即报告，参与抢救，保护现场，并对事故的经过、应急、处理过程做好详细记录。

8. 项目作业人员

（1）自觉遵守有关安全生产法规、规章、规程和劳动纪律，主动接受安全生产教育和培训。

（2）特种作业人员必须接受专门的培训，经考试合格取得操作资格证书，方可上岗作业。

（3）严格按照安全操作规程和安全技术交底进行操作，不违章作业、违反劳动纪律，有权拒绝违章指挥行为，做到"三不伤害"（不伤害自己、不伤害他人、不被他人伤害）。

（4）正确使用安全生产用具、佩戴劳动保护用品。

（5）正确识别现场的安全警示标志，严禁破坏安全防护设施和消防设施，及时向现场管理人员反映施工现场不安全因素。

（6）发生事故立即报告，听从指挥，按规定路线疏散，并积极参加抢险。

（四）项目职能部门安全生产责任

1. 安全管理部门

（1）是项目安全生产工作的监督检查部门，行使项目安全生产工作的监督、检查职权。

（2）协助项目经理开展各项安全生产业务活动，监督项目安全生产保证体系的正常运转。

（3）定期向项目安全生产领导小组汇报安全情况，通报安全信息，及时传达项目安全决策，并监督实施。

（4）组织、指导项目分包单位安全机构和安全人员开展各项业务工作，定期进行项目安全性测评。

（5）开展安全检查，及时发现危险隐患，监督隐患的整改和落实，及时制止违章行为，对重大事故隐患、严重违章指挥和违章作业，有权下令停工。

（6）负责制定生产安全事故应急救援预案，负责生产安全事故报告、统计和分析，建立事故档案。

2. 工程部门

（1）在编制项目总控计划时，要综合考虑平衡各生产要素，保证安全管理与生产任务协调一致。

（2）在检查生产计划实施情况的同时，要检查安全措施落实的情况。

（3）负责编制项目文明施工计划，并组织具体实施。

（4）负责现场环境保护工作的具体组织和落实。

（5）在进行项目综合管理目标考核评价过程中，应同时考核评价安全生产情况。

（6）参加安全生产大检查和有关验收工作。

3. 技术管理部门

（1）负责编制项目施工组织设计中安全技术措施方案，编制特殊、专项安全技术方案。

（2）参加项目安全设备、设施的验收，从安全技术角度进行把关。

（3）在检查施工方案实施情况的同时，检查安全技术措施落实的情况，对施工中涉及的安全技术问题，提出解决办法。

（4）负责制定项目使用新技术、新工艺、新材料、新设备相应的安全技术措施和安全操作规程。

（5）组织编制分部分项工程安全专项施工方案，组织危险性较大工程专项施工方案的专家论证。

4. 消防保卫部门

（1）贯彻落实消防保卫法规、规程，制定工作计划和消防安全管理制度，并对执行情况进行监督检查。

（2）经常对职工进行消防安全教育，会同有关部门对特种作业人员进行消防安全考核。

（3）组织消防安全检查，督促有关部门对火灾隐患进行整改。

（4）负责施工现场的保卫工作，统计分析火灾事故原因，并提出防范措施。

5. 行政后勤部门

（1）依照法律法规规定，负责有毒有害作业人员的健康检查，配合有关部门，负责对职工进行体检普查。

（2）监测有毒有害作业场所的尘毒浓度和噪声治理，做好职业病预防工作，负责施工现场防暑降温工作。

（3）负责食堂的管理工作，对施工现场生活卫生设施进行监督管理，预防疾病、食物中毒的发生。

（4）根据施工现场具体情况，组建现场救护队，管理现场急救器械，并组织救护队成员的业务培训工作。

（5）发生生产安全事故，及时组织抢救、治疗，并协助事故的调查和处理。

6. 商务部门

（1）负责按照施工组织设计和专项安全技术措施方案编制项目安全生产费用计划表，对确保计划落实负责。

（2）认真贯彻执行国家和上级安全生产、绿色施工的法律、法规，贯彻公司和分公司的安全生产、绿色施工规章制度。

（3）负责建立安全生产资金使用辅助账目，及时提取安全生产所需经费。

（4）协作安全管理人员办理安全奖罚手续，对及时提取安全费用、保证专款专用负责。

（5）建立在节能降耗、预防或减少对环境污染方面的各项费用统计台账，及时提供各项数据。

（五）环境管理组织和责任

1. 组织机构与人员

依据《中国建筑节能减排管理工作导则》和《中国建筑环境管理节能减排管理条例》

规定：各级单位应建立环境与节能减排组织机构和配备人员。

（1）企业应成立环境与节能减排最高决策机构——环境管理委员会。设立环境管理部。环境管理委员会主任由董事长/总经理担任，成员由相关职能部门负责人。

（2）分公司应配置环境管理小组，设置1名专职环境管理人员。环境管理小组组长由分公司负责人担任。

（3）项目部成立环境管理小组，项目经理为项目环境管理第一负责人。工程合同造价1亿~10亿以下的项目设置兼职或专职环境管理员，10亿及以上的项目，设置至少1名专职环境管理员。

2. 主要管理机构职责

（1）环境管理委员会职责

1）贯彻落实国家关于节能减排的法律、法规，是企业节能减排的最高决策机构，统一领导企业的节能减排生产工作。

2）研究分析上个"五年规划"目标完成情况，制定下一个"五年规划"关于节能减排的目标。

3）每年初研究分析上年度节能减排生产情况，解决实际工作中存在的资源不足的问题，部署年度节能减排工作。

4）组织重大节能减排项目的策划、实施、总结工作。

5）研究决定节能减排重大事项，建立工作制度和例会制度。建立和完善企业内部节能减排考核奖惩体系。

（2）企业环境管理部门职责

1）贯彻执行节能减排的方针政策、法律法规、标准规范。

2）制订、更新节能减排管理制度。落实企业各类人员、各部门节能减排责任。

3）组织节能减排教育培训等活动。

4）组织节能减排检查，督促隐患整改，对重大违反节能减排法律法规的情况有权令其停止项目进程。节能减排工作业绩应纳入领导班子考核、职工晋级和奖励考核内容。

5）监督企业和项目节能减排费用的正确使用。

6）检查项目专职节能减排管理人员的配备方案。

7）参与分包单位选择考核，将节能减排列入分包参评条件。

8）组织重大节能减排项目的策划、实施、验收工作。

9）组织节能减排考核评比，会同相关方积极开展节能减排竞赛活动，总结、交流、推广节能减排先进管理方法、科技成果。

10）监督检查使用节能设备、淘汰落后产品（材料）措施的落实情况。

11）指导基层节能减排工作，定期召开节能减排人员会议。

12）及时、如实报告违规事件，参加事故调查处理，建立事故档案，总结经验教训。

13）督促耗能设备监控及保养责任人（部门或单位）及时进行计量器具的校正和维护。

14）是企业节能减排的牵头组织部门。

（3）项目环境管理员

1）宣传、贯彻节能减排法律法规、标准规范，监督项目节能减排费用的落实。

2）制订项目有关节能减排管理制度，建立耗能计量设备维护制度。

3）对耗能重点因素进行识别，制定相应措施，对项目部节能减排监督管理进行总体策划并组织实施。

4）参加现场耗能设施设备的验收。

5）对项目的节能减排进行监督检查，督促不符合项的整改，对存在明显浪费能源和污染环境的事件，有权下达停工（业）整改决定。

6）落实员工节能减排教育、培训。

7）建立项目节能减排管理资料档案，如实记录和收集节能减排活动的资料。负责项目部能源统计上报工作。

二、安全生产责任制的组织落实

安全生产责任制是建筑施工企业岗位责任制的一个重要组成部分，是施工企业最基本的安全制度，是安全规章制度的核心，安全生产责任制的实质是"安全生产、人人有责"。安全生产责任制的核心是切实加强安全生产的领导，企业法定代表人为第一责任人的责任制。安全生产责任制贯彻"预防为主"的原则。安全生产责任制要求本企业各级施工领导在安全生产方面要"对上级负责，对职工负责，对自己负责"。

（一）安全生产责任制制定的原则

安全生产责任制的内容应根据各个部门和人员职责来确定，在制定时应该遵循以下原则：

1. 指定责任人，谁主管谁负责。

2. 生产必须和安全一手抓。安全问题发生在生产过程中，因此安全工作要渗透到生产的整个过程和各个环节，是生产的重要组成部分，无论从事生产指挥还是生产操作，都应将安全纳入其职责范围。

3. 职责、权利、利益三者统一。只有职责而没有权限，职责就很难被执行，没有职责的权限将被滥用。所以在制定安全生产责任制时要充分体现责权利相统一这个原则。例如从业人员有做好本职安全工作的权利，也有拒绝违章指挥冒险作业的权利。

4. 生产经营单位应根据各个岗位的特性制定不同的责任，实行分级管理分级负责，一岗一责，并且要量化、流程化，具有可操作性、落地性。

5. 抓重点，抓主要矛盾。安全涉及生产的各个层面，辐射范围广，参与细节多，因此必须抓重点才能保证效率，分清主次。

（二）生产经营单位安全职责与权限体系的界定

建立一个完整的制度体系，需要横向纵向的清晰界定。

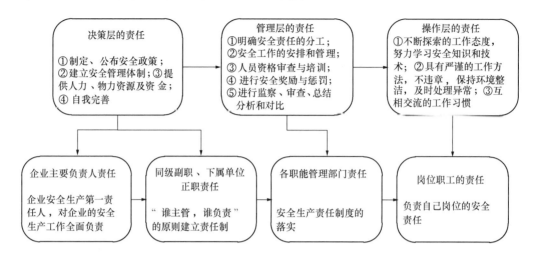

（三）落实安全生产责任制的具体措施

1. 建立安全规章制度

没有规矩，不成方圆；企业如果没有制度，就缺少企业文化，企业就没有品位，也没有发展后劲。《安全生产法》对企业的安全生产责任进行了明确规定，企业作为具体的落实者，必须结合本企业实际，制定和完善企业内部各级负责人、管理职能部门及其工作人员和各生产岗位员工的安全生产责任制，明确全体员工在安全生产中的责任，在企业内形成"安全生产，人人有责"的管理制度体系。

2. 制定并签订安全生产目标管理责任书

为确保安全生产，企业要制定内部安全生产管理的总体目标，并将目标进行层层分解，落实到企业的每一级职能部门。企业的主要负责人要分别与所属各部门的主要领导签订安全生产目标管理责任承诺书。各部门也要按照这一模式，将部门安全生产目标分解到每个岗位和员工。通过层层签订安全生产目标管理责任承诺书，在企业内形成一个自上而下分解到人，自下而上逐级落实安全生产责任承诺的保证体系，确保企业安全生产目标管理工作的进一步深化、细化。

3. 完善配套制度，加强监督检查

在建立安全生产责任制时，既要明确安全生产保障原则在各职能部门的划分，又要结合实际建立健全各项配套制度，如定期检查记录制度，操作流程制度等，并通过安全生产监督检查工作来确定安全生产责任制的落实。要坚持奖惩分明，对责任制执行和落实好的单位和个人，要给予表扬和奖励；对于不负责任或由于失职而造成事故的，要给予批评和处分，从而激励广大职工尽职尽责无旁贷履行安全生产责任制。

4. 建立考核体系，确保安全生产

企业建立健全科学的考核体系，通过安全风险抵押金、签订安全责任书、安全先进评比等形式。通过周、月检查，月、季考核，突出对安全生产过程管理，全天候安全职责到位，促进安全工作健康发展。

5. 加强教育培训，强化责任意识

加强宣传教育，通过书面形式签订安全生产责任状，通过宣传牌、宣传栏等公布安全生产责任制，明确各自的安全职责，把落实安全制度作为上岗的基本标准，同时在后期制度的维护中，随时调整与修订，使所有人员增强责任意识，真正形成人人有责的局面，把安全生产责任落到实处。

6. 做好安全文化建设工作

安全生产的灵魂是安全文化，而安全文化的核心是人的安全素养。人的安全素养的提高不是一朝一夕的事，而是一个长期培养、逐渐形成的过程。企业要更好地落实安全生产责任，必须提高职工的安全素养，增强职工的主人翁意识，只有当每一个员工都能自觉主动地成为一道安全屏障，那么安全才能从根本上得到保证。企业要制定安全行为规范根据职工具体岗位安全操作需要，制定简明易懂、便于操作的规程，使每个职工都能熟练遵守安全行为规范，落实安全责任。

7. 做好应急救援工作

有很多企业没有按要求认真去抓应急救援工作，因而在发生事故后，不能有效地开展救援工作。应急救援工作内容很多，需要重点强调的有以下三点：一是制定可操作性强的预案，并做好相应的物质准备，做到有备无患。二是进行演练。通过演练检验预案是否可行，修正不足。三是进行救援教育。让每个岗位，每个人都知道发生事故后自己该做什么，做到忙而不乱，进退有序。

8. 做好监督管理工作

企业安全管理是搞好安全生产的内因，对企业安全生产起决定作用。政府安全监管是实现安全生产的外因，对企业安全生产具有促进作用，必须强化外因与内因的有机统一，才能更好地促进企业安全生产责任的落实，所以企业要诚心接受来自社会各方的舆论监督，充分利用社会的评价，检查企业自身存在的问题，不断提升安全素质，引导和促使员工更加重视安全生产，落实安全责任，努力减少事故发生，真正做到"预防为主、安全发展"。

第四章　建筑施工企业的安全生产管理制度

一、企业安全生产保证体系

《中华人民共和国安全生产法》（2014年8月修订）第十八条：生产经营单位的主要负责人对本单位安全生产工作负有下列职责：

（1）建立、健全本单位安全生产责任制；

（2）组织制定本单位安全生产规章制度和操作规程；

（3）组织制定并实施本单位安全生产教育和培训计划；

（4）保证本单位安全生产投入的有效实施；

（5）督促、检查本单位的安全生产工作，及时消除生产安全事故隐患；

（6）组织制定并实施本单位的生产安全事故应急救援预案；

（7）及时、如实报告生产安全事故。

《建设工程安全生产管理条例》（国务院令第393号）第二十一条：施工单位主要负责人依法对本单位的安全生产工作全面负责。施工单位应当建立健全安全生产责任制度和安全生产教育培训制度，制定安全生产规章制度和操作规程，保证本单位安全生产条件所需资金的投入，对所承担的建设工程进行定期和专项安全检查，并做好安全检查记录。

（一）建立企业安全组织体系

1. 安全生产委员会

各级企业应成立安全生产的最高决策机构——安全生产委员会（以下简称安委会）。安委会主任由单位安全生产第一责任人担任，副主任由主管生产负责人担任，成员由单位与安全生产有关联的各职能部门负责人和下属单位主要负责人组成。安委会办公室设在安全生产管理部门。

2. 安全总监设置

（1）企业各级分别设企业安全总监；中型及以上规模的在建工程设设项目安全总监。

（2）企业安全总监按副总工程师或总经理助理级次定位，配合主管生产的副总经理专职负责本企业安全生产监管工作。

（3）项目安全总监进入项目部领导班子，协助生产经理专职负责工程项目的安全生产监管工作。

3. 企业安全管理部门设置和人员配备

（1）法人企业应独立设置安全生产监督管理部（以下简称安监部），配备专职安监人员，人员数量应符合《建筑施工企业安全生产管理机构设置及专职安全生产管理人员配备办法》（建质［2008］91号）第八条规定。

（2）非法人企业，应明确安全管理的职能部门，配备专职安监人员。

（3）特级资质的企业，安监部门配备的专职安监人员数量不少于6人；一级资质的企业安监部门配备人数不少于4人；其他资质的企业安监部门配备人数应不少于2人。

（4）建筑施工年产值100亿元以上的企业，安监部门配备的专职安监人员数量不少于6人，随着产值的增加，专职安监人员配备应按比例增加。

4. 项目部安全管理部门设置和人员配备

（1）项目部应组建安全生产领导小组。安全生产领导小组由总承包企业、专业承包企业和劳务分包单位项目经理、技术负责人和专职安全生产管理人员组成。

（2）中型及以上规模的在建工程独立设置安监部。

（3）项目实行施工总承包的单位，分包单位配备专职安全生产监督管理人员，应当满足《建筑施工企业安全生产管理机构设置及专职安全生产管理人员配备办法》（建质［2008］91号）第十三条、第十四条要求。

第十三条　总承包单位配备项目专职安全生产管理人员应当满足下列要求：

建筑工程、装修工程按照建筑面积配备：

1）1万平方米以下的工程不少于1人；

2）1万~5万平方米的工程不少于2人；

3）5万平方米及以上的工程不少于3人，且按专业配备专职安全生产管理人员。

土木工程、线路管道、设备安装工程按照工程合同价配备：

1）5000万元以下的工程不少于1人；

2）5000万元~1亿元的工程不少于2人；

3）1亿元及以上的工程不少于3人，且按专业配备专职安全生产管理人员。

第十四条　分包单位配备项目专职安全生产管理人员应当满足下列要求：

1）专业承包单位应当配置至少1人，并根据所承担的分部分项工程的工程量和施工危险程度增加。

2）劳务分包单位施工人员在50人以下的，应当配备1名专职安全生产管理人员；50~200人的，应当配备2名专职安全生产管理人员；200人及以上的，应当配备3名及以上专职安全生产管理人员，并根据所承担的分部分项工程施工危险实际情况增加，不得少于工程施工人员总人数的5‰。

（4）采用新技术、新工艺、新材料或致害因素多、施工作业难度大的在建工程项目，项目专职安全员的数量，应当根据施工实际情况，在规定的配备标准上增加。

（5）在建工程项目施工作业班组设置兼职安全巡查员，对本班组的作业场所进行安全监督检查。

（二）建立企业安全制度体系

没有规矩、不成方圆，安全管理制度就是建筑施工中的规矩，制定切实可行的安全管理制度，确保安全工作顺利开展。

安全生产管理制度包括：安全生产责任制、安全生产管理制度、安全交底制度、安全生产资质资格管理制度、安全生产费用及保险管理制度、安全生产教育培训及考核管理制度、施工机械设备管理制度、安全生产防护用品管理制度、安全生产评价考核管理制度、施工现场文明施工管理制度、施工现场消防安全管理制度、施工现场生产生活设施管理制度、安全生产检查制度、安全事故报告处理制度、安全技术管理制度、应急救援制度、重大危险源管理制度、安全生产奖罚制度、重大危险源公示、告知制度、安全生产验收制度、安全生产隐患排查制度、分包单位管理制度等。

安全生产责任制是建筑施工中最基本的安全管理制度，是所有安全规章制度的核心。

企业必须明确各岗位（企业主要负责人、技术总工、安全总监、总经济师、各部门经理及部门员工等岗位）、各部门（商务部、技术部、财务部、安全部等各部门）的安全职责，明确各部门的职责分工，确定各安全责任，制定安全生产责任制并定期进行考核。

项目部根据公司的安全生产责任制结合项目实际，制定项目安全生产责任制。项目部相关安全责任人包括：项目经理、技术总工、生产经理、安全总监、机电经理、商务经理、财务经理、物资经理及各项目部门责任员工、施工单位各岗位人员及现场操作工人等。安全生产责任制内容必须明确各自工作范围的安全目标和安全责任，不得逾越管理权限。安全生产责任制必须由各相关责任人本人签字确认，项目部必须定期对安全生产责任制的落实执行情况进行考核。

（三）建立企业安全责任体系

1. 责任制的层级关系

企业应建立"分级管理、层级负责"的安全与管理体系，按照"横向到边、纵向到底"的原则，制定各级管理责任，明确各关键岗位、各职能部门安全生产管理职责。每年按照《安全与目标管理流程》（图 4-1）逐级落实"安全与环境管理责任目标"。

2. 目标责任书的编制和签订

（1）安监部起草下属各单位年度《安全目标责任书审核表》，报安全生产主管领导审核，总经理审批。根据审批意见编制对下属各单位的"年度安全目标责任书"。

（2）企业安监部分解项目安全与环境管理目标，编制项目"年度安全与环境目标责任书"。

（3）每年一季度，企业总经理与下属单位主要负责人签订"年度安全与环境目标责任书"。

（4）企业总经理与项目经理签订项目"年度安全与环境目标责任书"。项目经理与项目各岗位签订安全责任书。

3. 目标责任书考核兑现

（1）每年年中各级安监部组织对下属单位"目标责任书"进行一次中间检查，每年12 月份末，各级安监部对各下属单位进行全年"目标责任书"完成情况的考核，形成考核结果和奖罚意见书，经分管安全的领导审核后报各级安委会或安全领导小组讨论，形成考核结果和奖罚规定。

（2）安监部根据安委会"考核结果和奖罚规定"通报考核结果，人力资源部依照考核文件对各单位进行年度兑现。

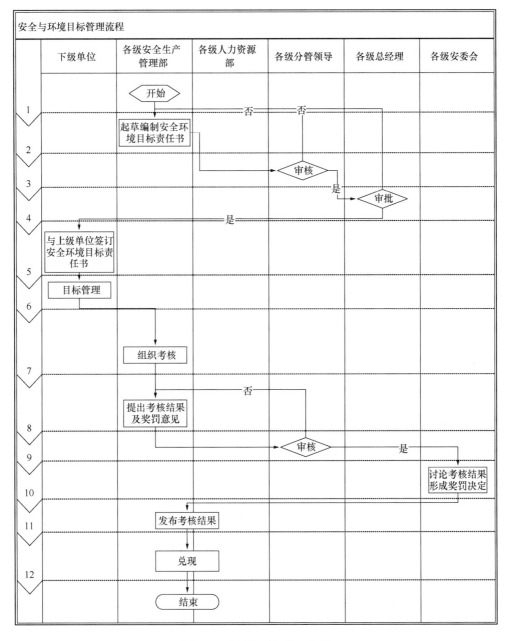

图 4-1 安全与目标管理流程

（四）安全管理的策划

1. 企业安全管理工作计划

（1）每年一季度，企业安监部下达年度《安全工作计划》。下级单位按照上级工作计划内容和本单位实际情况，制定并下达本单位年度《安全与环境工作计划》，明确本单位各项安全与环境工作重点和要求。

（2）每年一季度，企业建立《安全创优滚动计划》，指导所属项目逐步推进项目安全创优工作。

2. 项目安全管理计划

（1）工程项目必须进行安全与环境策划，并形成策划文件（书）。

（2）项目安全管理计划由上一级安监部牵头，按照《职业健康安全与环境管理策划流程》，由项目部生产经理具体组织编写完成。

（3）项目安监部进行汇编形成《项目安全管理计划书》。附《项目职业健康安全与环境管理计划书》审批表。

（4）项目"安全管理计划书"的审批（5个工作日），项目"安全管理策划书"经项目经理审核后，报经企业安全、技术、人力资源、工程、商务、财务等部门进行评审，安全总监审核，主管安全生产的领导审批后生效。

（5）当项目出现设计变更、施工方法改变或外部环境发生变化时，要及时对策划文件进行评审，并适时修订。

二、安全生产资质资格管理

安全责任重于泰山，建筑施工安全生产资质管理是企业安全管理的基础，安全生产许可证是资质管理的核心。《建筑业企业资质管理规定》（中华人民共和国建设部令第87号）指出，建筑业企业应当按照其拥有的注册资本、净资产、专业技术人员、技术装备和已完成的建筑工程业绩等资质条件申请资质，经审查合格，取得相应等级的资质证书后，方可在其资质等级许可的范围内从事建筑活动。《安全生产许可证条例》指出，国家对矿山企业、建筑施工企业和危险化学品、烟花爆竹、民用爆破器材生产企业实行安全生产许可制度。企业未取得安全生产许可证的，不得从事生产活动。安全生产许可证是建筑业施工企业进行生产、施工等的必备证件，取得建筑施工资质证书的企业，必须申请安全生产许可证，方可进行建筑施工生产作业。

从事建筑企业人员的资格：企业主要负责人应取得建筑施工安全考核合格证（A证）、项目经理应取得建筑施工安全考核合格证（B证）、专职安全管理人员应取得建筑施工安全考核合格证（C证），特种作业人员应取得特种作业操作证。

企业应根据自身分包商以及同行企业相关资源，建立企业合格分包商名录，定期对在名录内的分包商进行考核评价，对分包商进行分级评定，对一时段内处于下游的分包商进行末位，重新添加相应的分包商。对分包商的考核主要包括分包商人员配置及履职情况、分包商违约违章记录、分包商安全生产绩效等。企业定期对合格分包商名录进行审核更新，鼓励推荐项目部使用考核评价高，排名前列的分包商，规避相应的风险，同时要求项目对本项目部的分包商进行考核评价反馈。项目对分包的资质资格管理分为分包公司资格管理以及分包现场人员资格管理。分包公司管理主要是项目根据公司发布的合格分包商名录选取合格分包商，对进场的分包资质进行仔细核查，包括分包营业执照是否到期、施工资质范围是否包括该分包现场实际施工内容、安全生产许可证是否在有效期内等。人员资格管理主要是现场项目经理、安全员等管理人员是否取得相关职业证书、安全员是否按要求配备到位、提供的持有相关证件的人员是否与现场实际人员相符、相关证书是否合格有效、是否及时审核及超期等。

安全生产资质资格管理主要是人员的管理，人是管理的核心，只有配备符合相关要求的管理人员，将公司资质资格管理要求的各项指标执行落实到位，才能将安全生产资质资格管理工作做得更好。

三、安全生产费用及保险管理

安全生产费用是指企业按照规定标准提取，在成本中列支，专门用于完善和改进企业安全生产条件的资金。安全费用按照"企业提取、政府监管、确保需要、规范使用"的原则进行财务管理。

（一）安全生产费用的组成

1. 企业层面安全生产费用组成
（1）企业安全生产宣传教育培训费用。
（2）安全检测设备购置、更新、维护费用。
（3）重大事故隐患的评估、监控、治理费用。
（4）事故应急救援器材、物资、设备投入及维护保养和事故应急救援演练费用。
（5）安全评价及检验检测支出。
（6）保障安全生产的施工工艺与技术的研发支出。
（7）劳动保护费用。
（8）安全奖励经费。
2. 项目层面安全生产费用组成
（1）个人安全防护用品、用具。
（2）临边、洞口安全防护设施。
（3）临时用电安全防护。
（4）脚手架安全防护。
（5）机械设备安全防护设施。
（6）消防设施、器材。
（7）施工现场文明施工措施费。
（8）安全教育培训费用（含资料、差旅、培训费等）。
（9）施工现场安全标志、标语及安全操作规程牌等购置、制作及安装费用。
（10）安全创优费用。
（11）危险性较大工程安全专项方案专家论证支出。
（12）与安全隐患整改有关的支出。
（13）季节性安全费用。
（14）施工现场急救器材和药品。
（15）其他安全专项活动费用。

（二）安全生产费用的提取

《企业安全生产费用提取和使用管理办法》（财企〔2012〕16号）（以下简称《管理办

法》）中第七条对建筑施工企业安全费用提取标准有明确规定：

建设工程施工企业以建筑安装工程造价为计提依据。各建设工程类别安全费用提取标准如下：

1. 矿山工程为 2.5%；

2. 房屋建筑工程、水利水电工程、电力工程、铁路工程、城市轨道交通工程为 2.0%；

3. 市政公用工程、冶炼工程、机电安装工程、化工石油工程、港口与航道工程、公路工程、通信工程为 1.5%。

建设工程施工企业提取的安全费用列入工程造价，在竞标时，不得删减，列入标外管理。国家对基本建设投资概算另有规定的，从其规定。

总包单位应当将安全费用按比例直接支付分包单位并监督使用，分包单位不再重复提取。

项目安全生产费用的计算公式：

1. 项目安全生产费用预计总金额＝合同总金额（建造合同预计总收入）×提取比例。

2. 项目当期计提的安全生产费用＝本期累计确认的营业收入×提取比例－截止上期累计计提的安全生产费用

安全生产费用计提的时间：安全生产费用的计提时间为会计核算期的当月月末。

（三）安全生产费用的管理要求

1. 安全生产费用开支范围

（1）安全生产管理费用

1）企业安全生产宣传教育培训费用：包括购买、制作宣传教育资料及设备；参加培训人员的差旅住宿费、培训费；教师讲课费。

2）安全体系评价及检验检测费用：体系认证、审核费用；第三方检测费用。

3）安全奖励经费：发放的安全生产、文明施工奖金；责任状兑现奖金；根据总公司、局及公司文件对各种荣誉称号的奖励支出。

4）其他安全专项活动费用：重大事故隐患评估、监控、治理费用；应急演练费用；为专项安全活动开展投入的资料、咨询、宣传等费用。

（2）安全技术措施费用

1）临边安全防护设施的材料及人工费；洞口安全防护设施的材料及人工费；为安全生产设置的安全通道、围栏、警示绳等。

2）脚手架安全防护：钢管、安全网、扣件等物资租赁、购买费用；脚手架搭设、维护费用；脚手架拆除费用；工具式脚手架租赁、采购、施工、拆除费用。

3）机械设备安全防护设施及大型设备安全装置、维修、更换费用：塔式起重机、钢筋加工机械、木工机械、卷扬机等生产机械设备防砸、防雨设施的材料、人工费。

4）季节性安全费用：夏季降温、冬季防寒采取的措施费用。

5）其他安全技术措施费用：与现场安全隐患整改等有关的支出；保障安全生产的施工工艺与技术研发支出；危险性较大工程安全专项方案专家论证支出；事故应急救援器材、物资、设备投入及维护保养和事故应急救援演练费用。

（3）临时用电安全防护支出

配电柜（箱）及其防护隔离设施、漏电保护器、低压变电器、低压配电线、低压灯泡、电缆、辅材等配电物资采购费用；临时用电施工、维护维修、拆除费用；聘请的电工人员工资、福利等。

（4）消防设施、器材支出

消防水管、消防箱、灭火器、消防栓、消防水带、沙池、消防铲等购置、安装费；消防水泵房建设费用。

（5）安全设备、物资、用品支出

1）个人安全防护用品、用具：安全帽、安全带、工作服、防护口罩、护目眼镜、耳塞、绝缘鞋、手套、袖套等个人防护用品。

2）安全标志语及规程：标志牌、宣传牌、规程牌的设计、制作、安装、维护费用。

3）安全检测设备购置、更新、维护费用：为检测购置的地阻仪、力矩扳手、漏保测试仪等检测仪器设备；维护保养、维修费用。

4）施工现场急救器材及药品：现场采购的用于急救的器材、药品购买、维护费用。

5）安全评优费用：为完成创优目标采购设备设施等费用。

（6）施工现场文明施工措施费

确保施工现场文明施工及安全生产所进行的材料整理、垃圾清扫的人工费等；洗车机等设备、物资采购费用；现场绿化、美化、亮化、降尘、洗车措施费用。

（7）分包安全生产费用支出

分包商投入的安全生产费用支出，主要指分包合同总价中包含有安全生产费用但未明确的，商务部门在结算时应进行分解，明确备注结算中所含安全生产费用。

（8）其他安全费用支出。

2. 安全生产费用的使用和管理

（1）各级企业应根据本单位实际情况、在施工程项目特点编制本企业年度安全生产费用投入计划，安全生产费用投入计划应以财企〔2012〕16号《企业安全生产费用提取和使用管理办法》为依据，满足本企业安全生产要求。

（2）工程项目在开工前应按照项目施工组织设计或专项安全技术方案编制安全生产费用的投入计划，安全生产费用的投入应满足本项目的安全生产需要。

（3）安全生产费用应当优先用于满足安全生产隐患整改支出或达到安全生产标准所需支出。

（4）工程项目按照安全生产费用的投入计划进行相应的物资采购和实物调拨，并建立项目安全用品采购和实物调拨台账。

（5）安全生产费用专款专用。安全生产费用计划不能满足安全生产实际投入需要的部分，据实计入生产成本。

（6）利用安全生产费用形成的资产，应当纳入相关资产进行管理。

（7）企业为职工提供的职业病防治、工伤保险、医疗保险所需费用以及为高危人群办理的团体意外伤害保险或个人意外伤害保险所需保费直接列入成本，不在安全生产费用中列支。

3. 安全生产费用的核算

企业及项目必须单独设立"安全生产专项资金"科目，使专项资金做到专款专用，任何部门和个人不得擅自挪用。工程项目开工前，项目部编制安全生产费用资金计划，安全部门及分管领导审批，专项资金根据不同阶段对安全生产和文明施工的要求，实行分阶段使用，由项目部按计划进行支配使用，项目部工程部、安全部申请，项目经理批准后实施。企业及项目财务部必须对安全生产资金投入形成台账、报表等，并与企业及项目相关部门对账，发现差错，及时整改。

企业及项目必须保证安全费用的随用随取，不得以任何借口拖欠、不支付安全专项资金，影响企业及项目安全生产工作的顺利进行。安全费用必须落到实处，不得以现金形式发放给职工个人，也不得购买与安全无关的物品发放给员工。

（1）各企业依照规定提取的安全生产费用，应计入相关产品的成本或当期损益，同时计入"专项储备"科目。

（2）各企业使用提取的安全生产费用时，属于费用性支出的，直接冲减专项储备；形成固定资产的，应通过"在建工程"科目归集所发生的支出，待项目完工达到预定可使用状态时确认为固定资产，同时，按照形成固定资产的成本冲减专项储备，并确认相同金额的累计折旧，该固定资产在以后期间不再计提折旧。

（3）"专项储备"科目期末余额在资产负债表所有者权益项下"专项储备"项目反映。

4. 安全生产费用的监督检查

（1）各级企业进行安全生产检查、评审和考核时，应把安全生产费用的投入和管理作为一项必查内容，检查安全生产费用投入计划、安全生产费用投入额度、安全用品实物台账和施工现场安全设施投入情况，不符合规定的应立即纠正。

（2）各企业应定期对项目经理部安全生产投入的执行情况进行监督检查，及时纠正由于安全投入不足，致使施工现场存在安全隐患的问题。

（3）施工项目对分包安全生产费用的投入必须进行认真检查，防止并纠正不按照安全生产技术措施的标准和数量进行安全投入、现场安全设施不到位及操作员工个人防护不达标的现象。

检查内容如下：

1. 检查项目部安全生产资金投入使用的台账、报表等。

2. 实物与账册是否相符。

3. 报销手续是否齐全，报销凭证是否有效。

4. 财务设置科目与列入科目、记账是否符合要求。

（四）工伤保险管理

建筑业属于工伤风险较高行业，又是农民工集中的行业，工伤保险管理尤其重要。《关于进一步做好建筑业工伤保险工作的意见》（〔2014〕103号）（以下简称《意见》）指出"针对建筑行业的特点，建筑施工企业对相对固定的职工，应按用人单位参加工伤保险；对不能按用人单位参保、建筑项目使用的建筑业职工特别是农民工，按项目参加工伤保险。"建筑企业及项目应根据所在地区人力资源社会保障部门确定的工伤保险费率依法缴纳职工及工人的工伤保险费。

《意见》中指出，"建筑施工企业应依法与其职工签订劳动合同，加强施工现场劳务用工管理。施工总承包单位应当在工程项目施工期内督促专业承包单位、劳务分包单位建立职工花名册、考勤记录、工资发放表等台账，对项目施工期内全部施工人员实行动态实名制管理。施工人员发生工伤后，以劳动合同为基础确认劳动关系。对未签订劳动合同的，由人力资源社会保障部门参照工资支付凭证或记录、工作证、招工登记表、考勤记录及其他劳动者证言等证据，确认事实劳动关系。相关方面应积极提供有关证据；按规定应由用人单位负举证责任而用人单位不提供的，应当承担不利后果。"企业及项目必须配备劳务管理专员，落实动态实名制管理，加强工伤保险政策宣传和培训，并收集相关资料，配合政府相关部门工作。对于工伤鉴定及保险支付，企业及项目应根据政府相关要求积极配合提供相关资料，督促保险经办机构和用人单位依法按时足额支付各项工伤保险待遇。

1. 工伤的认定：有以下情形之一的，都认定为工伤：在工作时间和工作场所内，因工作原因受到事故伤害；工作时间前后在工作场所内，因履行工作职责受到暴力等意外伤害；患职业病；因公外出期间，由于工作原因受到伤害或者发生事故下落不明的；在上下班途中，受到非本人主要责任的交通事故或者城市轨道交通、客运渡轮、火车事故伤害；法律、法规规定应当认定为工伤的其他情形。

2. 视同工伤：有以下情形之一的，都视同工伤：在工作时间内和工作岗位上，突发疾病死亡或者在48小时内经抢救无效死亡；在抢险救灾等维护国家利益和公共利益活动中受到伤害；原在部队服役，因战、因工负伤致残，已取得革命军人伤残证，到用人单位后旧伤复发。

《工伤保险条例》规定：因故意犯罪、酗酒或者吸毒、自残或者自杀等情形，不得认定为工伤或者视同工伤。

3. 劳动能力鉴定：《工伤保险条例》规定：职工发生工伤，经治疗伤情相对稳定后存在残疾、影响劳动能力的，应当进行劳动能力鉴定。劳动能力鉴定是指劳动功能障碍程度和生活自理障碍程度的等级鉴定，劳动功能障碍分为十个伤残等级，一级最重、十级最轻，生活自理障碍分为三个等级：生活完全不能自理，生活大部分不能自理和生活部分不能自理。自劳动能力鉴定结论做出之日起一年以后，工伤职工或者其近亲属，所在单位或者经办机构认为伤残情况发生变化的，可以申请劳动能力复查。

4. 一至四级伤残的待遇：《工伤保险条例》规定：职工伤残被鉴定为一至四级的，保留劳动关系，退出工作岗位，享受以下待遇：（1）从工伤保险基金按伤残等级支付一次性伤残补助金，标准为：一级伤残为27个月的本人工资；二级伤残为25个月的本人工资；三级伤残为23个月的本人工资；四级伤残为21个月的本人工资；（2）从工伤保险基金按月支付伤残津贴，标准为：一级伤残为本人工资的90%；二级伤残为本人工资的85%；三级伤残为本人工资的80%；四级伤残为本人工工资的75%。伤残津贴实际金额低于当地最低工资标准的，由工伤保险基金补足差额。（3）工伤职工达到退休年龄并办理退休手续后，停发伤残津贴，按照国家有关规定享受基本养老保险待遇，基本养老保险待遇低于当地最低工资标准的，由工伤保险基金补足差额。

5. 五至六级伤残的待遇：《工伤保险条例》规定：职工伤残被鉴定为五至六级的，享受以下待遇：（1）从工伤保险基金按伤残等级支付一次性伤残补助金，标准为：五级伤残为 18 个月的本人工资；二级伤残为 16 个月的本人工资。（2）保留与原单位的劳动关系，由用人单位安排适当工作。难以安排工作的，由用人单位按月发给伤残津贴，标准为：五级伤残为本人工资的 70%；六级伤残为本人工资的 60%，并由用人单位按照规定为其缴纳各项社会保险费。伤残津贴实际金额低于当地最低工资标准的，由用人单位补足差额。

经工伤职工本人提出，可以与用人单位解除或者终止劳动关系，由工伤保险基金支付一次性工伤医疗补助金，一次性工伤医疗补助金和一次性伤残补助金的具体标准由省、自治区、直辖市人民政府规定。

6. 七至十级伤残的待遇：《工伤保险条例》规定：职工伤残被鉴定为七至十级的，享受以下待遇：（1）从工伤保险基金按伤残等级支付一次性伤残补助金，标准为：七级伤残为 13 个月的本人工资；八级伤残为 11 个月的本人工资，九级伤残为 9 个月的本人工资；十级伤残为 7 个月的本人工资；劳动聘用合同期满终止，或者职工本人提出解除劳动、聘用合同，由工伤保险基金支付一次性工伤医疗补助金，由用人单位支付一次性伤残补助金，一次性工伤医疗补助金和一次性伤残补助金的具体标准由省、自治区、直辖市人民政府规定。

7. 职工死亡的待遇：《工伤保险条例》规定：职工因工死亡，其近亲属可以从工伤保险基金领取丧葬补助金、供养亲属抚恤金和一次性工亡补助金。（1）丧葬补助金为 6 个月的统筹地区上年度职工月平均工资；（2）供养亲属抚恤金按照本人工资的一定比例发给因工死亡职工生前提供主要生活来源、无劳动能力的亲属。标准为：配偶每月 40%、其他亲属每月 30%、孤寡老人或者孤儿在上述标准的基础上加 10%。核定的各供养亲属的抚恤金之和不得大于因工死亡职工的生前工资，供养亲属的范围由国务院社会保险行政部门规定。（3）一次性工亡补助金标准为上一年度全国城镇居民人均年可支配收入的 20 倍。（4）伤残职工在停工留薪期间因工伤导致死亡的，其近亲属可以享受第一条规定的待遇；一级至四极伤残职工在停工留薪期满后死亡的，其近亲属可以享受第一、第二条规定的待遇。

8. 停止享受工伤保险待遇：《工伤保险条例》规定一下情况停止享受工伤保险待遇（1）丧失享受待遇条件；（2）拒不接受劳动能力鉴定；（3）拒绝治疗。

四、安全生产教育培训及考核管理

建筑施工现场安全管理的成功有效实施依赖于现场全员的参与，要求现场人员必须具有良好的安全意识和安全知识。为了保证现场安全保证体系的有效实施运行，必须对全体人员进行安全教育和培训。安全教育必须贯穿整个施工阶段，从施工准备、现场动工、竣工的各个阶段和方面，对人员进行安全教育，通过安全教育和培训考核方可上岗作业。

（一）安全教育培训时间

《建筑业企业职工安全培训教育暂行规定》（建教〔1997〕83 号）（以下简称《规定》）中指出："建筑业企业职工每年必须接受一次专门的安全培训。（一）企业法定代表人、项目经理每年接受安全培训的时间，不得少于 30 学时；（二）企业专职安全管理人员除按照建教〔1991〕522 号文《建设企事业单位关键岗位持证上岗管理规定》的要求，取得岗位合格证书并持证上岗外，每年还必须接受安全专业技术业务培训，时间不得少于 40 学时；（三）企业其他管理人员和技术人员每年接受安全培训的时间，不得少于 20 学时；（四）企业特殊工种（包括电工、焊工、架子工、司炉工、爆破工、机械操作工、起重工、塔式起重机司机及指挥人员、人货两用电梯司机等）在通过专业技术培训并取得岗位操作证后，每年仍须接受有针对性的安全培训，时间不得少于 20 学时；（五）企业其他职工每年接受安全培训的时间，不得少于 15 学时；（六）企业待岗、转岗、换岗的职工，在重新上岗前，必须接受一次安全培训，时间不得少于 20 学时。"安全教育培训的对象是施工现场全体人员，而且各类人员的安全教育培训时间都有明确规定，企业及项目部必须根据规定要求制定安全教育培训计划并有效落实，做好人员的安全教育培训。

（二）安全教育培训的形式

安全教育主要包括入场三级安全教育、专项安全教育培训、周安全教育活动、体验式安全教育培训、农民工夜校等。

入场三级安全教育是指公司、项目、班组三级安全教育。《规定》中明确指出："建筑业企业新进场的工人，必须接受公司、项目、班组的三级安全培训教育，经考核合格后，方能上岗。公司的培训教育的时间不得少于 15 学时，项目的培训教育的时间不得少于 15 学时，班组的培训教育的时间不得少于 20 学时。"公司安全培训教育的主要内容是：国家和地方有关安全生产的方针、政策、法规、标准、规范、规程和企业的安全规章制度等。项目安全培训教育的主要内容是：工地安全制度、施工现场环境、工程施工特点及可能存在的不安全因素等。班组安全培训教育的主要内容是：本工种的安全操作规程、事故安全案例、劳动纪律和岗位讲评等。企业、项目、班组必须严格按照安全教育内容和教育时间，对现场新入场的工人做好安全教育培训。

专项安全教育培训主要包括特种作业人员专项安全教育、季节性专项安全教育、节假日专项安全教育、安全月活动等专项安全教育培训、机械管理专项安全教育培训、临时用电专项安全教育培训、各类应急管理专项教育培训等。各类专项安全教育培训的内容必须根据各项目现场实际情况以及各类专项活动的特点、危险源及预防措施进行教育培训。

周安全教育活动主要是总结上周项目安全生产情况，对各分包、班组进行安全讲评，同时部署本周项目安全生产活动，讲解施工现场主要风险源，对政府、公司安全生产方面的文件及时宣贯。

体验式安全教育培训是指组织工人进行体验式安全教育，通过安全带体验、综合用电、洞口坠落体验、防护用品穿戴、人行马道、VR 虚拟体验等体验项目，切身体验违章作业的严重后果。通过体验式安全教育让现场工人掌握安全基本知识要点更加简单易行。

农民工夜校是以安全生产、施工技能、职业健康、维权等为教育内容，在农民工下班后，对工人进行安全教育，丰富安全教育形式，规范农民工安全教育，提高现场农民工的整体素质。

安全月活动：每年 6 月是"全国安全生产月"，各企业应在安全月期间，组织全体员工及其相关方，开展各类安全宣传教育活动，组织安全专项检查、召开现场观摩会、组织安全知识竞赛、开展安全教育培训等活动提高全体人员的安全意识，提升全体人员的安全防控技能，以月促年，保证全年的安全形势平稳。

安全教育培训必须有专人记录，并有参加人员签到表、教育影像资料，所有资料最后汇总留存于项目安全部门存档。

（三）安全教育考核管理

安全教育考核分为理论考试和现场实操考核，根据现场施工作业人员各类工种的安全操作规程、危险源等编制安全考试题。现场所有人员经过安全教育培训后，进行安全考试，考试合格后方可上岗作业。针对特种作业人员，除了进行安全理论考试外，必须进行现场实操考核。针对各项目实际情况，设置各特种作业人员实操点，对现场特种作业人员的实际操作水平进行实操考核，避免出现特种作业人员实际操作能力弱、对实际操作不清楚等问题，提前规避安全风险。针对项目考核不合格的特种作业人员，必须立即更换，降低项目特种作业安全风险。针对考核不合格的一般工人，必须重新进行安全培训，重新考核合格后方可进场施工。公司及项目必须重视安全教育考核管理，现场所有人员必须考核合格后方可进入施工现场进行施工作业，不合格的人员严禁进场作业。

五、施工机械设备管理

为了更好地贯彻、执行上级部门对现场机械设备管理方面的方针、政策和有关规定，保证工程质量，加快施工进度，提高生产效益，确保建筑施工现场机械设备的安全运行，必须制定机械设备资料台账管理制度、机械设备进场、安拆、验收制度、机械设备检查制度、机械设备维修保养制度机械设备、人员管理制度等。项目经理部必须配备专门的机械管理员，对现场的机械设备统一管理，督促各项规章制度的有效实施。

（一）机械设备资料台账管理制度

施工现场机械设备会随着建筑施工现场工序的有序开展而陆续进场或退场，项目部机械管理员负责对所在项目部的机械设备建立登记台账，并及时更新。对施工现场各机械设备资料单独建档留存，设备资料主要包括：（1）设备的名称、类别、数量、统一编号；（2）产品合格证及生产许可证（复印件及其他证明材料）；（3）使用说明书等技术资料；（4）操作人员交接班记录，维修、保养、自检记录；（5）机械设备安装、拆卸方案；（6）机械设备检测检验报告、验收备案资料；（7）各设备操作人员上岗证；（8）各类相关安全交底、安全协议；（9）机械设备产权单位、安拆单位资质，租赁合同等。以上资料未齐全的，现场严禁使用。

（二）机械设备进场、安拆、验收制度

对各种刚进场的机械设备必须实行进场验收，严把验收关，严禁不合格的设备进入现场，不合格的设备主要有以下几种：机械设备缺少生产许可证和产品质量合格证；各类安全装置和各种限位装置缺失或损坏的；机械结构出现焊缝严重开裂、主要构件出现严重变形的；传动机构各零部件严重磨损和严重变形的；电箱、线缆等不符合规定要求。

项目必须选择有相应资质的机械拆装公司进行机械安拆，机械设备安拆前，必须编制专项机械安拆方案且审批手续齐全，同时必须根据项目所在地政府办理相关拆装手续，现场机械拆装人员必须持有效证件上岗作业，安拆过程必须留有相关资料记录。机械设备安装完成后，根据政府相关管理规定，由具备相应资质的检测单位进行设备检测，并经机械产权单位、安装单位、使用单位、项目部、项目监理等联合验收，检测验收合格后，方可投入使用。未经检验验收的任何机械设备，严禁私自使用。

（三）机械设备检查制度

机械设备检查主要分为中小型机械检查及起重机械专项检查。建筑现场中小型机械主要包括钢筋切断机、调直机等加工机械、混凝土泵、振捣棒、吊篮、电焊机、无齿锯、手持电动工具等。起重机械主要包括塔式起重机、施工升降机、物料提升机、龙门架、吊车等。

1. 中小型机械专项检查

机械设备检查是促进机械管理，提高机械完好率、利用率，确保安全生产，改进服务态度的有效措施。中小型机械检查的主要内容：检查机械技术状况、附件、备品工具、资料、记录、保养、操作、消耗、质量等情况，并对机械使用人员进行技术考核；检查机械使用单位对于机械管理工作的认识，是否重视机械管理工作，并纳入议事日程；检查规章制度的建立、健全和贯彻执行情况；检查管理机构和机务人员配备情况；检查机械技术状况及完好率、利用率情况；检查机械使用、维修、保养、管理情况；检查机械使用维修的运行效果。项目每月组织由各机械使用单位参加的机械大检查，对检查中发现的问题，以书面形式通报有关施工队或机械所属单位，定人定责限期整改。机械设备使用单位凡不按规定要求组织机械检查或检查不细致，存在问题未及时解决的，项目部有权立即停止机械设备的使用，责令相关人员立即整改解决，整改完成后方可继续作业。

2. 起重机械专项检查

（1）起重机械产权单位、使用单位应按制度经常检查起重机械的技术性能和安全状况，包括年度检查、季度检查、月度检查、每周检查和每日检查。

（2）每年对在用的起重机械至少进行两次全面检查，其中载荷试验可以结合吊运相当于额定起重量的重物进行，并按额定速度进行起升、回转、变幅、行走等机构安全性能检查。

（3）每季度进行的检查至少应包括下列项目：

1）安全装置、制动器、离合器等有无异常情况。

2）吊钩有无损伤；钢丝绳、滑轮组、索具等有无损伤。

3）配电线路、集电装置、配电盘、开关、控制器等有无异常情况。

4）液压保护装置、管道连接是否正常；顶升机构，主要受力部件有无异常和损伤。

5）钢结构、传动机构的检查；电缆的绝缘及损坏情况。

6）大型起重机械的防风、防倾覆措施的落实情况。

7）起重机械的安装、顶升、附着、拆除、维修资料是否齐全、规范。

（4）每月（包含停用一个月以上的起重机械在重新使用前）至少应检查下列项目：

1）安全装置、制动器、离合器等有无异常情况。

2）吊钩有无损伤。

3）钢丝绳、滑轮组、索具等有无损伤。

4）配电线路、集电装置、配电盘、开关、控制器等有无异常情况。

5）液压保护装置、管道连接是否正常。

6）顶升机构，主要受力部件有无异常和损伤。

（5）每周检查项目

1）各类极限位置限制器、制动器、离合器、控制器以及电梯门联锁开关，紧急报警装置等。

2）钢丝绳、滑轮组、索具等有无损伤。

3）配电线路、集电装置、配电盘、开关、控制器等有无异常情况。

4）液压保护装置、管道连接是否正常；顶升机构，主要受力部件有无异常和损伤。

（6）每日作业前应检查的项目

1）各类极限位置限制器、制动器、离合器、控制器以及电梯门联锁开关，紧急报警装置等。

2）钢丝绳、吊索、吊具的安全状况。

3）经检查发现起重机械有异常情况或损伤时，必须及时处理，严禁带病作业。

（四）机械设备维修保养制度

1. 认真执行设备使用与维护相结合和设备"谁使用，谁维护"。单人使用的设备实行专责制。主要设备实行包机制（包运转、包维护、包检修）。设备使用实行定人、定机，凭证操作。主要管、线缆装置，实行区域负责制，责任到人。

2. 各种设备司机，必须经过培训，达到本设备操作的技术等级"应知"、"应会"要求，经考试合格，领到合格证，方能上岗。设备司机都要做到"三好"，即管好、用好、修好；"四会"，即会使用、会保养、会检查、会排除故障。

3. 要严格执行日常保养（维护）和定期保养（维修）制度。日常保养：操作者每班照例进行保养，包括班前10～15分钟的巡回检查；班中责任制，注意设备运转、油标油位、各部温度、仪表压力、指示信号、保险装置等是否正常；班后、周末、节日前的大清扫、擦洗。发现隐患，及时排除；发现大问题，找维修人员处理。定期保养：设备运行1～2个月或运转500小时以后，以操作工人为主，维修工配合，进行部分解体清洗检查，调整配合间隙和紧固零件，处理日常保养无法处理的缺陷。定期保养完后，由车间技术人员与设备管理员进行验收评定，填写好保养记录。确保设备经常保持整齐、清洁、润滑、安全、经济运行。

4. 起重设备应定期进行精度、性能测试，做好记录，发现精度、效能降低，应进行调整或检修。对设备的关键部位要进行日常点检和定期点检，并做好记录。

5. 特种设备指防爆电气设备、压力容器和起吊设备，应严格按照国家有关规定进行使用和管理，定期进行检测和预防性试验，发现隐患，必须更换或立即进行处理。

6. 加强设备润滑管理，建立并严格执行润滑"五定"即定人、定质、定点、定量、定期制度，做好换油记录。

7. 保养的原则和要求：

（1）为保证机械设备经常处于良好的技术状态，随时可以投入运行，减少故障停机日，提高机械完好率、利用率，减少机械磨损，延长机械使用寿命，降低机械运行和维修成本确保安全生产，必须强化对机械设备的维护保养工作。

（2）机械保养必须贯彻"养修并重，预防为主"的原则，做到定期保养、强制进行，正确处理使用、保养和修理的关系，不允许只用不养，只修不养。

（3）各班组必须按机械保养规程、保养类别做好各类机械的保养工作，不得无故拖。

（4）机械保养坚持推广以"清洁、润滑、调整、紧固、防腐"为主要内容的"十字"作业法，实行例行保养和定期保养制，严格按使用说明书规定的周期及检查保养项目进行。

（5）例行保养是在机械运行的前后及过程中进行的清洁和检查，主要检查要害、易损零部件（如机械安全装置）的情况，冷却液、润滑剂、燃油量、仪表指示等。例行保养由操作人员自行完成，并认真填写"机械例行保养记录"。

（6）一级保养：普遍进行清洁、紧固和润滑作业，并部分地进行调整作业，维护机械完好技术状况。由操作者本人完成，操作班班长检查监督。

（7）二级保养：包括一级保养的所有内容，以检查、调整为中心，保持机械各总成、机构、零件具有良好的工作性能。由操作者本人完成，操作者本人完成有困难时，可委托修理部门进行，使用单位操作班组长检查监督。

（8）换季保养：主要内容是更换适用季节的润滑油、燃油，采取防冻措施，增加防冻设施等。由使用单位组织安排，操作班组长检查、监督。

（9）停放保养：停用及封存机械应进行保养，主要是清洁、防腐、防潮等，由机械所属单位进行保养。

（10）保养计划完成后要经过认真检查和验收，并填写有关资料，做到记录齐全、真实。

（五）机械设备人员管理制度

1. 机械设备特种作业人员（起重机械司机、信号指挥工、起重机械安拆工、吊篮安拆工、电工、焊工等）必须按国家和省、市安全生产监察局及建设主管部门的要求培训和考试，取得省、市安全生产监察局及建设主管部门颁发的"特种作业人员安全操作证"后，方可上岗操作，并按国家规定的要求和期限进行审证。

2. 机械设备作业人员必须遵守安全操作规程，做到勤检查、勤保养，禁止设备带病运转，做好机械设备运行记录。

3. 机械使用必须贯彻"管用结合"、"人机固定"的原则，实行定人、定机、定岗位的岗位责任制。机械设备作业人员在交接班时，做好机械设备交接班记录。

4. 施工现场的机械管理员、维修员和操作人员必须严格执行机械设备的保养规程，应按机械设备的技术性能进行操作，必须严格执行定期保养制度，做好操作前、操作中和操作后的清洁、润滑、紧固、调整和防腐工作。

5. 各类机械操作人员下班后必须拉闸断电并将机械设备上锁。同时，项目部对现场机械设备加强检查，严禁现场作业人员私自操作机械设备。

六、安全生产防护用品管理

安全防护用品是保护劳动者在生产过程中的安全和健康所必不可少的一种预防性装备，是保障从业人员人身安全与健康的重要措施，也是保障生产经营单位安全生产的基础。

（一）防护用品采购验收管理

1. 建筑施工现场的安全防护用品范围主要包括：1）安全防护用品包括安全帽、安全带、安全网、安全绳及其他个人防护用具；2）电气产品包括用于施工现场的漏电保护器、临时配电箱、电闸箱、五芯电缆；3）安全防护设施包括各类机械设备的安全防护设施，施工现场安全防护设施等。

2. 企业及项目必须选择具有劳动用品生产相应资质的分供方，劳动用品合格证、产品说明书、检测报告等资料必须齐全有效。严禁私自购买和使用无安全资质的分供方生产的安全防护用品。

3. 安全防护用品实行安全标志管理，企业及项目采购的安全防护用品应是取得安全防护用品安全标志（"LA"标识）的产品。安全防护用品安全标志证书由国家安全生产监督管理总局监制，加盖安全防护用品安全标志管理中心印章。

4. 安全防护用品使用前，必须经物资、技术、安全等部门人员一同进行检查验收，根据相关规定需要进场抽样检测的，必须经具有有效资质的检测单位取样检测。验收合格后方可使用。对施工现场验收合格的安全防护用品，形成验收记录，物资部或安全部建立台账存档。

5. 项目安全部门根据现场施工进度实际情况编制年度防护用品采购计划，报请项目经理审批，财务部门根据计划从安全费用中落实资金，物资部门根据计划进行采购。

6. 项目部在进行劳动防护用品采购时，应要求分供方提供产品鉴定报告、检测报告、产品说明书等证明材料。项目部应对分包方自行采购或自带的安全护品进行检查验收，产品鉴定报告、检测报告、产品说明书等证明材料必须齐全有效。

7. 凡采购的安全防护用品，在进场时发现产品质量缺陷、资料不齐全等问题时，严禁其进场。若多次发生此类现象，可根据实际情况更换其他分供方。

（二）防护用品使用监督管理

1. 企业及项目应加强安全防护用品的教育培训，确保现场作业人员正确使用防护用品，不私自拆除施工现场各类安全设施。

2. 作业人员进入施工现场，必须按规定穿戴劳动防护用品，并正确使用劳动防护用品，否则，按违章论处。对于生产中必不可少的安全帽、安全带、绝缘护品，防毒面具，防尘口罩等职工个人特殊劳动防护用品，必须根据特定工种的要求配备齐全，并保证质量。

3. 凡是从事多种作业或在多种劳动环境中作业的人员，应按其主要作业的工种和劳动环境配备安全防护用品。如配备的安全防护用品在从事其他工种作业时或在其他劳动环境中确实不能适用的，应另配或借用所需的其他安全防护用品。

4. 企业及项目应配备公用的安全防护用品，供外来参观、学习、检查工作人员使用。公用的劳动防护用品应保持整洁，专人保管。

5. 因现场施工需要，必须拆除部分安全防护设施时，必须办理有关审批手续。施工完毕，在批准的时间内及时将安全设施恢复并请安全部门验收。未经批准，施工人员不得擅自拆除安全防护设施。

（三）防护用品更换报废管理

1. 根据安全防护用品国家标准和使用说明书的使用期限及实际使用情况及时进行更换、报废。对于安全性能明显下降、不满足使用需求的，又无法修复或修复后达不到安全标准的，填写报废申请表，经安全部及物资部批准后报废，并在安全防护用品台账中去除。

2. 企业及项目物资部负责集中收集破损、过期报废的安全防护用品，严禁随意丢弃，按规定进行集中报废处理，同时建立防护用品报废台账。

3. 安全部应加强现场安全防护用品的检查和监督，对现场超期、失效等不能继续使用的防护用品应立即更换处理。

七、安全生产评价考核管理

安全是一切工作的基础，没有安全就没有发展，没有安全就没有效益。为严格执行各项安全规章制度，落实建筑施工安全管理，强化安全纪律，减少和杜绝因工伤事故的发生，保证职工在生产过程中的安全和健康，提高安全管理水平，促进公司安全生产的良性循环，保障员工生命安全与公司财产安全，必须对项目施工现场进行安全考核。

施工企业的安全考核的重点是安全生产责任制的落实，主要包括机构设置、人员配备、教育培训、安全投入、安全检查、事故与应急管理等。

企业每年对下属单位至少进行一次安全评价考核。企业层面评价按企业安全生产标准化评价表进行评价；对项目层面按《安全生产检查标准》进行评价。详见附表A。

企业安全生产标准化评价结果分为优、良、合格、不合格四个等级。各等级划分标准按照表4-1执行：

等级划分标准等级　　　　　　　　　　　　表4-1

评定等级	评定考核内容		
	各项评分表中的实得分为零的项目数（个）	各评分表实得分数（分）	汇总分数（分）
优	0	≥90	≥95
良	0	≥80	≥85
合格	0	≥70	≥75
不合格	出现不满足合格条件的任意一项时		

企业安监部收全管理合规性评价报告（表4-2），进行分析，提出改进建议。

管理合规性评价报告 表 4-2

单位名称		主管部门	
参加人员：			
评价内容：			
评价结论：			
改进指令、责任部门及完成时间要求：			
编制/日期：		审核/日期：	

施工现场的安全考核核心的是对各区域主管人员以及分包单位的考核，根据相关安全规范以及项目实际情况制定项目检查考核表，主要包括安全管理、机械管理、消防保卫、后勤卫生以及绿色施工等。项目经理定期组织项目相关人员根据制定的检查考核表进行检查打分，根据考核结果进行相关奖惩，处罚以教育、经济处罚以及行政处罚相结合的方式，把教育、处罚、激励贯穿于整个项目安全生产过程中，强化现场安全管理。项目可根据实际情况，制定本项目奖惩标准。相关考核表见附表 B。

八、施工现场文明施工管理

建筑施工现场安全文明施工水平体现了企业在工程项目施工现场的综合管理水平。建筑现场文明施工涉及人、财、物各个方面，贯穿于施工全过程之中。在建筑施工过程中，公司及项目必须注重安全文明施工的管理工作，实现项目施工的标准化、规范化，预防安全事故的发生，确保企业及项目安全文明施工目标的顺利实现，提升企业的知名度，营造品牌效应。

（一）建立项目安全文明施工管理小组

项目部必须建立以项目经理为组长，各部门负责人为副组长，各员工及分包单位为组员的安全文明施工管理小组，制定项目文明施工管理目标，全员参与，齐抓共管，将安全文明施工管理落实到各个人员及分包单位。安全文明施工管理小组每周组织进行一次全面的施工现场安全文明大检查，并组织文明施工专题会进行通报总结，对存在的问题定人定时间进行整改，对在期限内未整改完成的事项要进行处罚，并局部停工整改，直至整改完成。

（二）现场安全文明施工管理的要求

1. 项目施工组织设计中必须明确安全文明施工的规划、组织体系、职责。施工总平面布置要考虑现场安全文明施工的需要，统一规划。

2. 明确划分安全文明施工责任区，现场区域划分无死角，落实到相应管理人员及分包单位。

3. 现场材料、设备等堆放合理，排放有序，并有相应材料设备标识。

4. 施工现场道路畅通，路面平整整洁，照明配置得当，保卫人员上岗执勤。施工现场扬尘治理措施按照"六个百分百"、"七个到位"落实；"六个百分百"具体指施工区域100％标准围挡；裸露黄土100％覆盖；施工道路100％硬化；渣土运输车辆100％密闭拉土；施工现场出入车辆100％冲洗清洁；建筑拆除100％湿法作业；"七个到位"具体指出入口道路硬化到位；基坑坡道处理到位；三冲洗设备安装到位；清运车辆密闭到位；拆除湿法作业到位；裸露地面覆盖到位；拆迁垃圾覆盖到位。

5. 现场施工用电及施工用水排布系统要布置合理、安全，现场排水与消防设施符合安全要求，满足施工需要。

6. 施工用机械、设备完好、清洁，安全操作规程齐全，操作人员持证上岗，并熟悉机械性能和工作条件。

7. 施工现场的安全管理、安全防护设施、安全器具等实现标准化，符合有关规定要求。

8. 施工现场临建设施完整，布置合理得当，环境清洁，相关安全管理制度张贴在醒目位置。

（三）安全文明施工管理的措施

为保证施工现场文明施工管理，必须要采取相应的措施，其中安全教育和安全检查是现场安全文明施工管理的主要措施。

1. 安全教育：要严格执行落实"三级教育"，提高现场作业人员辨识安全危险及预防伤害的能力，并养成遵章守纪的习惯。同时，定期将现场文明施工做得好与差的照片以幻灯片的形式对现场人员进行教育交底，给现场文明施工制定标准。

2. 安全文明施工的检查：安全检查是发现不安全行为和不安全状态的重要途径。项目部必须定期组织开展全面的施工现场安全文明大检查，对存在的问题定人定时间进行整改。安全文明施工检查的目的是发现、处理、消除危险因素，避免事故伤害，实现安全文明施工。消除施工现场危险因素的关键环节，在于认真的整改，真正的、确确实实的把危险因素消除。

九、施工现场消防安全管理

企业及项目必须认真贯彻消防工作"预防为主，防消结合"的指导方针，加强施工现场消防安全管理，增强群众防范意识，把消防事故消灭在萌芽状态。

（一）建立消防管理机构

施工单位应根据项目规模、现场消防安全管理的重点，建立消防安全管理组织机构及义务消防组织，并应确定消防安全负责人，同时落实相关人员的消防安全管理责任。

（二）消防安全管理制度

1. 消防安全责任制

项目部必须建立消防安全责任制，明确各级消防责任，逐级签订安全防火责任书，按照"谁主管，谁负责"的工作原则，真正把消防工作落实到实处。项目消防安全负责人是项目防火安全的第一责任人，负责本工地的消防安全，主要履行以下职责：

（1）制定并落实消防安全责任制和防火安全管理制度，组织编制消防应急预案以及落实应急预案的演练实施。

（2）组织成立项目义务消防队并负责消防队的日常管理。

（3）配备灭火器材，落实定期维护、保养措施，改善防火条件，开展消防安全检查，及时消除火险隐患。

（4）对职工进行消防安全教育，组织消防知识学习，增强职工消防意识和自防自救能力。

（5）组织火灾自救，保护火灾现场，协助火灾原因调查。

2. 施工现场防火检查制度

（1）项目部每月定期组织有关人员进行一次防火安全专项大检查；每周定期安全检查中对防火安全进行相关检查。

（2）检查以生活区和施工现场为重点，主要包括宿舍、食堂、现场库房、加工区、材料堆放区等重点部位，发现隐患，及时整改，并做好防范工作。

（3）宿舍内严禁使用大功率设备，严禁电线私拉乱接，检查时如有发现，除没收器物外并进行相应的罚款。

（4）定期对灭火器进行检查，发现过期、失效的灭火器，应及时更换，确保灭火器处于正常可使用状态。

3. 施工现场动火审批制度

（1）施工现场需进行电气焊作业、防水作业等需要动火的施工作业前，必须开具动火证。

1）一级动火审批制度：禁火区域内；油罐、油箱、油槽车和储存过可燃气体，易燃液体的容器以及连接在一起的辅助设备；各种受压设备；危险性较大的登高焊、割作业；比较密封的室内，地下室等场进行动火作业，由动火作业施工负责人填写动火申请表，然后提交项目防火负责人审查后报公司，经公司安全部门主管防火工作负责人审核，并将动火许可证和动火安全技术措施方案，报所在地区消防部门审查，经批准后方可动火。

2）二级动火审批制度：在具有一定危险因素的非禁火区域内进行临时焊割等动火作业，小型油箱等容器、登高焊割、节假日期间等动火作业，由项目施工负责人填写动火许可证，并附上安全技术措施方案，并经项目防火负责人审查后报公司安全部门审批，批准后方可动火。

3）三级动火的审批制度：在非固定的、无明显危险因素的场所进行动火作业，由申请动火者填写动火申请单，经焊工监护人签署意见后，报项目防火负责人审查批准，方可动火。

（2）所有动火作业必须经审批后方可动火作业，严禁私自动火。

（3）动火作业前必须检查现场，在确保周围无易燃物，各种安全防护措施（灭火器、接火斗、安全带等）以及监护人到位后方可作业。

（4）动火监护人严禁中途离开，必须在动火作业过程中全程监护。

4. 消防设施、器材安全管理制度

（1）在防火重要部位设置的消防设施、器材，由该部位的消防责任人负责，发现消防设施损坏、灭火器材缺失以及失效等问题时，及时通知消防负责人维修更新。

（2）对故意损坏消防设施器材、私自挪用消防器材的违章行为，根据项目实际情况进行相应处罚。

（3）消防器材保管人员，应懂得消防知识，能正确使用器材，工作认真、负责。

（4）定期检查消防设施、器材，发现设施损坏、器材超期、缺损的，及时向消防负责人汇报，及时更新。

5. 施工现场消防安全管理制度

（1）施工现场消防负责人应全面负责施工现场的防火安全工作，应积极督促各分包单位现场的消防管理和检查工作。

（2）施工单位与分包单位签订的"工程合同"中，必须有防火安全的内容，共同搞好防火工作。

（3）在编制施工组织设计时，施工总平面图、施工方法和施工技术均要符合消防要求。

（4）施工现场要定期进行消防专项安全检查以及日常消防检查，发现消防隐患，必须立即消除，一时难以消除的隐患，要定人员、定时间、定措施限期整改。

（5）施工现场应明确划分动火作业、易燃可燃材料堆场、仓库、易燃废品集中站和生活区等区域，各区域消防设施器材必须按规范要求合理配备。

（6）施工现场夜间应有照明设备，保持消防车通道畅通无阻，并安排专人进行值班巡逻。

（7）不准在高压架空线下面搭设临时焊、割作业场，不得堆放建筑物或可燃品。

（8）施工现场应配备足够的消防器材，指定专人维护、管理、定期更新，保证完整好用。

（9）在项目施工时，消防器材和设施必须按规范配备到位。

（10）施工现场的焊割作业，氧气瓶、乙炔瓶、易燃易爆物品的距离应符合有关规定；如达不到上述要求的，应执行动火审批制度，并采取有效的安全隔离措施。

（11）施工现场用电，应严格执行有关规范要求，加强临电管理，防止发生电气火灾。

（12）冬期施工采用加热措施时，应进行安全教育；施工过程中，应安排专人巡逻检查，发现隐患及时处理。

（13）施工现场发生火警或火灾，应立即报告公安消防部门，并组织力量扑救。

（14）根据"四不放过"的原则，在火灾事故发生后，施工单位和建设单位应共同做好现场保护和会同消防部门进行现场勘察的工作。对火灾事故的处理提出建议，并积极落实防范措施。

（15）编制现场消防安全和应急预案，至少每季度进行一次演练，并结合实际，不断完善预案。预案应当包括下列内容：组织机构和职责分配；报警和接警处置程序；应急疏散的组织程序和措施；扑救初起火灾的程序和措施；通信联络、安全防护救护的程序和措施；后勤保障程序和措施；医疗救护保障程序和措施等。

十、施工现场生产生活设施管理

（一）现场临建设施的分类

1. 办公设施，包括办公室、会议室、保卫室等。
2. 生活设施，包括宿舍、食堂、厕所、淋浴室、娱乐室、医务室等。
3. 生产设施，包括材料库房、安全防护棚、加工棚（木材加工厂、钢筋加工厂等）。
4. 辅助设施，包括道路、现场排水设施、围墙、大门等。

（二）现场临建设施的管理要求

1. 项目部对施工现场临时设施管理负总责。对依法分包的，应在分包合同中载明施工现场临时设施的管理条款，明确各自责任。

2. 施工现场的临建设施必须与作业区分开设置，并保持安全距离；临建设施的材料应当符合安全、消防要求，同时，临建设施应按《建设工程施工现场环境与卫生标准》JGJ 146—2013 相关要求搭设。

3. 施工现场应建立临建设施管理制度和日常检查、考核制度，建立健全临时设施的消防安全和防范制度，并落实专（兼）职管理负责人。建立卫生值日制度、定期清扫、消毒和垃圾及时清运制度，根据工程实际设置相应的专职保洁员，负责卫生清扫和保洁。生活区应采取灭鼠、蚊、蝇、蟑螂等措施，并应定期投入和喷洒药物。

4. 临建设施内应统一配置清扫工具、照明、消防等必要的生活设施。临建设施内用电应当设置独立的漏电保护器和足够数量的安全插座，禁止出现裸线。临建设施内电器设备安装和电源线的配置，必须由专职电工操作，不允许私搭乱接。临时设施内严禁烹饪煮饭。

5. 施工现场及生活区应设置密闭式垃圾站（或容器），不得有污水、散乱垃圾等，生活垃圾与施工垃圾应分类堆放。

6. 项目部对现场临时道路布置充分考虑施工运输的需要，特别是大型设备、大件材料的运输需要。现场主要道路应根据施工平面图和业主沟通，尽可能利用永久性道路或先建好永久性道路的路基，临时道路布置要保证车辆等行驶畅通，有回转余地，符合相关安全要求。

7. 临建设施搭建完成后，项目部应组织技术人员、质量人员、安全人员对临建设施进行自检，报监理、建设单位验收。未经过验收的临建设施，不得使用。项目部对本项目占用的临建设施进行建档登记。

8. 安全部及临建设施管理人员应每月对项目部现场临建设施进行检查。检查内容包括：项目部临建设施台账与现场是否相符、临建设施的使用维护保养情况、安全隐患情况，发现问题，责令项目部限期整改，确保临建设施的安全使用。

9. 项目部应对现场每个临建设施、每台办公设施要设专人负责日常维护、保养，并加强对使用人员的科学使用及自觉爱护办公设施教育，保证设施安全、有效、合理的使用，延长临建设施的使用寿命。

10. 临建设施使用维护，实行"谁使用、谁管理维护"原则。若发现现场临建设施出现损坏故障的，应及时找专业人员进行修理，严禁私自维修，确保临建设施满足正常施工、生活、办公需要。

11. 现场临建设施的安拆必须由相应资质的分包单位进行安拆作业，安拆前必须上报临建设施安拆方案，并经项目审批同意后方可进行安拆作业。安拆作业必须符合相关安全要求，同时项目安全部进行旁站监督。

第五章 危险性较大的分部分项工程

一、危 险 源 辨 识

（一）危险源的概念与分类

1. 危险度、危险源及重大危险源定义

（1）危险度

危险是系统中存在导致发生不期望后果的可能性超过了人们的承受程度，是对事物的具体认识，必须指明具体对象，如危险环境、危险条件、危险状态、危险物质、危险场所、危险人员、危险因素等。一般用危险度来表示危险的程度。在安全生产管理中，危险度用生产系统中事故发生的可能性与严重性给出，即：

$$R = f(F,C)$$

式中：R——危险度

F——发生事故的可能性

C——发生事故的严重性

（2）危险源

危险源是可能导致人员伤害或疾病、物质财产损失、工作环境破坏或这些情况组合的根源或状态因素。在《职业健康安全管理体系要求》GB/T 28001—2011 中的定义为：可能导致人身伤害和（或）健康损害的根源、状态或行为，或其组合。建筑业危险源可定义为在建筑施工活动中，可能导致施工现场及周围社区内人员伤害或疾病、财产损失、工作环境破坏等意外的潜在不安全因素。

危险源应由三个要素构成：潜在危险性、存在条件和触发因素。危险源的潜在危险性是指一旦触发事故，可能带来的危害程度或损失大小，或者说危险源可能释放的能量强度或危险物质量的大小。危险源的存在条件是指危险源所处的物理、化学状态和约束条件状态。例如，物质的压力、温度、周围环境障碍物等情况。触发因素虽然不属于危险源的固有属性，但它是危险源转化为事故的外因。因此，一定的危险源总是与相应的触发因素相关联。在触发因素的作用下，危险源转化为危险状态，继而转化为事故。

（3）重大危险源

《安全生产法》与《危险化学品重大危险源辨识》GB 18218—2009 中，将重大危险源定义为：长期地或者临时地生产、搬运、使用或者储存危险物品，且危险物品的数量等于或者超过临界量的单元（包括场所和设施）。建筑业重大危险源可定义为具有潜在的重大事故隐患，可能造成人员群死群伤、火灾、爆炸、重大机械设备损坏以及造成重大不良社会影响的分部分项工程的施工活动及设备、设施、场所、危险品等。控制重大危险源是施工企业安全管理的重点，控制重大危险源不仅仅是预防重大事故的发生，更是要做到一旦发生事故，能够将事故限制到最低程度。

2. 危险源特点及分类

（1）施工项目中危险性特点：

施工项目操作人员混杂，有各种各样的工种，生产现场的场地有限，但是生产过程中的物资繁多，物资的危险性的级别各有差异；恶劣的生产条件和特殊的生产环境复杂，给生产带来了大量的不安全因素。施工现场危险源多种多样，有来自于操作、设备物料，还有是来自环境的，这些复杂交错的危险源很难辨识，危险源随着时间的推移不断发生变化，现有的技术水平很难做到对它的准确控制和把握。

①产品固定，人员流动

建筑施工的特点就是生产地点一旦确定，工程项目所需要的所有物资的贮存、搬运和使用都在这个局限的地点进行，所有跟这些物资有关的人员都会在这个地点流动，所有人都会围绕建设主体长时间的活动，这就是不同工种的操作人员会在同一个具有大量机械设备的场所进行作业。

②各种资源的使用

施工项目中可能用到很多必须的物料，如钢筋和水泥等生产原料、重型机械和运输设备等生产工具、消防设备等，这些设备和物料的储放、搬运、加工都存在危险因素，这些资源错误支配就是引起事故的根本原因。

③时间约束

时间对于工程的进度很重要。影响工程进度的因素很多，如人的因素、材料因素、技术因素、资金因素、工程水文地质因素、气象因素、环境因素、社会环境因素以及其他难以预料的因素，这些因素都会影响工程完成时间，时间不足，就会出现赶工、少工这种情况的出现，这对于施工项目也是危险源之一。

④露天高处作业多，手工操作，繁重体力劳动

建筑施工工程上的工作，大多都是需要技术和体力共同完成的。一栋建筑物拔地而起，在它被建成的整个工作环节中，有许多露天作业活动，从基础土方开挖，到主体外围脚手架的搭建，到混凝土浇筑封顶，大多都是在高空作业，而且任务量繁重，大部分为体力活动，并且施工环境条件差。

⑤建筑工艺和结构的变化

随着材料科学和建筑技术的发展，现如今各式各样的建筑物如春后竹笋一样峰林而立，涌现出许多新式的建筑工艺和建筑结构，新事物的产生必然带来一定的负面产品，这就带来了一些新的危险因素。

施工项目中存在许多不固定危险因素，它们都是随着工程进度不断发生变化，这就要求我们要对这些危险因素进行动态跟踪并作记录，让提出的防治措施和危险因素形成一个动态平衡。

（2）危险源分类：

根据能量意外释放理论，能量或有害物质的意外释放是事故发生的物理本质。于是，把生产过程中存在的、可能发生意外释放的能量（包括能量载体）以及有害物质称为第一类危险源。《建设工程安全生产管理条例》第二十六条规定的基坑支护与降水工程、土方开挖工程，模板工程等七个方面的危险性较大的分部分项工程属于第一类重大危险源。

第二类危险源是指导致能量或有害物质安全措施被破坏或失效的各种不安全因素。第二类危险源主要包括人的因素、物的因素和环境因素。

①第一类危险源

根据能量意外释放理论，能量或危险物质的意外释放是伤亡事故发生的物理本质。因此把系统中存在的、可能发生意外释放的能量或危险物质称作第一类危险源（包括各种能量源和能量载体）。为了防止第一类危险源导致事故，必须采取措施约束、限制能量或危险物质，控制危险源。例如：储存危险介质气体的管道、氧气瓶、乙炔瓶等，则是第一类危险源。

对施工项目中的第一类危险源进行控制，其控制措施有以下两个方面：

消除：消除危险和有害因素，实现本质安全化；

减弱：当危险、有害因素无法根除时，采取措施使其降到人们可以接受的水平；如戴防毒面具降低吸入尘毒的数量，以低毒物质代替高毒物质。

②第二类危险源

正常情况下，系统中能量或危险物质受到约束或限制，不会发生意外释放，即不会发生事故。但是，一旦这些约束或限制能量或危险物质的措施受到破坏或失效，则容易发生安全事故。因此把导致约束、限制能量措施失效或破坏的各种不安全因素称作第二类危险源。第二类危险源主要包括物的故障、人的失误、环境因素三个方面。对第一类危险源，生产经营单位通过制定的相关管理办法或其他管理制度，规范人的行为、物的状态和环境因素，控制事故的发生，这些办法或制度则是限制措施。但如果设备存在不安全状态、作业人员在作业过程中违规作业、作业场所环境中有不安全因素，这些不安全因素就是第二类危险源。

对施工项目中的第二类危险源进行控制，其控制措施有以下几个方面：

1）提高机械化程度：对于存在严重危险物质和危害的施工作业环境，建议用机设设备或自动控制技术取代人员操作。

2）危险最小化设计：运用安全技术对设备本身进行安全性能提升；如消除粗糙的棱角、锐角、尖角，用气压或液压代替电气系统，可以减少电气事故。

一起伤亡事故的发生往往是两类危险源共同作用的结果。第一类危险源是伤亡事故发生的能量主体，决定事故后果的严重程度。第二类危险源是第一类危险源造成事故的必要条件，决定事故发生的可能性。两类危险源相互关联、相互依存。第一类危险源的存在是第二类危险出现的前提，第二类危险源的出现是第一类危险源导致事故的必要条件。因此，危险源辨识的首要任务是辨识第一类危险源，在此基础上再辨识第二类危险源。从人机环境角度可分为以下几类：

（1）人的因素分为不安全行为和人为失误。不安全行为一般指明显违反安全操作规程的行为，这种行为往往直接导致事故发生。人为失误是指人的行为结果偏离了预定的标准。不安全行为、人为失误可能直接破坏对第一类危险源的控制，造成能量或有害物质的意外释放，也可能造成物的因素问题，进而导致事故发生。如人为在顶板码放过多钢筋，导致模板支撑体系坍塌，进而发生事故。

（2）物的因素：可以概括为物的不安全状态和物的故障（或失效）。物的不安全状态，是指设施、设备等明显不符合安全要求的状态。如没有超载限制或起升高度限位安全装置的塔式起重机设备。物的故障（或失效）是指机械设备、零部件等不能实现预定功能的现象。如塔式起重机设备超载限制或起升高度限位安全装置失效，造成钢丝绳断裂、重物坠落。

（3）环境因素：主要指系统运行的环境，包括施工生产作业的温度、湿度、噪声、振动、照明和通风换气等物理环境，以及企业和社会的软环境。不良的物理环境会引起物的因素或人的因素问题。

一起事故的发生是两类危险源共同作用的结果。第一类危险源是事故发生的能量主体，决定事故后果的严重程度；第二类危险源是第一类危险源造成事故的必要条件，决定事故发生的可能性。因此危险源辨识的首要任务是辨识第一类危险源，在此基础上再辨识第二类危险源。

3. 危险和有害因素的分类

危险、有害因素分类的方法多种多样，安全管理中常用按"导致事故的直接原因"、"参照事故类别"和"职业健康"的方法进行。

（1）按导致事故的直接原因进行分类

根据《生产过程危险和有害因素分类与代码》GB/T 13681—2009 的规定，将生产过程中的危险和有害因素分为 4 大类：

1）人的因素

①心理、生理性危险和有害因素

②行为性危险和有害因素

2）物的因素

①物理性危险和有害因素

②化学性危险和有害因素

③生物性危险和有害因素

3）环境因素

①室内作业场所环境不良

②室外作业场地环境不良

③地下（含水下）作业环境不良

④其他作业环境不良

4）管理因素

①职业安全卫生组织机构不健全

②职业安全卫生责任制未落实

③职业安全卫生管理规章制度不完善

④职业安全卫生投入不足

⑤职业健康管理不完善

⑥其他管理因素缺陷

（2）按照事故类别分类

按《企业职工伤亡事故分类》GB 6441—1986，根据导致事故的原因、致伤物和伤害方式等，将危险因素分为 20 类：

1）物体打击

指物体在重力或其他外力的作用下产生运动，打击人体，造成人员伤亡事故，不包括因设备、机械、起重机械、坍塌等引发的物体打击。

2）车辆伤害

指企业机动车辆在行驶中引起的人体坠落和物体倒塌、下落、挤压伤亡事故，不包括起重设备提升、牵引车辆和车辆停驶时发生的事故。

3）机械伤害

指机械设备运动（静止）部件、工具、加工件直接与人体接触引起的夹击、碰撞、剪切、卷入、刺绞、碾、挂、割、挤等伤害。

4）起重伤害

指各种起重设备（包括起重机安装、检修、实验）中发生的挤压、坠落、物体打击。

5）触电

6）淹溺

7）灼伤

指火焰烧伤、高温物体烫伤、化学灼伤、物理灼伤等。

8）火灾

9）高处坠落

指在高处作业中发生坠落造成的伤亡事故，不包括触电坠落事故。

10）坍塌

指物体在外力或重力作用下，超过自身的强度极限或因结构稳定性破坏而造成的事故，如挖沟时的土方坍塌、脚手架坍塌、堆置物倒塌等。

11）冒顶片帮

12）透水

13）放炮

14）火药爆炸

15）瓦斯爆炸

16）锅炉爆炸

17）容器爆炸

18）其他爆炸

19）中毒和窒息

20）其他伤害

（3）按职业健康分类

依照《中华人民共和国职业病防治法》（国卫疾控发〔2015〕92号），将危害因素分为6类。

1）粉尘

2）放射性因素

3）化学物质

4）物理物质

5）生物物质

6）其他因素

（二）危险源辨识的目的、范围和依据

1. 危险源辨识的目的

危险有害因素辨识的目的是查找、分析和预测工程、系统中存在的危险有害因素及可能导致的事故的严重程度，提出合理可行的安全对策措施，指导危险源监控和事故预防，以达到最低事故率、最少损失和最优的安全投资效益。危险有害因素辨识要达到的目的包括以下四个方面：

（1）促进实现本质安全化生产

通过危险有害因素辨识，系统地从工程、系统设计、建设、运行等过程对事故和事故隐患进行科学分析，针对事故和事故隐患发生的各种可能致因因素和条件，提出消除危险源和降低风险的安全技术措施方案，特别是从设计上采取相应措施，提高生产过程的本质安全化水平，做到即使发生误操作或设备故障，系统存在的危险因素也不会因此导致重大事故发生。

（2）实现全过程安全控制

在设计之前进行危险有害因素辨识，可避免选用不安全的施工工艺流程和危险的原材料，以及不合适的设备、设施，或提出必要的降低或消除危险的有效方法。设计之后进行的评价，可查出设计中的缺陷和不足，及早采取改进和预防措施。系统建成以后运行阶段进行的系统危险有害因素辨识，可了解系统的现实危险性，为进一步采取降低危险性的措施提供依据。

（3）建立系统安全最优方案，为决策者提供依据

通过危险有害因素辨识，分析系统存在的危险源及其分布部位、数目，预测事故的概率和事故严重程度，提出应采取的安全对策措施等，为决策者选择系统安全最优方案和管理决策提供依据。

（4）为实现安全技术、安全管理的标准化和科学化创造条件

通过对设备、设施或系统在生产过程中的安全性是否符合有关技术标准、规范、相关规定的评价，对照技术标准、规范找出存在的问题和不足，以实现安全管理的标准化、科学化。

2. 危险源辨识的范围

危险源辨识就是识别危险源的存在并确定其特性的过程。危险源存在于确定的系统中，不同的系统范围，危险源的区域也不同。在危险源辨识中，首先应了解危险源所在的系统。对于施工企业，每个项目部就是一个危险源区域。对于一单位工程施工过程，分部分项工程就是危险源分析区域。

施工企业主要识别本单位在生产经营活动、产品或服务过程中、自身工作场所及附近产生的危险源；相关方（供货商、分包方、合同方）等为本单位提供生产活动、产品或服务过程中产生的危险源。

3. 危险源辨识的依据

危险源辨识的依据主要包括以下几个方面：

（1）国家、国务院各部委颁布的适用的政策、法规、标准、规范、条例等；

（2）各单位及工程项目所在地政府部门所制定的适用的地方法规、标准、规定、条例等；

（3）认证机构，检验检测机构的认证，检验、检测结果或反馈的信息；

（4）其他相关方信息；

（5）其他外部信息（各部门直接从外部获取的信息）。

（三）危险源辨识及风险评价方法

危险源辨识是确认危害的存在并确定其特性的过程。即找出可能引发事故导致不良后果的材料、系统、生产过程的特征。因此，危险源辨识有两个关键任务，识别可能存在的危险因素和辨识可能发生的事故后果，而后者多用风险评价的方法来实现。

1. 常用的危险源辨识及风险评价方法

（1）直观经验分析法

适用于有可供参考先例、有以往经验可以借鉴的系统。

1）对照、经验法。对照分析法是对照有关施工安全标准、法规、检查表或依靠分析人员的观察能力，借助于经验和判断能力直观地对建设工程的危险因素进行分析的方法。缺点是容易受到分析人员的经验和知识等方面的限制，对此，可采用检查表的方法加以弥补。

2）类比方法

利用相同或类似分部分项工程或作业条件的经验和劳动安全卫生的统计资料来类推、分析评价对象的危险因素。总结生产经验有助于辨识危险，对以往发生过的事故或未遂事故的原因进行分析。

（2）系统安全分析法

系统安全分析法是应用系统安全工程评价方法中的某些方法对建设工程项目进行危险有害因素的辨识。常用于技术复杂、采用新工艺和新材料的建设工程项目。

施工企业应定期组织相关人员对本单位的危险源进行辨识，项目开工前，应组织人员对项目施工现场、办公、生活等场所的危险源进行辨识，识别出可能导致的事故，梳理评定出重大危险源，制定防控措施，形成危险源识别清单见表 5-1。

危险源识别清单 表 5-1

项目名称				
序号	作业活动	危险因素	可能导致的事故	判别依据（Ⅰ～Ⅴ）
1	施工作业	安全技术措施方案未经审批、审核，就采用	高处坠落、物体打击、触电等	Ⅴ
		设备设施未经验收	起重伤害、机械伤害、倒塌等	Ⅰ
		无安全技术交底	高处坠落、物体打击、触电等	Ⅴ
		未按要求做安全检查	高处坠落、物体打击、触电等	Ⅴ
		允许无证人员操作	起重伤害、触电等	Ⅴ
		未使用个人防护用品	高处坠落、机械伤害、触电等	Ⅳ
		施工人员无证上岗操作	高处坠落等	Ⅴ
重大危险源判别依据：		Ⅰ. 不符合法律法规及其他要求；Ⅱ. 曾发生过事故，仍未采取有效控制措施；Ⅲ. 投诉问题严重的；Ⅳ. 直接观察并判断的重大风险；Ⅴ. LEC 法（定量评价）中 D 值大于 70		

（3）LEC 风险评价法

LEC 评价法是对施工作业中具有潜在危险性作业环境中的危险源进行半定量安全评价方法。该方法采用与系统风险率相关的 3 种方面指标值之积来评价系统中人员伤亡风险大小。这 3 种方面分别是：L 为发生事故的可能性大小；E 为人体暴露在这种危险环境中的频繁程度；C 为一旦发生事故会造成的后果。

风险分值 D＝LEC。D 值越大，说明该系统危险性越大，需要增加安全措施，或改变发生事故的可能性，或减少人体暴露于危险环境中得频繁程度，或减轻事故损失，直至调整到允许范围内。

对这 3 种方面分别进行客观的科学计算，得到准确的数据，是相当繁琐的过程，为了简化过程，采取半定量计值发，即根据以往的经验和估计，分别对这 3 方面划分不同的等级，具体见表 5-2～表 5-5。

事故发生的可能性（L） 表 5-2

分数值	事故发生的可能性
10	完全可以预料
6	相当可能
3	可能、但不经常
1	可能性小，完全意外
0.5	很不可能，可以设想
0.2	积不可能
0.1	实际不可能

暴露于危险环境的频繁程度（E） 表 5-3

分数值	暴露于危险环境的频繁程度
10	连续暴露
6	每人工作时间内爆破
3	每周一次或偶然暴露
2	每月一次暴露
1	每年几次暴露
0.5	非常罕见暴露

发生事故产生的后果（C） 表 5-4

分数值	发生事故产生的后果
100	10 人以上死亡
10	3～9 人死亡
15	1～2 人死亡
7	严重
3	重大、伤残
1	引人注意

根据公式：风险 $D=L×E×C$ 就可以计算作业的危险程度，并判断评价危险性的大小，其中的关键还是如何确定各个分值，以及对乘积值的分析、评价和利用。

危 险 程 度　　　　　　　　　　　　　　表 5-5

D 值	危 险 程 度
$D≥320$	禁止作业、立即整改
$160≤D<320$	立即整改（必要时停止作业）制定运行控制程序和应急预案
$70≤D<160$	需要整改、制定运行控制程序，定期监督检查，加强员工培训
$20≤D<70$	需要采取控制措施、改善现状
$D<20$	可以接受，但对其影响要加以注意

根据经验，总分在 20 以下是被认为低危险的，这样的危险可以接受，但对其影响要加以注意，如果危险分值到达 70～160 之间，那就有显著的危险性，需要及时整改，如果危险分值在 160～320 之间，那么这是一种必须立即采取措施进行整改的，高度危险环境；分值在 320 以上的高分值表示环境非常危险，应立即停止生产直到环境得到改善为止。

值得注意的是，LEC 风险评价法对危险等级的划分，一定程度上凭经验判断，应用时需要考虑其局限性，根据实际情况予以修止。

2. 危险源辨识其他要求

（1）危险源辨识人员要求

进行危险源辨识的人员应符合下列要求：

1）熟悉作业活动过程的相关知识，包括施工作业流程，各阶段、环节的技术要求和方法。

2）与作业过程有关的职业健康安全管理知识，有关管理对象的文化背景与惯例，包括心理和医学知识等。

3）熟悉与作业活动有关的职业健康安全法规、标准和安全技术操作规程。

4）掌握从事作业活动可能出现的人身伤害的知识和经验教训。

（2）划分作业活动及收集相关信息

在进行危险源辨识前，首先要对作业活动进行排查，按建筑安装工程的分部分项工程划分出工序操作及管理活动，收集必要的有关信息。所需信息主要包括：

1）各作业活动的主要工作内容及持续时间和期限。

2）施工作业环境（含自然条件和可能的关联因素）。

3）作业活动所涉及的人员。

4）受此项活动影响的其他人员。

5）使用的工具、设备。

6）活动所需要的材料。

7）与所进行的工作、所使用的装置和机械、所用到的或所遇到的物质有关的法规和标准的要求。

（3）分阶段辨识危险源

项目进行危险源辨识时主要分为两个阶段：

1）在项目策划阶段（或施工准备阶段），此阶段主要是对施工过程主要工序中可能存在的危险源进行全面预判，研究系统的风险管理方法，并编制危险源清单，以便于在施工中，制定有针对性的控制措施。

2）在项目施工阶段，主要是对第一阶段辨识结果因作业人员、使用材料、设备、设施、施工方法或工艺、现场环境发生变化产生的危险源进行的验证和补充，发现第一阶段辨识遗漏的危险源并补充制定控制措施。

（4）危险源辨识举例分析

危险源辨识方法通常可分为对照法和系统安全分析法两大类。

1）对照法：与有关的规范、标准、规程和以往的经验教训相对照辨识危险源，是一种基于经验的方法，优点是操作简单、易行，缺点是重点不突出，容易遗漏。当作业活动相对比较简单，且有以往施工经验时，多采用此方法。常用的对照法包括：询问交谈法、现场观察法、经验分析评价法、查阅相关记录法和查阅外部信息法等。

询问交谈法及现场观察法是最基础的辨识方法，在采用其他的对照法进行危险源辨识时，应同时采用询问交谈法及现场观察法作为基本信息来源，以作补充。但由于询问交谈法及现场观察的辨识系统性较差，加之与辨识人员的经验有直接关系，故其单独使用往往会造成遗漏。

其中，现场观察法具有直观、即时的特点，可直接获得现场环境及作业状态信息，故在项目实施前的现场踏勘、施工过程的各阶段、对施工前辨识结果进行验证时可使用该方法。下面以高支模施工为例说明，现场观察法在危险源辨识中的应用。

观察现场作业人员有无变化

①观察现场分包作业人员构成、数量等情况是否与策划阶段假设的情况有变化。

②观察现场作业人员素质、持证、安全教育等情况是否与策划阶段假设的情况一致，策划收集的资料与实际作业人员情况有无变化。特别应观察现场人员的心理和人体功效是否符合施工安全要求。

③观察作业活动违章作业行为的实际统计，如：抛接扣件、未按规定间距搭设、高空作业未系安全带等，是否与策划阶段假设的情况相同。

观察现场作业条件有无变化

①观察现场作业时，其气温、大风、大雨、大雪等自然条件是否与策划阶段假设的情况相同。

②观察现场作业使用的钢管、扣件等材料的进货渠道、材质、规格、型号、厚度、使用数量、检测数据、外观验收结果等质量安全实际状况，与策划阶段假设的情况是否有变化。

③观察现场作业位置、施工高度、高支模搭设的方法等现场情况与策划阶段假设的情况是否有变化，专项方案是否需要重新设计、验算、审批。

④观察作业现场实际的静荷载、动荷载量的设定是否有漏项或变化，设定的支撑系统的稳定性、安全性与策划阶段假设的情况是否能满足安全要求，是否需要采取加固措施。

⑤高支模搭设验收、监控中发现架体的间距、步距、支撑等关键参数实际检查数据是否与策划阶段假设相同，是否有变形，是否影响支撑系统整体的稳定性、安全性。

2）系统安全分析法：系统安全分析法是从安全角度进行的系统分析，通过揭示系统中可能导致系统故障或事故的各种因素及其相互关联，来辨识系统中危险源，其辨识系统性强。系统安全分析法经常被用来辨识可能带来严重事故后果的危险源，也可用于辨识没有前人经验活动系统的危险源。系统越复杂，越需要利用系统安全分析方法来辨识危险源。

常用的系统安全分析法有：安全检查表法、危险与可操作性研究、作业危害分析、事件树分析和故障树分析等。此方法应用有一定难度，不易掌握，要求辨识人员素质较高。对于建筑施工项目，当从事工艺复杂、风险性大的作业活动，或采用新技术、新工艺、新材料施工，又无相关施工经验时，可采用此方法。

其中作业危害分析法是对作业活动的每一个步骤进行分析，从而辨识潜在的危害并制定安全措施，适用于将要实施的危险源较为清晰的各类关键施工作业活动或工序，对于在危险源辨识中需要重点关注的施工作业活动，可考虑使用该方法进行辨识分析，作业危害分析的主要流程如下：确定待分析的作业活动；将作业活动划分一系列的步骤；辨识每一步骤的潜在危害；确定相应的预防措施观察现场作业人员有无变化。

1. 首先要确保对关键性的作业实施分析，确定分析作业时优先考虑以下作业活动：

①事故频率和后果，频繁发生或不经常发生但可导致灾难性后果的；

②严重的职业伤害或职业病，事故后果严重、危险的作业条件或经常暴露在有害物质中；

③新增加的作业，由于经验缺乏明显存在危害或危害难以预料；

④变更的作业，可能会由于作业程序的变化而带来新的危险；

⑤不经常进行的作业，由于从事不熟悉的作业而可能有较高的风险。

2. 选择作业活动之后，将其划分为若干步骤。每一个步骤都应该是作业活动的一部分。

①划分的步骤不能太笼统，否则会遗漏一些步骤以及与之相关的危害，另外，步骤划分也不宜太细，以致出现许多的步骤；

②根据经验，一项作业活动的步骤一般不超过 10 项。如果作业活动划分的步骤实在太多，可先将该作业活动分为两个部分，分别进行危害分析；

③重要的是要保持各个步骤正确的顺序，顺序改变后的步骤，在危害分析时有些危害可能的不会被发现，也可能增加一些实际并不的危害；

3. 辨识危害

①根据对作业活动的观察，掌握的事故（伤害）资料及经验，依据危害辨识清单依次对每一步骤进行危害的辨识，辨识的危害列入分析表中；

②辨识危害应思考：可能发生的故障或错误是什么？其后果如何？事故是怎样发生的？其他的影响因素有哪些？发生的可能性？

4. 确定相应的对策，危害辨识以后，需要制定消除或控制危害的对策，确定对策时，从工程控制、管理措施和个体防护三个方面考虑。具体对策依次为消除危害、控制危害、修改作业程序、减少暴露。

5. 对策的描述应具体，说明应采用何种做法及怎样做，避免过于原则的描述，确定的对策要填入分析表中。以直埋供水管线为例，作业危害分析表见表 5-6。

作业危害分析表　　　　　　　　　　　　　　　　　　表 5-6

步　骤	危险源辨识	对　　策
管沟开挖与破路	1. 挖掘机刹车装置失灵； 2. 挖掘机回转半径内有人围观； 3. 挖掘作业时损坏地下管线； 4. 坑槽边临时堆土较多。	1. 机械设备进场后进行检查和验收，合格后方可使用； 2. 设置警戒区，安排专人值守，严禁非作业人员进入施工区域； 3. 临近地下障碍物时，禁止机械挖土，采用人工挖土，确定无管线后才能用力； 4. 及时转运临时的推图，日常严格要求距坑槽边 2m 内禁止堆土和存放设备

在每个阶段进行危险源辨识时，应采用多种方法进行辨识，以确保危险源辨识充分、准确、有效。策划阶段危险源辨识，通常先采用系统安全分析方法对施工过程中可能存在的危险源进行系统分析，而后再采用询问、外部信息等对照法，对辨识结果进行补充。在危险源辨识过程中，应注意主动获取国家或地方法律、法规、标准及其他要求。对于相关法规、标准中禁止的事项，应直接定为危险源。

施工阶段危险源辨识，应根据现场施工的具体情况，对在前期策划阶段的危险源辨识结果进行补充，使危险源辨识更加充分；同时，验证前期辨识结果是否适用。宜采用检查表法、事件树分析、故障树分析、询问交谈法、现场观察法等方法中的 1～2 种进行危险源辨识。

（四）危险源控制的原则和方法

施工项目中有不同类型的危险源，这些危险源包括人的不安全行为，物的不安全状态和不安全的环境因素。危险源控制就是对施工项目中存在于这三方面的危险因素进行分析，对施工系统进行全面评价和事故预测，根据评价和预测的结果对事故因素采取全面的防范措施和控制事故的策略。应用常用的危险控制技术，可以预防事故的发生，确保安全生产。

1. 危险源控制的一般原则

（1）立足消除和降低危险，落实个人防护。对项目存在的危险源，要将其最小化，避免事故发生，从根本上实现消除危险源就是实现本质安全化。

（2）预防为主，防控结合。采用隔离技术，如物理隔离、护板和栅栏等将以识别的危险同人员和设备隔开，预防危险或将危险性降低到最小值，同时采取危险源控制技术，形成一种预防为主，防治结合的方针。

（3）动态跟踪，应变策略。对于施工项目中常变的危险源，要采取多次记录危险状态的措施，对其变化做高频率辨识控制，以防突变因素，猝不及防。灵活采用应对策略，争取危险源的全面控制。

2. 危险源控制的方法

利用工程技术和管理方法来减少失误，从而起到消除或控制危险源，防止危险源导致安全事故造成人员伤害和财产损失的过程。

（1）对人的不安全行为及管理缺陷的控制

人的不安全行为和物的不安全状态是建筑施工过程中安全事故发生的根本原因，但物的不安全状态很多时候都因为人的不正确操作引起的。在人－机－环境系统三个元素中，人是占主导因素的。所以想要降低安全事故发生概率，控制人的不安全行为才是重中之重。应从以下方面控制人的不安全行为：

1）对人进行充分的安全知识、安全技能、安全态度方面的教育和培训。

2）以人为本，改善工作环境，为员工提供良好的工作环境。施工现场往往多工种同时作业，流水作业，人员间的工作交叉频繁，如果施工现场管理不规范，极易造成安全事故。

3）提高施工项目中的机械化程度，尽可能地用机械代替人工操作。

4）注意应用人机学原理来协调人与人之间的配合。

5）注意工作性质与从事这项工作的人员的性格特点相协调。

6）岗位操作标准化。对于特种作业的人员，必须经过岗位培训才能上岗。

（2）对物的不安全状态的控制

对物的不安全状态进行控制时，应把落脚点放在应把重点放在提高技术设备（机械设备、仪器仪表、建筑设施等）的安全水平上。设备安全性能的提高有助于人员的不规范操作的减少。常用的技术控制措施有：

1）空间防护。避免人的不安全行为和物的不安全状态的接触，正确判断物的具体不安全状态，控制其发展，对预防、消除事故有直接的现实意义；

2）隔离危险源。严格控制危险源，使危险源的量低于临界单元量；

3）防止能量蓄积。控制每个工艺环节的能量储存，不能让某个环节的能量积聚，而造成对设备的损害，增强危险能量的可控性；

4）阻断能量释放渠道。能量在流动时会开辟新渠道，它的新渠道很难被控制，从而对人体给以伤害。这类事故有突然性，人往往来不及采取措施即已受到伤害。预防的方法比较复杂，除加大原有流动渠道的安全性，从根本上防止能量外逸。同时在能量正常流动与转换时，采取物理屏蔽、信息屏蔽、时空屏蔽等综合措施，能够减轻伤害的机会和严重程度。

5）设置安全警示标志，提高施工人员安全防范意识；

6）安全物料替代非安全物料；

7）个体防护。

施工现场通过危险源辨识、风险评估和风险控制措施的确定和实施，实现安全管理工作的预防性、系统性和针对性，将安全风险控制在组织可接受的程度。建筑施工现场危险源辨识是事故预防，重大风险监督管理，建立应急救援体系和职业健康安全管理体系的基础。

二、安全专项施工方案和技术措施

危险性较大的分部分项工程是指建筑工程在施工过程中存在的、可能导致作业人员群死群伤或造成重大不良社会影响的分部分项工程。建设单位在申请领取施工许可证或办理安全监督手续时，应当提供危险性较大的分部分项工程清单和安全管理措施。施工单位、监理单位应当建立危险性较大的分部分项工程安全管理制度。

（一）危险性较大的分部分项工程的范围

危险源分级，一般按危险源在触发因素作用下转化为事故的可能性大小与发生事故的后果的严重程度度划分。危险源分级实质上是对危险源的评价。按事故出现可能性大小分为非常容易发生、容易发生、较容易发生、不容易发生、难以发生、极难发生，根据危害程度可分为可忽略、临界的、危险的、破坏性的等级别。从控制管理角度，通常根据危险源的潜在危险的大小，控制难易程度、事故可能造成损失情况进行综合分级。不同行业与不同企业采取的划分分法也各不相同，企业内部也可根据本企业的实际情况进行划分。划分的原则是突出重点，便于控制管理。

住房和城乡建设部《危险性较大的分部分项工程安全管理办法》（建质［2009］87号）中，根据不同的指标，将危险性较大工程分为危险性较大的分部分项工程和超过一定规模危险性较大的分部分项工程两级进行控制，对前者要求施工单位编制安全专项施工方案，并落实到位；对后者要求施工单位编制安全专项施工方案，并组织专家对安全专项施工方案进行论证，对于建质［2009］87号文中没有涉及的内容可以按照常用的危险源辨识及风险评价方法，如使用LEC法对其进行危险源分类、确定控制措施。

1. 危险性较大的分部分项工程的范围

（1）基坑支护、降水工程

开挖深度超过3m（含3m）或虽未超过3m但地质条件和周边环境复杂的基坑（槽）支护、降水工程。

（2）土方开挖工程

开挖深度超过3m（含3m）的基坑（槽）的土方开挖工程。

（3）模板工程及支撑体系

1）各类工具式模板工程：包括大模板、滑模、爬模、飞模等工程。

2）混凝土模板支撑工程：搭设高度5m及以上；搭设跨度10m及以上；施工总荷载10kN/m²及以上；集中线荷载15kN/m及以上；高度大于支撑水平投影宽度且相对独立无联系构件的混凝土模板支撑工程。

3）承重支撑体系：用于钢结构安装等满堂支撑体系。

（4）起重吊装及安装拆卸工程

1）采用非常规起重设备、方法，且单件起吊重量在10kN及以上的起重吊装工程。

2）采用起重机械进行安装的工程。

3）起重机械设备自身的安装、拆卸。

（5）脚手架工程

1）搭设高度24m及以上的落地式钢管脚手架工程。

2）附着式整体和分片提升脚手架工程。

3）悬挑式脚手架工程。

4）吊篮脚手架工程。

5）自制卸料平台、移动操作平台工程。

6）新型及异型脚手架工程。

（6）拆除、爆破工程

1）建筑物、构筑物拆除工程。

2）采用爆破拆除的工程。

（7）其他

1）建筑幕墙安装工程。

2）钢结构、网架和索膜结构安装工程。

3）人工挖扩孔桩工程。

4）地下暗挖、顶管及水下作业工程。

5）预应力工程。

6）采用新技术、新工艺、新材料、新设备及尚无相关技术标准的危险性较大的分部分项工程。

2. 超过一定规模的危险性较大的分部分项工程的范围

（1）深基坑工程

1）开挖深度超过5m（含5m）的基坑（槽）的土方开挖、支护、降水工程。

2）开挖深度虽未超过5m，但地质条件、周围环境和地下管线复杂，或影响毗邻建筑（构筑）物安全的基坑（槽）的土方开挖、支护、降水工程。

（2）模板工程及支撑体系

1）工具式模板工程：包括滑模、爬模、飞模工程。

2）混凝土模板支撑工程：搭设高度8m及以上；搭设跨度18m及以上；施工总荷载15kN/m² 及以上；集中线荷载20kN/m及以上。

3）承重支撑体系：用于钢结构安装等满堂支撑体系，承受单点集中荷载700kg以上。

（3）起重吊装及安装拆卸工程

1）采用非常规起重设备、方法，且单件起吊重量在100kN及以上的起重吊装工程。

2）起重量300kN及以上的起重设备安装工程；高度200m及以上内爬起重设备的拆除工程。

（4）脚手架工程

1）搭设高度50m及以上落地式钢管脚手架工程。

2）提升高度150m及以上附着式整体和分片提升脚手架工程。

3）架体高度20m及以上悬挑式脚手架工程。

（5）拆除、爆破工程

1）采用爆破拆除的工程。

2）码头、桥梁、高架、烟囱、水塔或拆除中容易引起有毒有害气（液）体或粉尘扩散、易燃易爆事故发生的特殊建、构筑物的拆除工程。

3）可能影响行人、交通、电力设施、通信设施或其他建、构筑物安全的拆除工程。

4）文物保护建筑、优秀历史建筑或历史文化风貌区控制范围的拆除工程。

（6）其他

1）施工高度50m及以上的建筑幕墙安装工程。

2）跨度36m及以上的钢结构安装工程；跨度60m及以上的网架和索膜结构安装工程。

3）开挖深度超过 16m 的人工挖孔桩工程。

4）地下暗挖工程、顶管工程、水下作业工程。

5）采用新技术、新工艺、新材料、新设备及尚无相关技术标准的危险性较大的分部分项工程。

（二）危险性较大的分部分项工程管理要求

1. 法律法规规定

一是依据《建设工程安全生产管理条例》（国务院令 393 号）第二十六条规定：施工单位应当在施工组织设计中编制安全技术措施和施工现场临时用电方案，对下列达到一定规模的危险性较大的分部分项工程编制专项施工方案，并附具安全验算结果，经施工单位技术负责人、总监理工程师签字后实施，由专职安全生产管理人员进行现场监督，对前款所列工程中所涉及的深基坑、地下暗挖工程、高大模板工程的专项方案，施工单位还应当组织专家进行论证、咨询。

二是住建部《关于印发"危险性较大的分部分项工程安全管理办法"的通知》（建质〔2009〕87 号）文件，对危险性较大的分部分项工程的管理作出了详细的规定，规定了施工单位在危险性较大的分部分项工程管理中责任和要求。主要包括：建立危险性较大的工程安全管理制度，负责编制、审核、审批安全专项方案，负责组织专家论证会并参加论证会，根据论证意见修改完善安全专项方案，负责按专项方案组织施工，不得擅自修改、调整专项方案，负责对现场管理人员和作业人员进行安全技术交底。负责专项方案实施工作的监测和监督检查验收，负责对建设、监理和主管部门提出问题和隐患的整改落实。

住建部《关于进一步加强危险性较大的分部分项工程安全管理的通知》（建质办〔2017〕39 号），要求各级单位切实加强危险性较大的分部分项工程安全管理，采取有效措施防范和遏制建筑施工群死群伤事故的发生。不同地区施工单位除参照上述文件规定外，还应符合本地区建设行政主管部门下发的文件规定。

2. 危险性较大的分部分项工程企业相关制度要求

施工单位应依据国家相关法律法规要求，结合企业实际情况，制定危险性较大的分部分项工程管理相关制度，并严格执行，主要包括以下几个方面：

（1）建立健全本单位危险性较大工程安全监控体系，设立安全生产管理机构，配备专职安全生产管理人员；建立健全安全生产责任制度和安全生产教育培训制度，制定安全生产规章制度和操作规程。

（2）组织专职技术人员编制危险性较大工程安全专项方案，组织施工技术，安全、质量等部门专业技术人员进行审核；公司技术总工负责审批危险性较大工程安全专项施工方案。

（3）公司技术总工或其授权委托人应参加安全专项施工方案专家论证会，并按专家论证会意见，要求项目部重新修订安全专项施工方案，在履行审核、审批程序后组织实施。

（4）检查项目部危险性较大工程安全专项方案的实施情况，督促项目部落实专人对专项方案实施情况进行现场监督和按规定进行监测。

（5）参加项目部对危险性较大的工程各阶段的安全验收，定期检查项目部安全生产情况。

（6）保证本单位安全生产条件所需资金的投入。

（三）危险性较大的分部分项工程安全专项施工方案编制

施工单位应当在危险性较大的分部分项工程施工前编制专项方案，实行施工总承包的，安全专项方案由总承包单位组织编制，其中，起重机械安装拆卸工程、深基坑工程、附着式升降脚手架等专业工程实行分包的，可由分包单位组织编制。专项方案应当由施工总承包单位、相关专业分包单位技术负责人签字。

编制安全专项施工方案的主要原则和思路是调查收集工程的详细信息及相关规范、图纸、地勘报告等详细技术资料，针对工程实际情况进行分析、辨析工程危险源，针对危险源级别对工程进行安全等级分类，并根据其安全等级，对工程的危险源进行安全专项方案的编制、计算、监控，管理。专项方案编制应当包括以下内容：

1. 工程概况

包含工程建设概况、建筑概况、结构概况、地质水文概况、施工平面布置、施工要求和技术参数，如高支模的技术参数应包含架体范围、高度、架体基础条件及楼板承载力、楼板梁构件尺寸、面积、跨度、荷载等信息。

2. 编制依据

编制依据由相关法律、法规、规范性文件、标准、规范及图纸（国标图集）、地质报告、施工组织设计等组成。编制依据应按类别按顺序排列，避免使用过期的标准、规范、规程、条文。

3. 工程特点分析与危险源辨识

各种危险性较大的分部分项工程安全专项方案中，其危险源的辨识与工程具体的结构特点、施工工艺、施工方法、施工步骤、施工设备、工程周边环境等各类因素相关。条件不同，则危险源也可能不同，应具体结合工程实际情况仔细分析、比较、辨识。

4. 施工准备

包括施工管理目标、项目管理组织机构及职责、施工进度计划、施工准备（技术准备、机械和测量仪器准备、材料准备、劳动力准备、现场准备）等章节。技术准备中应有安全技术交底的描述。材料准备中材料计划按材料规格进行分类统计，并标明使用部位和材料力学性能指标、进场复试等内容，劳动力准备中，应明确专职安全生产管理人员、特种作业人员配备数量，要求做到持证上岗。

5. 方案选型及施工工艺技术

本项内容是专项方案的主要内容之一，它直接影响施工进度、质量、安全以及工程成本。要针对危险性较大的分部分项工程的质量安全要求进行展开，要将施工组织总设计和单位工程施工组织设计的相关内容进行细化；对容易发生质量通病、容易出现安全问题、施工难度大、技术含量高的分项工程或工序等做出重点说明。可以按照施工方法、工艺流程、技术参数、检查验收等顺序进行编写。

对于工程中推广应用的新技术、新工艺、新材料和新设备，可以采用目前国家和地方推广的，也可以根据工程具体情况由企业创新；对于企业创新的技术和工艺，要制定理论和试验研究实施方案，并组织鉴定评价。

根据施工地点的实际气候特点，提出具有针对性的施工措施。在施工过程中，还应根据气象部门的预报资料，对具体措施进行细化。施工内容与气候影响要有明确的对应性，如台风影响时的施工部位，冬期施工的部位等明确说明。

施工工艺技术的内容编制，要注意避免与一般施工方案基本类同、重点不突出的问题；一些技术参数的应用要避免直接引用规范的原文，没有明确的数值；如剪刀撑设置的间距、夹角、位置等规范给出的是一个区间值，专项方案应当给予具体明确，否则方案的可操作性难以保证，即各方在检查或验收时没有了统一具体的标准尺度，从而导致施工工艺技术针对性不强。

高支模、施工外脚手架、深基坑支护等各类危险性较大的安全专项施工方案，在具体编制，实施时首先遇到问题就是方案的选型。危险性较大的安全专项施工方案的选型应当把安全性、可靠性摆在第一位，同时考虑经济性、效率等其他重要因素。为科学合理地选择施工工艺，必须根据下列原则进行方案的选型比较：

（1）熟悉了解各种不同施工工艺的使用条件、适用范围；

（2）熟悉了解各种不同施工工艺的经济性；

（3）熟悉了解各种不同施工工艺的施工效率，施工过程的复杂程度。

在对工程进行详细分析的基础上，结合工程特点对各种不同施工工艺的安全可靠性适用条件、经济性、施工周期进行比较，在确保安全的前提下找到性价比较高的施工工艺。

6. 施工安全技术措施

本项内容是专项方案的重要内容之一，包括组织保障、技术措施、应急预案、监测监控等要点（模板支撑体系搭设及混凝土浇筑区域管理人员组织机构、施工技术措施、模板安装和拆除的安全技术措施、施工应急救援预案，模板支撑系统在搭设、钢筋安装、混凝土浇捣过程中及混凝土终凝前后模板支撑体系位移的监测监控措施等）。属于安全管理计划的范畴，应针对项目具体情况进行编制。

组织保障：是针对每项工程在施工过程中可能发生的事故隐患和可能发生安全问题的环节进行预测，从而建立管理人员组织机构。建立安全管理组织，可以用图表加以说明；工程管理的组织机构及岗位职责应在施工安排中确定，并应符合总承包单位的要求。

技术措施：是针对每项工程在施工过程中可能发生的事故隐患和可能发生安全问题的环节进行预测，从而在技术上采取措施，消除或控制施工过程中的不安全因素，防止发生事故。施工安全技术措施主要包括：

（1）进入施工现场的安全规定。

（2）地面及深坑作业的防护。

（3）高处及立体交叉作业的防护。

（4）施工用电安全。

（5）机械设备的安全使用。

（6）为确保安全，对于采用的新工艺、新材料、新技术和新结构，制定有针对性的、行之有效的专门安全技术措施。

（7）预防因自然灾害（防台风、防雷击、防洪水、防地震、防暑降温、防冻、防寒、防滑等）促成事故的措施。

（8）防火防爆措施。

7. 监控与验收要求

在施工过程中针对不同安全等级的工程，对重大危险源采取各种相应的监控措施，制定有针对性的监控方案。监控方案中要对收集的监测数据进行记录、整理、分析、存档，对各类变形数据绘制成时间变形曲线，仔细分析总结工程结构的应力、变形的变化规律。在实际施工中应分别对深基坑、高支模重荷载、悬挑外架等各类危险性较大的工程中的结构内力及变形进行监测，对监测信息进行归纳、分析后用于指导施工。

在方案中编写验收准备、验收程序、验收记录等内容，明确材料的检验、验收、隐蔽工程验收、分段验收、关键工序等验收流程和参与人员。验收内容应包括施工过程中的方案执行情况、设备设施报验和验收情况、按方案设置的防护措施及监测设备配备情况等方面。

8. 应急预案

危险性较大工程应急预案就是指工程现场出现某些事故征兆或监控的应力、变形值接近报警值，指导施工单位针对性的采取有效措施的应急预案。在分析工程特点的基础上，对危险性较大的分部分项工程应编制专项的危险性较大的分部分项工程应急预案。

危险性较大的分部分项工程的应急预案应包括应急处置机构、各应急小组的人员分工及职责、应急报告程序、应急处置流程、有针对性的应急技术措施、人员救护应急措施等。

9. 计算书及相关图纸

计算书内容要与设计相符，应尽量优化设计方案，准确选取各项计算参数，确保计算数据与实际情况相吻合。荷载清理应全面、正确无遗漏或重复，结构受力分析应正确，结构计算要正确可靠，各项数据的安全储备要充足。

（四）危险性较大的分部分项工程安全专项施工方案审核、审批

危险性较大的分部分项工程方案应当由施工单位项目技术负责人（或企业技术管理部门）进行编制，企业技术部门组织本单位施工技术、安全、质量等部门的专业技术人员进行审核，经审核合格的，由施工单位技术负责人签字。实行施工总承包的，专项方案应当由总承包单位技术负责人及相关专业承包单位技术负责人签字。不需专家论证的专项方案，经施工单位审核合格后报监理单位，由项目总监理工程师审核签字。

经过审批的方案严格执行，不得随意变更或修改。施工过程中，方案确需变更或修改时，应按流程重新审批后实施，经过重新审批的方案应重新组织交底。

（五）超过一定规模的危险性较大的分部分项工程安全专项施工方案专家论证

1. 施工单位内部审核、审批流程

超过一定规模的危险性较大的分部分项工程专项方案的编制内容与危险性较大的分部分项工程专项方案编制内容相同。该专项方案编制好后，项目部各部门进行评审，评审后报企业技术部、工程部、安全部、商务部等部门审核，通过后由公司总工审批，方案经公司总工审批后方可组织专家论证会。专项方案经论证后需做重大修改的，项目应当按照论证报告修改，并重新组织专家进行论证。

2. 专家论证会人员组成

专家组成员；

建设单位项目负责人或技术负责人；

监理单位项目总监理工程师及相关人员；

施工单位分管安全的负责人、技术负责人、项目负责人、项目技术负责人、专项方案编制人员、项目专职安全生产管理人员；

勘察、设计单位项目技术负责人及相关人员；

其中专家组成员应当从当地建设主管部门专家库中选取，由 5 名及以上符合相关专业要求的专家组成，本项目参建各方的人员不得以专家身份参加专家论证会。

3. 专家论证会流程

组织专家论证的施工单位应当于论证会召开前，递交申请、审核表及方案等材料至住建委，并将需要论证的专项方案送达论证专家。专家应于论证会前预审方案。

召开专家论证会，组长组织专家进行专项方案论证，通过现场勘察、质疑和答辩，专家组独立编写和签署专项方案专家论证报告。

组长向与会各方宣读论证报告，并将报告（组长保留一份）提交给组织单位，按规定标准接受劳务咨询费。

会后施工单位根据专家意见进行方案修改完善。

4. 专家论证的主要内容

（1）危险源辨识的充分性；

（2）专项方案内容是否完整、可行；

（3）专项方案计算书和验算依据是否符合有关标准规范；

（4）安全施工的基本条件是否满足现场实际情况。

5. 论证报告

专项方案经论证后，专家组应当提交论证报告，对论证的内容提出明确的意见，并在论证报告上签字。该报告作为专项方案修改完善的指导意见。专家组意见首先要一致，针对该专项方案能否通过首先要有一个定性的结论。如该专项方案不能通过，针对哪些方面存在不足，提出具体书面意见，供施工单位重新编制作为参考依据。该专项方案基本能通过，但具体某些方面要进行修改补充提出具体书面意见，供施工单位进行修改，补充完善。

报告结论分三种：通过、修改后通过和不通过。报告结论为通过的，施工单位应当严格执行方案；报告结论为修改后通过的，修改意见应当明确并具有可操作性，施工单位应当按专家意见修改方案；报告结论为不通过的，施工单位应当重编方案，并重新组织专家论证。

6. 论证后方案的修改完善

施工单位应当根据论证报告修改完善专项方案，并经施工单位技术负责人、项目总监理工程师、建设单位项目负责人签字后，方可组织实施。实行施工总承包的，应当由施工总承包单位、相关专业承包单位技术负责人签字。

专项方案经论证后需做重大修改的，施工单位应当按照论证报告修改，并重新组织专家进行论证。

三、安全技术交底

（一）交底依据

专项方案实施前，编制人员或项目技术负责人应当向现场管理人员和作业人员进行安全技术交底。交底依据为施工图纸、施工技术方案、相关施工技术安全操作规程、安全法规及相关标准等，需要绘制示意图时，须由编制人依据规范和现场实际情况绘制。

（二）交底原则

1. 每一项危险性较大的分部分项工程施工前的安全技术交底必须细致、全面，要突出其针对性、可行性和可操作性，交底中应尽量不写原则话或规范中的用语，应提具体的操作及控制要求。

2. 必须符合上一层次安全技术文件的原则及意图，必须与相应的安全专项施工方案保持一致。

3. 按施工工序、部位、栋号进行交底，安全技术交底应记录具体实施交底的时间，应有交底人及接受交底人的签字，即各自履行各自的职能，以便必要时（如一旦发生安全事故，查找原因及追究责任时）实施追溯，严禁签字代签，切实履行自身的管理职责。

4. 语言文字通俗易懂，必要时辅以示意图，确保所有相关人员了解安全技术要求并在施工中正确执行。

5. 安全技术交底记录应妥善保存，一式三份，交底方、接受交底方、安全员各持一份存档备查。

（三）交底组织

《建设工程安全生产管理条例》（中华人民共和国国务院令第393号）第二十七条规定：建设工程施工前，施工单位负责项目管理的技术人员应当对有关安全施工的技术要求向施工作业班组、作业人员作出详细说明，并由双方签字确认。在工程项目开工前，项目总工技术负责人应对全体管理人员进行一次施工组织设计安全技术交底。

危险性较大的分部分项工程施工，实行三级安全技术交底制度。即项目技术负责人向项目生产副经理、施工管理人员交底；施工员向分包管理人员、班组长及操作工人交底；施工班组长向操作人员交底。其中前二级技术交底必须形成书面的技术交底记录。技术交底必须在分部分项施工开始前进行，办理好签字手续后方可开始施工操作。对于时间较长的分部分项工程，每月要组织至少一次安全技术交底。

对施工作业相对固定，与工程施工部位没有直接关系的工种，如起重机械等，应单独进行交底。对工程某些特殊部位、新结构、新工艺、施工难度大的分项工程等以及推广应用的新技术、新工艺、新材料，在交底时应全面、明确、具体详细，必要时外送培训，确保工程质量、安全、效益目标的实现。

各级参加安全技术交底的交底人和接受交底人员均应本人在安全技术交底记录上签名，确保安全技术交底覆盖所有应接受交底的人员。

（四）交底形式

1. 书面交底

把交底的内容写成书面形式，向下一级有关人员交底。交底人与接受人在弄清交底内容以后，分别在交底书上签字，接受人根据此交底，再进一步向下一级落实交底内容。这种交底方式内容明确，责任到人，事后有据可查。因此，交底效果较好，是项目最常用的交底方式。

2. 会议、视频、幻灯片交底

通过召集有关人员举行会议，向与会者传达交底的内容。对多工种同时交叉施工的项目，应将各工种有关人员同时集中参加会议。会议交底除了会议主持人能够把交底内容向与会者交底外，与会者也可以通过讨论、问答等方式对交底的内容予以补充、修改、完善。

3. 挂牌交底

将交底的内容、要求写在标牌上，挂在施工场所。这种方式适用于操作内容固定，操作人员固定的分项工程。这种挂牌交底方式，使操作者抬头可见，时刻注意。

4. 样板交底

对于有些安全和外观感觉要求较高的项目，为使操作者对安全要求和操作方法、外观要求有直观的感性认识，可组织操作水平较高的工人先做样板，其他工人现场观摩，待样板做成且达到质量和外观要求后，其他工人以此为样板施工。

5. 模型交底

对于技术较复杂的设备基础或建筑构件，为使操作者能加深理解，常做成模型进行交底。

以上几种交底方式各具特点，实际中可灵活运用，采用一种或几种同时并用。

（五）交底内容

安全技术交底的内容根据不同层次有所不同，各项安全技术交底分一般性内容和施工现场针对性内容。主要包括项目的作业特点及危险点，针对危险点的具体预防措施，应注意的安全事项，相应的安全操作规程和标准，安全操作要求及要领，应急预案和各自的职责，发生事故后应采取的避难、上报、急救措施等内容。对现场的重大危险源应详细交底，对重点工程、特殊工程、采用新结构、新工艺、新材料、新技术的特殊要求，更需详细地交代清楚。

1. 项目技术负责人对施工管理人员安全技术交底

项目技术负责人必须在工程开工前按施工顺序、分部分项工程要求、不同工种特点分别作出书面交底，主要内容为：

现场的重大危险源；

项目安全生产管理制度规定；

主要分部分项工程安全技术措施；

重要部位安全施工要点及注意事项；

紧急情况应对措施和方法等。

2. 危险性较大的分部分项工程施工前对施工管理人员安全技术交底

在危险性较大的分部分项工程施工前，对项目的各级管理人员，应进行安全施工方案为主要内容的交底，一般由技术负责人交底，主要内容为：

工程概况、设计图纸具体要求；

分部分项工程危险源辨识；

施工方案具体技术措施、施工方法；

施工安全保证措施；

关键部位安全施工要点及注意事项；

隐蔽工程记录、验收时间与标准；

应急预案。

3. 施工员对施工班组长安全技术交底

这是各级安全技术交底的关键，必须向施工班组长及有关人员反复细致地进行，交代清楚危险源、安全要求、关键部位、操作要点、安全预防措施等事项。交底内容主要有：

本工程的施工作业特点及危险源、危险点；

针对危险源、危险点结合项目实际情况的具体预防措施；

相应的安全操作规程和标准；

应注意的安全事项；

应急预案相关要求和各自的职责；

发生事故后应采取的避难和急救措施。

4. 施工班组长对操作人员安全技术交底

施工班组长应向班组的操作人员进行必要的安全交底，交底的内容主要是具体的操作要求和要领，一般情况下，这种安全交底均采用口头交底的方式进行。必要时，施工员也应在操作现场对操作人员进行类似的口头交底。

施工班组长应结合承担的具体任务，组织全体班组人员讨论研究，同时向全班组交代清楚安全操作要点，明确相互配合应注意的事项，以及制订保证安全完成任务的计划。

（六）交底管理

1. 应建立安全技术交底的台账，保证内容、过程和形式的有效性，检查主要内容是否完整，有针对性。

2. 确保参加交底的人员都已本人签字确认，并已完成三级安全教育。交底后须进行过程监控，及时指导、纠偏，确保每一个工序都严格按照交底内容组织实施。

3. 对项目关键部位、特殊工序须建立监控表，明确过程控制参数和过程检查记录，由项目生产经理组织生产、质检、技术、安全等部门进行复核，跟踪检查。

四、危险性较大的分部分项工程方案的实施与验收

危险性较大的分部分项工程方案实施主要包括五大部分：组织实施、检查验收、监控监测、应急管理、效果评价。

（一）安全专项施工方案的实施

项目部应当严格按照批准后的专项方案组织施工，不得擅自修改、调整专项方案，方

案组织实施期间：

1. 项目经理应坚守工作岗位，企业相关部门应定期、不定期对项目危险性较大的分部分项工程实施情况进行监控，确保各项工作有序进行。

2. 项目技术负责人应当定期巡查专项方案实施情况，发现不按照专项方案施工的，应当要求其立即整改。

3. 项目安全总监应当指定专人对专项方案实施情况进行现场安全旁站监督和按规定进行监测，巡查专项方案实施情况，发现存在安全隐患或未按方案施工的，应当要求其立即整改；发现重大安全隐患，立即下达局部停工整改令；有危及人身安全紧急情况的，应当立即组织作业人员撤离危险区域。

4. 分包单位负责人和分包安全员随作业班组进行跟踪检查。

（二）安全专项施工方案实施中的检查和纠正措施

1. 工序安全检查

（1）班组自查

从现行的安全检查模式来说，一般先由班组"自查"，而后由项目部组织"复查"，再由上一级"检查"或"抽查"。班组自查是检查中至关重要的一个环节，不容忽视或削弱。因为最熟悉、最了解工艺操作规程，最能及时发现生产事故隐患的还是在班组这一级上。必须明确各工序班组的安全检查要求，建立班组工序安全检查，班组长组织班组自查，并对班组自查结果负责。

（2）项目部检查

项目部应按工序跟踪进行检查指导班组作业，不宜等到完成后一次性去检查，否则会造成返工量过大，甚至无法返工推倒重来。项目部专职安全员应在每天的安全检查记录中，填写完整的工序实施的安全控制和检查情况。项目部检查内容应包括：

1）分包安全生产监管组织机构设置、专职安监人员配备情况；

2）作业人员安全教育、安全交底、特种作业人员持证上岗情况；

3）施工人员个人劳动防护用品使用管理情况；

4）危险性较大工程的专项施工方案编制、审核、论证、审批、执行及该工程验收情况；

5）施工现场违章指挥、违章作业及违反劳动纪律情况；

6）所用的施工设备和设施是否进行了进场报验和验收；

7）各项参数的偏差是否按专项方案设计要求控制在允许范围内；

8）班组是否按规定进行了工序检查。

（3）施工企业检查

施工企业各级总工程师及技术部门、生产经理及质量部门、安全总监及安监部门，应当按照各自职责，分别把危险性较大的分部分项工程的策划、实施、监督作为本部门工作检查的重点，按照国家法律法规、行业及企业标准，定期对项目进行检查。

2. 关键节点识别标准

当危险性较大的分部分项工程施工至关键节点时，应进行重点检查。在此介绍深基坑工程、模板工程及支撑体系、脚手架工程、大跨度空间钢结构施工岩土爆破或拆除爆破工程的关键节点识别标准，具体如下：

（1）深基坑工程

1）各类支护结构变形达到预警值；周边环境变形达到预警值。

2）桩（墙）＋锚杆支护工程开挖至基坑底；其他开挖至支护结构受力或周边重要建（构）筑物、地下管线变形最不利情形时。

3）内支撑工程中拉槽试挖段开挖至基坑底；非中拉槽开挖基坑开挖至基坑底。

4）人工挖孔桩施工时第一个人工挖孔挖至孔底。

5）盾构法工程施工时盾构始发与接收。

6）顶管法工程初始顶进、接收顶进。

（2）模板工程及支撑体系

1）高度及跨度均大于12m的模架搭设完毕后。

2）高宽比大于2.5的模架搭设完毕后。

3）有预压要求的模架预压前。

4）混凝土浇筑时，监测值达到预警值。

（3）脚手架工程

1）脚手架基础、地基加固、悬挑脚手架钢梁敷设完成搭设脚手架前。

2）架体完成第一次卸荷。

3）附着升降脚手架搭设完毕爬升前，部分重新拆改时。

4）爬模安装完毕爬升前，施工过程中爬模架体调整拆改（平面结构变化拆除架体、罕见气候条件停工采取防护措施、故障设备调换等）。

5）幕墙工程中吊篮、吊轨、小吊车等安装完毕并进行试运行后。

（4）大跨度空间钢结构

1）钢结构施工用临时支承，支撑完成。

2）钢结构整体提升、滑移、整体吊装或预应力开始张拉。

3）钢结构合拢、卸载。

4）高耸钢结构工程，提升开始或整体起板开始。

（5）岩石爆破或拆除爆破工程

1）岩石爆破现场确认整体开挖顺序或拆除爆破建筑腾空设备拆除后。

2）钻孔（包括预拆除）作业完毕验收炮孔。

3）施工现场敷设爆破网路，实施针对爆破有害效应的安全防护措施时。

（6）应用新技术、新工艺、新材料、新设备

新技术、新工艺、新材料、新设备安装或搭设完毕、使用之前。

3. 纠正措施

在危险性较大工程组织实施之前和实施过程中，针对危险性较大工程实施全过程中进行危险源辨识，看是否存在不能接受的危险源。只要存在不能接受的危险源，就必须采取纠正措施或方案将其风险降低到可以接受的程度。只有当危险性较大工程专项方案实施全过程，各个不同施工阶段的危险源都被辨识出来并得到有效控制，将危险源的风险降低到可接受的程度，危险性较大工程专项方案的实施才是安全的、有保障的。

项目部对识别出的危险源应进行讨论、分析和确认，所有重大危险源应进行控制，制

定纠正措施或方案，进行安全技术交底和公告，让参与施工人员及相关方都了解。监理要对作业人员纠正措施或方案了解情况进行考核检查，防止项目部的安全技术交底流于形式。下面是介绍高支模施工、脚手架工程施工中易出现危险源及纠正措施实例：

（1）高支模工程

1）在高支模架的计算中常以龙骨立放的情况进行计算，但实际施工中，部分施工人员图方便，梁、板及柱、墙的木龙骨平放而未立放，且市场的龙骨尺寸与理论尺寸有一定偏差，这对承载力的影响是非常大的。在其他条件都相同的情况下，龙骨平放与立放的截面惯性矩承载力相差接近 1 倍；再以 50×100 和 95×45 龙骨为例，其承载力相差 30% 左右。因此，在计算时应按材料实际尺寸计算，在施工时，木龙骨尽量立放，以增大其刚度和承载能力。

2）规范规定扣件拧紧力矩 $45 \sim 60$N·m，但实际施工中，一般都没有达到此要求，由于此情况的出现，扣件抗滑移极限承载力不能达到规范的 8kN。当螺栓拧紧力矩为 20N·m 时，安全度降低约 45.5%；当螺栓拧紧力矩为 30 N·m 时，安全度降低约 42%。因此，在搭设过程中严格把关，对扣件扭矩力进行经常性检查，验收时主要承力杆件扣件螺栓拧紧力矩须满足要求，其他杆件力矩保证率也不应低于 80%；对于扣件抗滑承载力不能满足的应采用双扣件或顶托的方式进行解决。

3）在实施中，部分工程扫地杆、剪刀撑、顶端水平杆纵横连通不到位。同时，由于旧扣件较多，考虑其变形因素，还有每根立杆传递荷载不均匀性影响、钢管损伤影响、钢管壁厚影响、立杆安装垂直度影响等，高支模架的安全性大大降低。剪刀撑承的水平力较大，应引起高度重视，高支模架的坍塌，不完全是扣件承载力不足造成的，许多是由于水平力的影响导致立杆弯曲，立柱节点受力形式发生变化，从而造成架体失稳破坏。因此，在实际施工过程中应将扫地杆、剪刀撑搭设到位，顶端水平杆纵横连通，横向水平杆不仅仅是把模架组成一个整体，从计算上看，它还起到约束立柱端部的作用，大大地缩短了第一步立柱的计算长度，因而提高了架体的整体稳定性，必须要搭设。立杆的纵、横向间距及纵横向水平杆的步距和剪刀撑的搭设直接关系到架体的整体稳定，必须按技术规范和方案要求搭设。

4）高支模事故一般均发生在混凝土浇筑阶段，且混凝土快要浇注完成时。工程施工中，混凝土普遍采用商品混凝土，在浇筑时，楼面荷载较集中且超过理论计算，加之泵管直接放置在楼面上，对支模架的水平推力较大。因此，在高支模工程混凝土施工中需注意：混凝土不能一次堆料太高，要分散堆放，不要某处集中力太大，尽量减少水平推力，尽量对称浇筑减少不均衡受力。一般情况下，宜从中间向两边浇筑，并宜先浇好柱子，待柱混凝土有一定强度后再浇筑板混凝土，以便柱子作连墙件连接。

（2）脚手架工程

1）在落地式脚手架施工中，常出现基础严重不平，未设置通长垫板，无排水措施，剪刀撑不连续设置，连墙件数量偏少，未采用刚性连接，高低跨和门洞等处未按要求加强处理，纵横向扫地杆缺失等问题。实施过程中，要按规范和设计要求作好基础的处理，通长连续设置剪刀撑，刚性连接墙件按规范和设计布设。

2）在混凝土浇筑前预埋悬挑钢梁锚环，并用胶带对丝杆进行保护，锚环规格要符合方案要求并设置加强筋，拉环应使用 HPB235 级钢筋，其直径不宜小于 20mm。锚环、拉环定位符合方案要求，锚固位置设置在小于 120mm 楼板时或锚固点位置比较集中时，采取加固措施。钢梁锚固长度不小于悬挑长度 1.25 倍，钢梁上表面焊接立杆定位筋，锚环压板紧固牢固，钢梁两侧用硬木楔楔紧。钢梁间距与方案平面布置图相符，锚环压板使用双螺帽紧固且露出不少于 3 丝。钢梁层用模板铺设全封闭硬隔离防护，拉设防倾覆钢丝绳，每根钢梁设置一根钢丝绳。

3）关于风荷载和涡流效应在悬挑脚手架的计算时应考虑风荷载的影响和增加抗风涡流的措施，架高超过 40m 且有风涡流作用时，应采取抗上翻流作用的连墙措施。但实际上，因风流产生的原因很复杂，在不同建筑中各不相同，在不易定量分析的情况下建议采取如下措施：在与连墙件对应的外立杆处设置刚性斜拉杆与上层主体结构的预埋件相连拉，或将连墙件改为双扣件，间距加密。

4）附着式升降脚手架工程一般采用专业分包方式，常出现超越资质承包，异地安拆未备案，无部级鉴定证书，作业人员持证上岗差，升降时只一个附着支撑、防护不严，拉结点偏少，防坠装置不全等问题。在实施中要严把方案关，各种手续要齐全，作好交底、监管，要按准备、组装、升降、使用和维护五个阶段进行安全管理。安装过程中根据爬架轨道位置在结构上对附墙支座定位，固定附墙支座的结构混凝土强度应大于等于 10MPa，竖向主框架与所覆盖的每个楼层设置一道附墙支座。限位、防坠装置要灵敏齐全完整，架体过塔式起重机附墙、设置钢卸料平台等开洞处加固。

（三）危险性较大的分部分项工程施工中的验收

1. 验收的组织

对于按规定需要验收的危险性较大的分部分项工程，施工单位、监理单位应当组织有关人员进行验收。验收合格的，经施工单位项目技术负责人及项目总监理工程师签字后，方可进入下一道工序。

企业应建立安全验收制度，各类安全防护用具、架体、设施和设备进入施工现场或投入使用前必须经过验收，合格后方可投入使用。对危险性较大的分部分项工程，项目经理应组织项目总工程师、安全总监、质量总监等人员进行内部验收签字。在项目验收的基础上，提请企业的技术、安全、质量等部门人员进行现场内部核验并签字。

对超过一定规模的危险性较大的分部分项工程，在项目验收的基础上，企业的总工程师、安全总监、质量总监应组织技术、安全、质量等部门人员进行现场内部验收签字。

内部验收合格的，才能报项目总监理工程师签字，进入下一道工序。

2. 验收的依据

（1）危险性较大工程安全专项方案。

（2）《建筑施工安全检查标准》JGJ 59—2011。

（3）相关的建筑施工安全技术标准。

3. 验收的内容

（1）是否存在方案变更，或变更后的方案是否按规定进行了批准确认。

（2）所用的施工设备和设施是否进行了进场报验和验收。

（3）是否按专项方案组织施工，并和专项方案保持一致。

（4）是否按专项方案设置了监控点和配置了监测设备。

（5）各项参数的偏差是否按专项方案设计要求控制在允许范围内。

4. 验收的要求

施工使用的结构材料，应按照要求进行验收、抽检和检测，并留存记录、资料。验收工作由项目材料负责人组织，项目安全总监应组织检查。对进场的杆件、劳动防护用品等材料的产品合格证、生产许可证、检测报告进行复核。

对承重杆件的外观抽检数量不得低于搭设用量的 30%，发现质量不符合要求、情况严重的，要进行 100% 的检验。高大模板工程、脚手架工程应对扣件螺栓的紧固力矩进行抽查，抽查数量应符合相关规定。

验收过程中提出的各种安全隐患，由项目经理组织整改，由公司安全总监组织复查。各种安全隐患整改完毕，自检验收合格，经公司总工程师和生产经理核准。完成内部核准程序后，才能报项目监理单位。

高大模板工程及支撑体系验收，未经公司总工程师和生产经理核准、项目总监理工程师签字同意，项目不得安排混凝土浇筑。

各类验收应填写验收记录表，各方签字确认后交项目安全部门存档。

（四）危险性较大的分部分项工程施工的监控

危险性较大的分部分项工程在各阶段施工过程中的主要特点是危险源的种类不同、监控的重点内容不同，因此针对各阶段施工过程监控的手段、设备也不同。

1. 监控的基本内容

（1）专项方案实施过程，预防监控措施是否落实，施工单位是否指定专人进行现场监管和按规定进行监测。

（2）对按规定需要验收的危险性较大分部分项工程，施工单位、监理单位是否组织有关人员进行了验收。

（3）危险性较大工程实施过程中预警监测是否按设计进行，应急预案是否编制，遇到紧急情况能否立即启动实施救助。

（4）施工单位、监理单位是否建立了危险性较大分部分项工程监控台账，及时建立工程实施档案，能随时反映工程进展情况。

2. 建设单位的管理职责

（1）建设单位应负责本单位施工现场安全技术管理资料的编制、整理、归档工作，并监督施工、监理单位施工现场安全技术管理资料的整理。

（2）建设单位在申请领取施工许可证时，应当提供建设工程有关安全施工措施的资料。

（3）建设单位在编制工程概算时，应将建设工程安全防护、文明施工措施等所需费用专项列出，按时支付并监督其使用情况。

（4）建设单位应向施工单位提供施工现场供电、供水、排水、供气、供热、通信、广播电视等地上、地下管线资料，气象水文地质资料，毗邻建筑物、构筑物和相关的地下工程等资料，并保证资料的真实、准确、完整。

建设单位安全技术资料管理的内容：

1）建设工程施工许可证；

2）施工现场安全监督备案登记表；

3）地上、地下管线及建（构）筑物资料移交单；

在槽、坑、沟土方开挖前，建设单位应根据相关要求向施工单位提供施工现场及毗邻区域内地上、地下管线资料，毗邻建筑物和构筑物的有关资料。移交资料内容应经建设单位、施工单位、监理单位三方共同签字、盖章认可；

4）安全防护、文明施工措施费用支付统计。建设单位应对支付给施工单位工程款中安全防护、文明施工措施费用进行统计；

5）夜间施工审批手续。

3．监理单位的管理职责

（1）监理单位应负责施工现场监理安全技术管理资料的编制、整理、归档工作，在工程项目监理规划、监理安全规划细则中，明确安全监理资料的项目及责任人。

（2）监理安全管理资料应随监理工作同步形成，并及时进行整理组卷。

（3）监理单位应对施工单位安全资料的形成、组卷、归档进行监督和检查。

（4）监理单位应按规定对施工单位报送的施工组织设计中的安全技术措施、危险性较大分部分项工程专项施工方案、施工现场的相关安全管理资料进行审核、签署意见。

（5）按规定参与危险性较大的分部分项工程等验收，留存验收资料。

4．施工单位的管理职责

（1）建立健全安全技术安全管理资料责任制度，实行项目经理负责制。施工现场应设置专职安全员负责施工现场安全技术资料管理工作，建筑施工技术资料管理应由专职安全员及相应的责任工长随施工进度及时整理，按规定列出各阶段安全管理资料的项目。

（2）施工单位应负责施工现场施工安全管理资料的编制、整理、归档工作，在施工组织设计中列出安全管理资料的管理方案，按规定列出各阶段安全管理资料的项目。

（3）施工现场安全管理资料应随工程建设进度形成，保证资料的真实性、有效性和完整性。

（4）实行总承包施工的工程项目，总包单位应督促检查分包单位施工现场安全资料。分包单位应负责其分包范围内施工现场安全技术管理资料的编制、收集和整理，向总承包单位提供存档。

（5）施工单位的安全生产专项措施资料应遵循"先报审、后实施"的原则，实施前向建设单位和监理单位报送有关安全生产的计划、方案、措施等资料，得到审查认可后方可实施。

5．起重机械安装拆卸作业安全技术监控要点

（1）起重机械安装拆卸作业必须按照规定编制、审核专项施工方案，超过一定规模的要组织专家论证。

（2）起重机械安装拆卸单位必须具有相应的资质和安全生产许可证，严禁无资质、超范围从事起重机械安装拆卸作业。

（3）起重机械安装拆卸人员、起重机械司机、信号司索工必须取得建筑施工特种作业人员操作资格证书。

（4）起重机械安装拆卸作业前，安装拆卸单位应当按照要求办理安装拆卸告知手续。

（5）起重机械安装拆卸作业前，应当向现场管理人员和作业人员进行安全技术交底。

（6）起重机械安装拆卸作业要严格按照专项施工方案组织实施，相关管理人员必须在现场监督，发现不按照专项施工方案施工的，应当要求立刻整改。

（7）起重机械的顶升、附着作业必须由具有相应资质的安装单位严格按照专项施工方案实施。

（8）遇大风、大雾、大雨、大雪等恶劣天气，严禁起重机械安装、拆卸和顶升作业。

（9）塔式起重机顶升前，应将回转下支座与顶升套架可靠连接，并应进行配平。顶升过程中，应确保平衡，不得进行起升、回转、变幅等操作。顶升结束后，应将标准节与回转下支座可靠连接。

（10）起重机械加节后需进行附着的，应按照先装附着装置、后顶升加节的顺序进行。附着装置必须符合标准规范要求。拆卸作业时应先降节，后拆除附着装置。

（11）辅助起重机械的起重性能必须满足吊装要求，安全装置必须齐全有效，吊索具必须安全可靠，场地必须符合作业要求。

（12）起重机械安装完毕及附着作业后，应当按规定进行自检、检验和验收，验收合格后方可投入使用。

6. 起重机械使用安全技术监控要点

（1）起重机械使用单位必须建立机械设备管理制度，并配备专职设备管理人员。

（2）起重机械安装验收合格后应当办理使用登记，在机械设备活动范围内设置明显的安全警示标志。

（3）起重机械司机、信号司索工必须取得建筑施工特种作业人员操作资格证书。

（4）起重机械使用前，应当向作业人员进行安全技术交底。

（5）起重机械操作人员必须严格遵守起重机械安全操作规程和标准规范要求，严禁违章指挥、违规作业。

（6）遇大风、大雾、大雨、大雪等恶劣天气，不得使用起重机械。

（7）起重机械应当按规定进行维修、维护和保养，设备管理人员应当按规定对机械设备进行检查，发现隐患及时整改。

（8）起重机械的安全装置、连接螺栓必须齐全有效，结构件不得开焊和开裂，连接件不得严重磨损和塑性变形，零部件不得达到报废标准。

（9）两台以上塔式起重机在同一现场交叉作业时，应当制定塔式起重机防碰撞措施。任意两台塔式起重机之间的最小架设距离应符合规范要求。

（10）塔式起重机使用时，起重臂和吊物下方严禁有人员停留。物件吊运时，严禁从人员上方通过。

7. 基坑工程施工安全技术监控要点

（1）基坑工程必须按照规定编制、审核专项施工方案，超过一定规模的深基坑工程要组织专家论证。基坑支护必须进行专项设计。

（2）基坑工程施工企业必须具有相应的资质和安全生产许可证，严禁无资质、超范围从事基坑工程施工。

（3）基坑施工前，应当向现场管理人员和作业人员进行安全技术交底。

（4）基坑施工要严格按照专项施工方案组织实施，相关管理人员必须在现场进行监督，发现不按照专项施工方案施工的，应当要求立即整改。

（5）基坑施工必须采取有效措施，保护基坑主要影响区范围内的建（构）筑物和地下管线安全。

（6）基坑周边施工材料、设施或车辆荷载严禁超过设计要求的地面荷载限值。

（7）基坑周边应按要求采取临边防护措施，设置作业人员上下专用通道。

（8）基坑施工必须采取基坑内外地表水和地下水控制措施，防止出现积水和漏水漏砂。汛期施工，应当对施工现场排水系统进行检查和维护，保证排水畅通。

（9）基坑施工必须做到先支护后开挖，严禁超挖，及时回填。采取支撑的支护结构未达到拆除条件时严禁拆除支撑。

（10）基坑工程必须按照规定实施施工监测和第三方监测，指定专人对基坑周边进行巡视，出现危险征兆时应当立即报警。

8. 脚手架施工安全技术监控要点

（1）脚手架工程必须按照规定编制、审核专项施工方案，超过一定规模的要组织专家论证。

（2）脚手架搭设、拆除单位必须具有相应的资质和安全生产许可证，严禁无资质从事脚手架搭设、拆除作业。

（3）脚手架搭设、拆除人员必须取得建筑施工特种作业人员操作资格证书。

（4）脚手架搭设、拆除前，应当向现场管理人员和作业人员进行安全技术交底。

（5）脚手架材料进场使用前，必须按规定进行验收，未经验收或验收不合格的严禁使用。

（6）脚手架搭设、拆除要严格按照专项施工方案组织实施，相关管理人员必须在现场进行监督，发现不按照专项施工方案施工的，应当要求立即整改。

（7）脚手架外侧以及悬挑式脚手架、附着升降脚手架底层应当封闭严密。

（8）脚手架必须按专项施工方案设置剪刀撑和连墙件。落地式脚手架搭设场地必须平整坚实。严禁在脚手架上超载堆放材料，严禁将模板支架、缆风绳、泵送混凝土和砂浆的输送管等固定在架体上。

（9）脚手架搭设必须分阶段组织验收，验收合格的，方可投入使用。

（10）脚手架拆除必须由上而下逐层进行，严禁上下同时作业。连墙件应当随脚手架逐层拆除，严禁先将连墙件整层或数层拆除后再拆脚手架。

9. 模板支架施工安全技术监控要点

（1）模板支架工程必须按照规定编制、审核专项施工方案，超过一定规模的要组织专家论证。

（2）模板支架搭设、拆除单位必须具有相应的资质和安全生产许可证，严禁无资质从事模板支架搭设、拆除作业。

（3）模板支架搭设、拆除人员必须取得建筑施工特种作业人员操作资格证书。

（4）模板支架搭设、拆除前，应当向现场管理人员和作业人员进行安全技术交底。

（5）模板支架材料进场验收前，必须按规定进行验收，未经验收或验收不合格的严禁使用。

（6）模板支架搭设、拆除要严格按照专项施工方案组织实施，相关管理人员必须在现场进行监督，发现不按照专项施工方案施工的，应当要求立即整改。

（7）模板支架搭设场地必须平整坚实。必须按专项施工方案设置纵横向水平杆、扫地杆和剪刀撑；立杆顶部自由端高度、顶托螺杆伸出长度严禁超出专项施工方案要求。

（8）模板支架搭设完毕应当组织验收，验收合格的，方可铺设模板。

（9）混凝土浇筑时，必须按照专项施工方案规定的顺序进行，应当指定专人对模板支架进行监测，发现架体存在坍塌风险时应当立即组织作业人员撤离现场。

（10）混凝土强度必须达到规范要求，并经监理单位确认后方可拆除模板支架。模板支架拆除应从上而下逐层进行。

10. 监控方法

（1）危险性较大分部分项工程信息上报及分级监控制度

施工企业建立工程危险性较大的分部分项工程安全监管台账，由各项目填报。定期发布企业在建项目危险性较大分部分项工程信息及管控情况，梳理企业前五项重大危险源，进行重点监控、警示。对重点关注项目安排专人进行重大危险源及关键工序监管，可利用电话问询、照片反馈、现场复核等方式，督促各项目开展每日重大危险源监管工作。

项目部在施工现场醒目位置和重点区域设置危险性较大的分部分项工程公告栏，每日公布前5项重大危险源，标明重大危险源类别、可能引发事故隐患类别、管控措施、应急措施及报告方式等内容。安排专人每日对项目重大危险源开展监管工作，监管内容包括专项方案实施、安全防护设施、操作规程执行、劳保用品使用、分部分项验收、旁站监督等情况。

（2）危险性较大分部分项工程施工过程监管及验收

企业监管部门应落实责任人，定期和不定期对危险性较大分部分项工程施工过程进行监督检查，重点检查危险性较大分部分项工程管理制度的建立和实施情况，专项方案编制和审批专家论证审查安全技术交底、过程监控等情况。

（3）实施电子信息动态实时监控系统

项目建立电子信息动态实时监控系统，对危险性较大分部分项工程实施全过程进行实时监控，有条件的地区对项目工程施工现场实施远程监控。

11. 各层级人员安全监控职责

（1）施工单位法人代表负责保证本单位安全生产条件所需资金的投入，设立安全生产管理机构，配备专职安全生产管理人员，建立健全本单位危险性较大工程安全监控体系。

（2）施工单位技术负责人负责审批危险性较大工程安全专项施工方案，参加安全专项施工方案专家论证会，定期巡查安全专项施工方案实施情况，参与超过一定规模的危险性较大工程验收。

（3）施工单位分公司相关责任人负责对项目危险性较大工程清单进行审核、备案，检查项目部危险性较大工程安全专项方案的实施情况，督促项目部落实专人对专项方案实施情况进行现场监督和按规定进行监测。

（4）项目经理对危险性较大的分部分项工程实施全过程负全面责任，建立健全项目部危险性较大工程安全监控体系，审批项目危险性较大工程清单，确保施工所需的人、财、物的供给到位，参加安全专项施工方案专家论证会，组织项目部应急救援预案的培训和演练，组织危险性较大工程实施各阶段的安全验收。

（5）项目部相关责任人安全监控职责，负责采购的材料规格质量符合规范和专项方案要求，严格按照专项方案组织施工，不得擅自修改，调整专项方案，负责向现场管理人员和作业人员进行安全技术交底，检查危险性较大工程实施过程中安全监视、监测的执行落实情况，组织各班组各工序的安全质量自检和互检，组织危险性较大工程各阶段的安全验收。

12. 实施过程中的监测

（1）监测的实施

项目部应按方案要求，落实监测人员，进一步明确监测人员的安全责任和职责。用于监测的检测设备精度应当满足监测要求，并确保所用监测设备经过鉴定并在有效期内。项目部应严格按照方案所规定的监测项目（内容）、监测方法、监测点布置、监测频率，监测预警值等主要因素作出详细安排，根据监测方案的监测频率、周期进行全过程监测。

（2）主要项目的监测

深基坑、高支模、悬挑外脚手架属于安全事故发生概率较高、危险性较大工程，应对上述三项危险性较大工程实施各阶段的危险源分析、辨识，并提出相应监控处理措施。在各类工程事故中，尤其是深基坑支护工程，由于土体的不确定性、离散性、各种复杂的水文、地质条件等各种原因，各种形式的深基坑支护结构，虽经过仔细的设计验算，但仍有可能发生事故。为确保施工安全，有必要在深基坑施工过程中针对各类危险源布置监控措施，使整个深基坑的施工过程处于严密的监控条件下，有效地降低事故发生的概率。下面将着重介绍基坑监测的相关内容：

1）监测方案，各施工企业应针对各自工程的实际情况，按照规范规定的要求，设置监测项目。监测方案应具备监控目的、监测项目、监控报警值、监测方法和精度要求及监测点布置的平面图，立面图等内容。

2）监测内容，不论采用何种基坑支护方式，基坑支护监测的项目包括以下内容：支护结构的内力、水平位移、沉降。支护结构的内力、水平位移、沉降的监测报警值原则上应由设计单位根据设计规范计算后提供。当设计方提供支护结构的应力，轴力、水平位移、沉降的设计值后，为在施工时留有安全储备的余地，设计值可作为施工控制的极限值，按设计值的 $50\% \sim 75\%$ 作为施工控制的报警值。周边建筑物的沉降、位移、倾斜。周边建筑物的沉降、位移、倾斜值有时要原设计方提供比较困难，可根据具体实际情况和相应规范计算提供报警值。

3）监测频率，各项监测的时间间隔可根据施工进程确定。当变形值超过有关标准或监测结果变化速率较大时，应加密观测次数，当有事故征兆时，应连续监测。

4）监测资料的分析、反馈预警，监测人员必须针对收集的全部监测数据进行记录、整理、分析、存档。各类应力、变形数据绘制或时间－应力曲线、时间－变形曲线。仔细分析总结工程结构的应力、变形的变化规律，及时提供各阶段性监督结果报告，以利指导施工。监测人员一旦发现应力、变形数据有异常现象或接近报警值必须及时报警，并积极配合项目部进行原因分析，采取相应措施。

（五）安全专项施工方案的实施效果评价

危险性较大分部分项工程实施完成后，项目部要及时组织有关人员对安全专项方案的实施组织、安全生产、人员配置及安全教育、机械设备检查和验收、材料供应和验收等情况进行总结，并由公司技术总工或公司安全总监组织有关人员，对方案实施效果围绕以下内容进行分析评价：

1. 方案达到目前实施效果是否存在更经济、更方便的途径。
2. 实施效果安全性、实用性、经济性评价。
3. 方案组织实施效果评价。
4. 是否涉及公司现行管理规章、制度修正的评价。
5. 是否涉及公司现有施工工法、作业指导书修正的评价。
6. 方案所存在的缺陷和不足评价。

组织评价后，要及时形成书面评价报告。

五、安全技术资料管理

（一）职责和要求

建筑施工现场安全技术资料是建筑施工安全监督管理工作的一项重内容，是对建筑工程安全生产全过程管理的真实记录，同时也是对建筑施工企业安全管理水平检查考核的一项重要依据。安全技术资料管理应符合国家现行有关法律、法规、规章和规范性文件的规定，与工程施工进度同步形成，做到及时收集、整理、归档。

1. 管理职责

（1）施工企业应履行好自身的安全生产职责，对本工程安全技术资料负责，逐级落实安全技术资料管理责任制，明确责任人。建立安全技术资料管理制度，规范安全管理资料的收集、整理、审核、组卷和归档等工作。

（2）工程项目管理人员应根据本岗位安全生产职责，建立、整理相应的安全技术资料，其资料应当保证时效性、真实性和完整性。由专（兼）职安全生产管理人员负责资料的收集、汇总、整理和归档。

（3）总承包单位对施工现场安全技术资料负总责，专业承包单位对其承包业务范围内的安全技术资料的形成、收集和整理工作负责，并按规定及时向总承包单位提交本单位的资料。

（4）总承包单位负有对各专业承包单位安全技术资料进行监督检查的职责，总承包单位、专业承包单位应当对各自资料的真实性、有效性、及时性和完整性负责。

（5）施工企业安全部、技术部要不定期对各个项目安全技术资料的管理及收集、整理情况进行检查、指导。

2. 安全技术资料编制和组卷要求

（1）安全技术管理纸质资料应为原件，相关证件不能为原件时，可为复印件，复印件应与原件核对无误，加盖原件所持有单位公章。

（2）电子资料应保证原始性、安全性和持续可读性，涉及电子签名文档的必须由本单位以授权书的形式认可。

（3）安全技术资料应内容准确真实、字迹工整、手续完备，图像、声音、影像等信息应清晰有效，资料中的签字、盖章、日期等内容应齐全。定期检查资料，发现资料不符合要求应及时剔除并重新收集整理。

（4）资料排列顺序为封面、目录、内容。封面应包含工程名称、编制单位、编制人员、编制日期及编码序号。资料要按规定分类建档，设置塑料档案盒，并设专用资料柜集中存放，资料保存应具备防水、防潮、防尘等措施。

（5）对经营结算不产生影响的安全技术资料保存至工程结束后，可进行销毁，对工程建设具有证据作用的资料应保存至工程竣工验收以后，提交给相关单位长期保存。

（6）需移交政府部门及建设单位的资料，应按照其要求编制组卷，内容及套数严格执行各地标准及合同、协议要求。

（7）施工企业应推动各项目应用智能化工具软件，进行安全技术资料管理，逐步实现数字化、网络化和信息化。

（二）安全技术资料的分类

安全技术资料主要分为六大类：安全专项施工方案审核审批资料、专家论证相关资料、分包资质与操作人员证件、教育和交底记录、过程监控记录、验收资料。

1. 安全专项施工方案审核审批资料

项目部应根据结合工程具体情况，对涉及的危险性较大的分部分项工程进行辨识和汇总，填写危险性较大分部分项工程汇总表并收集后相应的安全专项施工方案。按规定履行审核、审批手续，将项目部审批记录、公司审批记录和工程技术文件报审表归档留存。

2. 专家论证相关资料

超过一定规模的危险性较大的分部分项工程专项施工方案经论证后，专家组应当提交论证报告，对论证的内容提出明确的意见，并在论证报告上签字。项目部应将专家论证方案、论证报告、专家证书、会议签到表、论证会议纪要等资料整理在一个文件中报送公司存档。

专项方案经论证后需做重大修改的，项目应当按照论证报告修改，并重新组织专家进行论证，将再次组织专家论证的相关资料报公司。

3. 分包资料

（1）分包单位正式施工前向总包单位提供企业资质证书、营业执照、安全生产许可证、三类人员安全生产考核证书、特种作业人员上岗证及其他相关的许可证资料。如为复印件必须标注原件存放处并加盖单位公章及抄件人签字。

（2）总包单位应与分包单位签订安全生产管理协议书，明确双方的安全管理责任。签订完毕后，双方各存一份。

（3）特种作业人员上岗前，项目部应审查特种作业人员的特种作业操作资格证书原件，审核合格后在复印件上盖章并由项目经理部存档，将情况汇总填入特种作业人员登记表，报送项目监理部复核。

（4）分包单位报监理签字的档案资料由总包项目部相关工程师进行审核后，交项目部资料员进行形式、格式审核，再由总承包单位报监理。

4. 教育和交底记录

（1）项目部应建立安全教育培训制度和建立安全教育培训计划。对新入场、转场及变换工种的施工人员，必须进行以国家安全法律法规、企业安全规章制度、安全管理规定及各工种安全操作规程为主要内容的安全教育培训，施工人员经考试合格后方可上岗作业。对被教育人员信息、内容、时间等基本情况进行记录，填写安全教育记录表，并将教育记录表、三级教育卡、考核试卷、教育签到表等资料及时归档。

（2）作业班组长于每天工作开始前必须对本班（组）全体人员进行班前安全活动交底，并填写班前讲话记录，其内容应包括：本班组安全生产须知和个人应承担的责任；本班组作业中的危险点和应采取的安全防护措施。

（3）项目部应将各项安全技术交底按照作业内容汇总，按要求填写安全技术交底汇总表。分部分项工程施工作业前，工程技术人员应结合施工作业场所状况、特点、工序，就危险因素、施工方案、规范标准、操作规程和应急措施等内容，向作业人员进行书面安全技术交底，由交底人、被交底人、专职安全员进行签字确认，三方各留存一份，安全员进行分类存档。

5. 过程监管记录

（1）项目经理应根据相关要求到施工现场进行检查，在当天的危险性较大工程施工过程中，对发现安全隐患及时做出处理意见，填写带班工作日志。

专职安全管理人员应按照日常安全活动和安全检查情况，逐日填写施工现场安全日志，其内容应包括每日检查内容和安全隐患的处理情况。

（2）危险性较大工程施工过程中，各级检查人员应针对施工中存在的安全隐患填写安全检查隐患整改记录表。隐患整改完毕，应由隐患责任单位或部门填写工程项目隐患整改反馈表，经相关部门组织复查，确认隐患彻底整改后，填写复查意见，形成闭合管理。

（3）总承包单位、专业承包单位及第三方监测单位应按有关规定对基坑支护结构、大型设备垂直度等进行监测，填写监测记录。项目监理部对监测的程序和监测数据进行审核并签署意见。如发现监测数据异常，应立即督促项目经理部采取必要措施。

有限空间作业前必须按规定履行作业审批手续，填写有限空间作业审批表。特殊部位作业，应按规定对作业场所中的危险有害因素进行定时监测或连续监测，并填写特殊部位作业气体监测记录表。

（4）对施工现场的违章作业、违章指挥和处理情况及时进行记录，建立违章处理记录台账。针对危险性较大工程的实施进展、检查验收等情况填写危险性较大的分部分项工程安全监管台账，由项目部逐级上报至企业。

6. 验收资料

验收资料是参与工程建设的有关单位根据相关标准、规范对危险性较大工程安全是否达到合格做出的确认文件。主要包括材料验收、关键工序验收、隐蔽工程验收、分部（子分部）工程验收等。

（1）材料和构配件验收

主要包括各类材料、成品、半成品出厂合格证和试验报告等，各种材料、构配件检测报告及出厂合格证由项目材料员向厂家及时索要。需要做复试的材料及时进行取样，送检复试合格后，将复试报告和合格证存档保存好，材料员对进场的材料做好记录，形成进场记录和验收台账。

（2）安全防护用品验收

项目部应对采购、租赁的安全防护用品和涉及施工现场安全的重要物资（包括：脚手架钢管、扣件、安全网、安全带、安全帽、漏电保护器、空气开关、配电箱等）组织相关人员验收，审核并留存生产许可证、产品合格证、检测报告、验收记录等相关文件，其中涉及的劳动保护用品的，应建立发放使用台账。

（3）关键工序验收

由总承包单位项目相关部门和搭设、使用单位，按规范和施工方案进行对危险性较大工程关键工序进行验收，验收合格后填写验收表，报监理单位验收，监理验收合格签字后，方可实施。监理单位和施工单位应各留存一份验收单。

（4）地上、地下管线保护措施方案及验收

施工单位应留存地上、地下管线及建（构）筑物资料移交单，并依据地上、移交单内容，编制地上、地下管线保护措施方案，保护措施方案应由工程项目技术负责人、项目监理负责人、建设单位项目负责人签字确认。施工前，地上、地下管线保护措施应由项目技术负责人组织相关人员进行验收，并填写表地上、地下管线保护措施验收表，报送项目监理部核查，项目监理部应签署书面意见。

六、其他安全技术管理

（一）新技术推广和应用

1. 铝合金模板

铝合金模板以其优越的受力性能及施工方便等特点，在实际工程特别是高层住宅建筑中得到了越来越广泛的应用。铝合金模板具有轻质、强度高，周转利用次数较多、安全性能好、低碳减排、操作简单等众多优点。

（1）铝合金模板体系及配件组成

整体式铝合金模板体系主要由模板系统、附件系统、支撑系统、紧固系统组成。

1）模板系统：构成混凝土结构施工所需的封闭面，保证混凝土浇灌时建筑结构成型；

2）附件系统：模板的连接构件，使单件模板连接成系统，组成整体；（销钉、销片、螺栓）。

3）支撑系统：在混凝土结构施工过程中起支撑作用，保证楼面，梁底及悬挑结构的支撑稳固。

4）紧固系统：是保证模板成型的结构宽度尺寸，在浇注混凝土过程中不产生变形，模板不出现涨模、爆模现象。（墙身背楞3道，跨度大于3m的墙体带斜撑，四个角需用葫芦拉接）如图5-1所示。

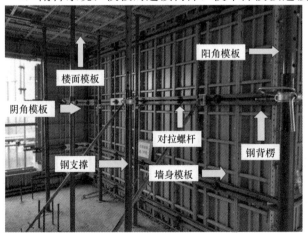

图 5-1　紧固系统

铝合金模板是采用铝板和型

材焊接而成的新型模板，采用销钉、高强螺栓等进行连接。配件主要由铝合金面板、角模、钢支撑、主龙骨、楼面支撑头专用销钉、楔片、梁底板、封头板、连梁支撑头、加固背楞、对拉螺杆与封头螺帽等组成。

（2）施工工艺

安装墙体阴角处铝模板→安装墙体模板及穿对拉螺栓→安装墙体背楞及斜撑→安装梁底封头板→设置梁底竖向支撑→安装梁侧模板→安装板主龙骨及支撑→安装楼面板及楼梯板→调节支撑高度进行起拱→绑扎梁板钢筋→验收→浇筑混凝土→模板拆除（先竖向模板，后水平模板，早拆支撑头不拆）→人工经上料口或者洞口外架转运到上一层。

（3）实施效果

1）安全性能好，承载力高。铝合金模板试验结果显示，目前绝大多数铝合金模板的承载力可达到 $30\sim50kN/m^2$，最大可达 $60kN/m^2$，完全可以承受在浇筑混凝土时对模板产生的冲击力。铝合金模板系统所有部位都采用铝合金板组装而成，系统拼装完成后，形成一个整体框架，稳定性佳。

2）现场施工垃圾少，支撑体系简捷。铝模板系统全部配件均可重复使用，施工拆模后，现场无任何垃圾，支撑体系构造简单，拆除方便，整个施工环境安全、干净、整洁。

3）铝合金模板系统组装简单、方便。完全由人工拼装，施工时只需要一把扳手或小铁锤，安装工人只需要木模的 $70\%\sim80\%$。施工速度快，有效地缩短了工期，节约管理成本。

4）模板周转率高，平均使用成本低。铝模板系统采用整体挤压形成的铝合金型材做原材，一套模板规范施工可翻转使用 300 次以上。

5）拼缝少，精度高，拆模后混凝土表面效果好。铝建筑模板拆模后，混凝土表面质量平整光洁，基本上可达到饰面及清水混凝土的要求，无需进行批荡，可节省批荡费用。

6）回收价值高。铝模板报废后，当废料处理残值高，均摊成本优势明显，铝模板系统所有材料均为可再生材料，符合国家对建筑项目节能减排的规定。

2. 高支模实时监测报警系统

高支模实时监测报警系统是利用自动采集、信息传感等技术集成的新型监测系统，可以对高大模板支撑体系的模板沉降、支架变形和立杆轴力等进行实时监测，实现监测数据实时采集、实时传输、实时计算、科学预警、智能报警、协同管理等功能。

（1）监测报警系统设备组成（图5-2）

监测报警系统设备主要由应变片、传感器集群、数据采集仪、报警器及监测软件组成。采用远程无线和近程无线的数据采集方式，近程无线主要采用采集仪的无线传输功能，将采集信号传输到测点附近的计算机上。远程无线采用互联网技术，将信号传输到无线接收设备，如手机、平板电脑等设备终端。现场配备模架变形监测仪器观测人员，观测结果及时和现场模架施工专人保持联系，让安全监护人员及时了解模架变形异常情况。

当监测值超过预警值时，报警器将进行现场声光报警及短信远程报，施工人员在作业时能从机器上读取预警信号，同时安装在现场的警报器会发出警报声，现场作业人员停止施工，迅速撤离，并通知现场项目负责人、项目总监和安全监督员。

（2）监测点布置和频率

在支撑体系的立杆、水平杆、水平及竖向剪刀撑等关键部位布置应变传感器，为了保

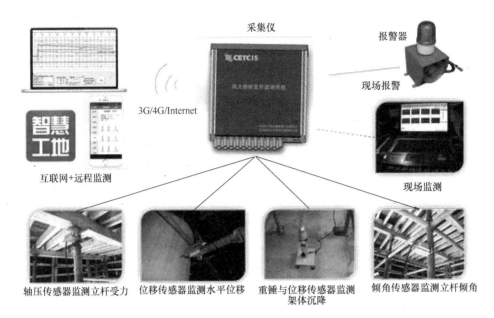

图 5-2　监测系统组成图

证监测数据的准确，根据现场情况，可采用振弦式和电阻应变式两种传感器采集数据，用于复核应变仪监测到测数据可靠性。

监测频率一般为混凝土浇筑期间 5～10 秒采集一次数据，混凝土养护期间 10～30 分钟采集一次数据，每次层浇筑混凝土以后连续监测 24 小时。（图 5-3、图 5-4）。

图 5-3　应变片

图 5-4　粘贴图

（3）监测数据分析

通过模架监测软件采集监测数据，除了可实时观察计算机上显示的测点应变曲线以外，还可结合前期每天测到的测点变形数据，进行分析对比从浇筑混凝土开始到当天的测点数据变化趋势，一旦有变形危险信号，可及时反馈给施工单位。利用模架计算书计算设定预警值，当监测数值达到报警值后，系统会自动报警，将信息反馈给施工单位管理人员，并在现场发出警报，提醒施工人员注意浇筑混凝土的速度和方式；若监测值继续升高时，系统将发出警报，提醒施工单位采取必要安全措施，并组织人员撤离现场。

3. 电动桥式脚手架（附着式电动升降平台）

（1）施工升降平台展概况

电动桥式脚手架（附着式电动升降平台），以下简称施工升降平台，是一种靠齿轮、齿条传动的升降机械，设计有可靠的电气、机械安全系统及独立的防坠系统，是集施工电梯与吊篮的优点集于一身，高度集成化、标准化、人性化的建筑施工机械。它可随着建筑物的升高而自行升高，平台可根据需要而加长或缩短。施工升降平台在安装、使用时不用预制基础，移动时只需拆除部分立柱和附墙，通过移动底部轮子更换作业地点。

（2）施工升降平台优点

目前，国内的建筑业普遍使用各类脚手架或吊篮进行建筑外立面的施工，脚手架存在使用材料多，搭设时间长，操作面固定不便调整，不便于施工操作，施工材料不便于运输，安全隐患较多等问题；电动吊篮，也存在操作架体不稳定、覆盖装修面积小等问题。

而施工升降平台具有安全可靠、承载力大、连墙锚固点少、操作简单、施工操作面宽、覆盖范围广、运行平稳、移动方便、施工效率高等优点。双柱型施工平台的跨度可达30.1 m。最大可以承载3.6t。每分钟运行速度为6 m，对于保证施工安全与工期，降低施工成本，减轻工人劳动强度等起着不可替代的作用。

（3）电动施工平台的常见种类及基本构造（图5-5）

目前常见种类为单柱型和双柱型两种基本形式，随着建筑结构越来越多样性和造型越来越复杂等因素，为了满足施工需求，在整合多年的施工经验的基础上，由双柱型开发出直角型，Z字形等结构形式。

（4）应用前景（图5-6）

A——顶立柱
B——标准立柱
C——1m平台
D——1.5m平台
E——底座
G——驱动器

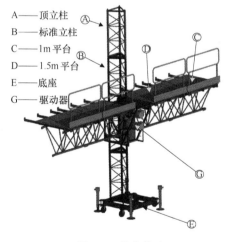

图5-5　基本构造　　　　　　　　图5-6　现场应用图

施工升降平台是目前国际上比较先进、成熟、适用的辅助施工技术，它广泛地应用于各种高度的装修施工中，它可替代脚手架及电动吊篮，用于高空施工，尤其适用于幕墙、涂料、砌筑等外装修，也可以用于其他高空作业，外墙翻新，幕墙清洁与维修，高空竖井顶棚的装修及维护。随着国家劳动力成本的不断提高，对施工安全、施工环境要求更高，这种施工技术也将越来越多的在工程中得到应用，前景十分广阔。

4.塔式起重机盲区可视化引导系统

（1）研发背景与目的

施工吊装作业中，经常存在高层建筑塔机操作室位置高或者塔机进行"隔山吊"的情况，上述工况将导致司机无法看到吊钩，司机操作比较盲目，工作时精神比较紧张，容易因疲劳而造成严重事故。此外，由于塔机高、钢绳多层缠绕，会出现乱绳的情况。因此，也需要对起升卷扬排绳进行视频监控。

（2）塔机盲区可视化引导系统工作原理

塔机盲区可视化引导系统由前端数据采集、中端数据上传、末端视频监控三部分组成。通过安装在起重臂臂尖以及吊钩处的高清数码摄像机，将实时图像清晰地传输至驾驶室的显示屏及其他显示终端上。帮助塔式起重机司机及远程监控人员全过程观察吊物状态，保障吊装过程安全。基本原理如下：

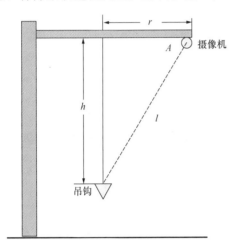

图 5-7　视屏跟踪图

1）视屏跟踪

如图 5-7 所示，摄像机安装在起重臂前端。通过精密传感器实时采集小车幅度 r 和高度数据 h，计算出镜头的目标倾斜角度 A，通过对云台的控制保证摄像机镜头的倾斜角度视镜头始终对准吊钩。

对于一些特殊的动臂塔机，有时塔机高度不易检测，我们可以将摄像头安装在起重臂前端，系统检测起重臂的俯仰角，通过控制球机保证摄像头对准吊钩；视频图像存储在设备内置的固态硬盘中，可以存储视屏录像，方便事故原因的定位。

2）倍率调整

对于大部分塔机，通过参数实时计算镜头和吊钩的距离 l，根据这个距离可以实时控制镜头的倍数，使吊钩图像清晰地呈现在塔式起重机驾驶舱内的显示器上，指导司机的正确操作。

对于一些动臂塔机，摄像头安装在起重臂前端，系统可以通过脚踏板控制镜头放大倍率，司机可以根据现场情况对倍数进行人为调整。

3）远程监控

为了便于高空塔机作业的落地化管理，根据客户对监管要求不同，需要将视频监控的信息传输到地面或远程平台。采用如图 5-8 所示的无线传输方案：

通过安装在顶升套架上的无线网桥，将视频信号无线传输到地面，一般情况一台塔机上与地面配对使用一组无线网桥进行无线桥接。桥接后视频信号接入施工现场的局域网中，局域网内的所有设备均可通过监控软件查看塔机上的视频信号，实现塔机视频信号的本地访问。若项目部连接了互联网，经过配置后互联网中的其他计算机，也可通过 IP 地址利用工地的无线链路访问到塔机的视频信号，实现塔机视频信号的远程访问。

4）超高层塔机的特殊性及应对措施

超高层塔机有几个特殊的地方：阳光照射强；监控距离远（大约 400m）；雷击干扰的可能性大。对于上述问题，可以采用以下措施：

① 阳光照射强的问题，采用高亮度监视器和一些辅助性的遮光措施，以保证在强光照射下，司机仍然可以清除地看清视频图像。

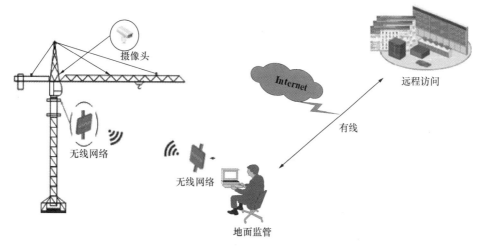

图 5-8　远程监控

② 监控距离远的问题，采用海康威视的 200 万像素星光级激光网络高清高速智能球机，40 倍光学变倍，监控距离可达 500m，可以满足要求。

③ 雷击干扰可能性大的问题，设备外部增加防雷设施，电源之前增加浪涌防护电路，以保证设备不受干扰地正常工作。

（3）塔式起重机吊钩视频监控系统应用情况

塔机吊钩视频监控系统解决了塔司工作时的可视化问题。实现塔式起重机司机无死角监控吊运范围，减少盲吊所导致的事故，对地面指挥进行有效补充，保障大型设备正常运行（图 5-9、图 5-10）。

图 5-9　吊钩检测影像

图 5-10　影像显示效果

5. 智能顶升钢平台

（1）智能顶升钢平台组成（图 5-11、图 5-12）

智能顶升钢平台主要由支撑与顶升系统、模板系统、钢框架系统、附属设施系统、挂架系统及动力系统组成，核心筒被全封闭的挂架"包裹"着，工人作业区域形成了一个相对封闭、安全的作业空间。引进智能综合监控系统，可实时监测平台的应力、应变、平整度、垂直度及风速风向等信息，油缸抗弯、平台抗侧及防坠等装置，进一步保证平台的运行安全。智能顶升钢平台的应用使超高层建筑施工的安全性得到大大的提升，已先后成功应用于深圳华润湾、福州世茂、武汉中心、北京中国尊、天津 117 大厦、武汉绿地中心等近 20 个国内知名的超高层建筑。

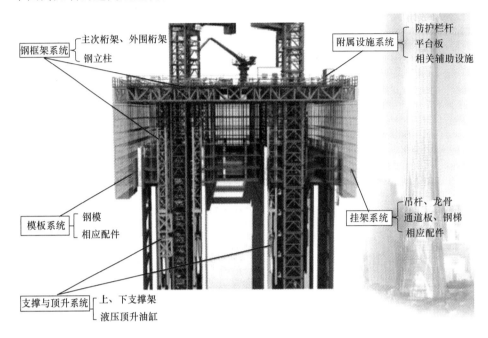

图 5-11　模架立面图

图 5-12　架立面分区图

钢框架系统主要由主桁架、次桁架、外围框架等组成，钢框架系统构成整个顶升钢平台受力骨架。顶升钢平台运行时，模板、挂架及附属设施依托主、次桁架附着在架体上，各系统随同顶升钢平台同步提升。钢框架系统类似巨型"钢罩"扣在核心筒上部，通过支撑与顶升系统支撑在内核心筒墙体上，将模架的荷载传递至待浇筑混凝土楼层以下的结构上。核心筒施工时作业人员利用钢框架的下挂架作为作业面焊接钢构件、绑扎钢筋、支设模板、浇筑混凝土。顶升钢平台整体随着核心筒施工高度的增加，利用支撑与顶升系统不断向上爬升，完成上部混凝土墙体的施工作业。

（2）顶升原理

核心筒施工时，先吊装完成上层核心筒劲性钢构件，绑扎上层核心筒钢筋，此时整个平台荷载通过上、下支撑架，将荷载传递到达核心筒墙体上。待钢筋绑扎完成及下层混凝土达到强度后，拆开钢模板开始顶升，顶升时，仅下支撑架支撑在核心筒墙体上，处于上下支撑架之间的主油缸活塞杆向上伸出，上支撑架随顶升钢平台整体一起顶升，顶升到位后上支撑架支撑至上层核心筒墙体，并牢固咬合在上层墙体的承力件上，模板随智能顶升钢平台一起提一个结构层，就位后通过主油缸活塞杆回收提升下支撑架，下支撑架咬合固定至上层墙体的承力件后，完成顶升过程。调整模板，合模固定后，浇筑混凝土（图5-13）。

图 5-13　整体效果图及应用

（3）智能顶升钢平台优势

智能顶升钢平台创新及优势主要体现在以下四个方面：

1）结构体系多支撑点，支点占用空间小、系统整体性好，承载力大，抗侧刚度大；

2）设计有可周转承力件，具备模板功能，可周转使用，不破坏原结构；

3）各关键点均配设有监测装置，可实时监控顶升平台的运行状态作、环境情况，确保顶升钢平台运行安全可靠；

4）自适应支撑架，自动咬合承力件，同时抵抗竖向力及弯矩。

（二）其他部委的要求、规范

1. 公路水运工程安全生产监督管理办法

公路水运工程安全生产监督管理办法（中华人民共和国交通运输部令2017年第25号）对危险性较大的分部分项工程的管理做如下规定：

第九条　国家鼓励和支持公路水运工程安全生产科学技术研究成果和先进技术的推广应用，鼓励从业单位运用科技和信息化等手段对存在重大安全风险的施工部位加强监控。

第十九条　翻模、滑（爬）模等自升式架设设施，以及自行设计、组装或者改装的施工挂（吊）篮、移动模架等设施在投入使用前，施工单位应当组织有关单位进行验收，或者委托具有相应资质的检验检测机构进行验收。验收合格后方可使用。

第二十四条　公路水运工程建设应当实施安全生产风险管理，按规定开展设计、施工安全风险评估。

设计单位应当依据风险评估结论，对设计方案进行修改完善。

施工单位应当依据风险评估结论，对风险等级较高的分部分项工程编制专项施工方案，并附安全验算结果，经施工单位技术负责人签字后报监理工程师批准执行。

必要时，施工单位应当组织专家对专项施工方案进行论证、审核。

第三十五条中规定项目负责人对项目安全生产工作负有：依据风险评估结论，完善施工组织设计和专项施工方案的职责。

第四十条　施工单位应当建立健全安全生产技术分级交底制度，明确安全技术分级交底的原则、内容、方法及确认手续。

第五十五条中规定，从业单位及相关责任人未按批准的专项施工方案进行施工，导致重大事故隐患的，逾期未改正的，对从业单位处 1 万元以上 3 万元以下的罚款；构成犯罪的，依法移送司法部门追究刑事责任。

2. 公路工程施工安全技术规范（JTG F90—2015）

由交通运输部发布的《公路工程施工安全技术规范》JTG F90—2015 对危险性较大的分部分项工程的安全管理做如下规定：

3.0.2　公路工程施工应进行现场调查；应在施工组织设计中编制安全技术措施和施工现场临时用电方案；对于危险性较大的工程应编制专项施工方案，并附具安全验算结果，或组织专家进行论证、审查。

在附录 A 中对危险性较大的工程的分类见下表

序号	类别	需编制专项施工方案	需专家论证、审查
1	基坑开挖、支护、降水工程	1. 深度不小于 3m 的基坑（槽）、开挖、支护、降水工程。 2. 深度小于 3m 但地质条件和周边环境复杂的基坑（槽）、开挖、支护、降水工程	1. 深度不小于 5m 的基坑（槽）、开挖、支护、降水工程 2. 开挖深度虽小于 5m，但地质条件、周围环境和地下管线复杂，或影响毗邻建筑（构）筑物安全，或存在有毒有害气体分布的基坑（槽）的土方开挖、支护、降水工程
2	滑坡处理和填、挖方路基工程	1. 滑坡处理。 2. 边坡高度大于 20m 的路堤或地面斜坡坡率陡于 1：2.5 的路堤，或不良地质地段、特殊岩土地段的路堤。 3. 土质边坡高度大于 20m，或岩质边坡高度大于 30m 的，或不良地质、特殊岩土地段的挖方边坡	1. 中型及以上滑坡处理。 2. 边坡高度大于 20m 的路堤或地面斜坡坡率陡于 1：2.5 的路堤，且处于不良地质地段、特殊岩土地段的路堤。 3. 土质边坡高度大于 20m，或岩质边坡高度大于 30m 的，且处于不良地质、特殊岩土地段的挖方边坡
3	基础工程	1. 桩基础。 2. 挡土墙基础。 3. 沉井等深水基础	1. 深度不小于 15m 的人工挖孔桩，或开挖深度不超过 15m 但地质条件复杂或存在有害气体分布的人工挖孔桩工程。 2. 平均高度不小于 6m 且面积不小于 1200m² 的砌体挡土墙的基础。 3. 水深不小于 20m 的各类深水基础

序号	类别	需编制专项施工方案	需专家论证、审查
4	大型临时工程	1. 围堰工程。 2. 各类工具式模板工程。 3. 支架高度不小于 5m；跨度不小于 10m，施工总荷载不小于 10kN/m²；集中荷载不小于 15kN/m²。 4. 搭设高度超过 24m（含 24m）的落地式钢管脚手架；附着式整体与分片提升式脚手架；悬挑式脚手架；吊篮脚手架；自制卸料平台、移动操作平台；新型及异型脚手架。 5. 挂篮。 6. 便桥、临时码头。 7. 水上作业平台	1. 水深不小于 10m 的围堰工程。 2. 高度不小于 40m 的墩柱、高度不小于 100m 索塔的滑模、爬模、翻模工程。 3. 支架高度不小于 8m；跨度不小于 18m，施工总荷载不小于 15kN/m²；集中荷载不小于 20kN/m²。 4. 50m 及以上落地式钢管脚手架工程；用于钢结构安装等满堂承重支撑体系，承受单点集中荷载 7kN 以上。 5. 猫道、移动模架
5	桥涵工程	1. 桥梁工程中的梁、拱、柱等构件施工。 2. 打桩船作业。 3. 施工船作业。 4. 边通航边施工作业。 5. 水下工程中的水下焊接、混凝土浇筑等。 6. 顶进工程。 7. 上跨或下穿既有公路、铁路、管线施工	1. 长度不小于 40m 的预制梁的运输与安装，钢箱梁吊装。 2. 长度不小于 150m 的钢管拱的安装施工。 3. 高度不小于 40m 的墩柱、高度不小于 100m 的索塔等的施工。 4. 离岸无掩护条件下的桩基施工。 5. 开敞式水域大型预制构件的运输与吊装作业。 6. 在三级及以上通航等级的航道上进行的水上水下施工。 7. 转体施工
6	隧道工程	1. 不良地质隧道。 2. 特殊地质隧道。 3. 浅埋、偏压及邻近建筑物等特殊环境条件隧道。 4. Ⅳ级及以上软弱围岩地段大跨度隧道。 5. 小净距隧道。 6. 瓦斯隧道	1. 隧道穿越岩溶发育区、高风险断层、沙层、采空区等工程地质或水文地质条件复杂地质环境；Ⅴ级连续长度占总隧道长度 10% 以上且连续长度超过 100m；Ⅵ级围岩的隧道工程。 2. 软岩地区的高地应力区、膨胀岩、黄土、冻土等地段。 3. 埋深小于 1 倍跨度的浅埋地段；可能产生坍塌或滑坡的偏压地段；隧道上部存在需要保护的建筑物地段；隧道下穿水库或河沟地段。 4. Ⅳ级及以上软弱围岩地段的跨度不小于 18m 的特大跨度隧道。 5. 连拱隧道；中夹岩柱小于 1 倍隧道开挖跨度的小净距隧道。 6. 高瓦斯或瓦斯突出隧道。 7. 水下隧道

序号	类别	需编制专项施工方案	需专家论证、审查
7	起重吊装工程	1. 采用非常规起重设备、方法，且单件起重重量在 10kN 及以上的起重吊装工程。 2. 采用起重机械进行安装的工程。 3. 起重机械设备自身的安装、拆卸	1. 非常规起重设备、方法，且单件起吊重量在 100kN 及以上的起重吊装工程。 2. 起吊重量在 300kN 及以上的起重设备的安装、拆卸工程
8	拆除、爆破工程	1. 桥梁、隧道拆除工程。 2. 爆破工程	1. 大型及以上桥梁拆除工程。 2. 一级及以上公路隧道拆除工程。 3. C 级及以上爆破工程、水下爆破工程

3.0.3 公路工程施工前应进行危险源辨识，并应按要求对桥梁、隧道、高边坡路基等工程进行施工安全风险评估，编制风险评估报告，现场应进行风险监控。风险评估报告的内容包括下列内容：

1. 编制依据

（1）项目风险管理方针及策略。

（2）相关的国家和行业标准、规范及规定。

（3）项目设计和施工方面的文件。

（4）项目各阶段（工程可行性研究、初步设计、详细设计等）审查意见。

（5）设计阶段风险评估成果。

2. 工程概况

3. 评估过程和评估方法

4. 评估内容

（1）总体风险评估。

（2）专项风险评估，包括风险源普查、辨识、分析以及重大风险源的估测。

5. 对策措施及建议

6. 评估结论

（1）重大风险源等级汇总。

（2）Ⅲ级和Ⅳ级风险存在的部位、方式等情况。

（3）分析评估结果的科学性、可行性、合理性及存在的问题。

3.0.5 公路工程施工前应逐级进行安全技术交底；主要包括安全技术要求、风险状况、应急处置措施等内容。

3.0.10 公路工程施工前，应全面检查施工现场、机具设备及安全防护设施等，施工条件应符合安全要求；用于施工临时设施受力构件的周转材料，使用前应进行材质检验。

3. 水利工程建设安全生产管理规定（水利部令第 26 号）

由水利部部发布的水利工程建设安全生产管理规定（水利部令第 26 号）对危险性较大的分部分项工程的安全管理做如下规定：

第九条 项目法人应当组织编制保证安全生产的措施方案，自工程开工之日起 15 个工作日内报有管辖权的水行政主管部门、流域管理机构或者其委托的水利工程建设安全生产监督机构（以下简称安全生产监督机构）备案。建设过程中安全生产的情况发生变化时，应当及时对保证安全生产的措施方案进行调整，并报原备案机关。

保证安全生产的措施方案应当根据有关法律法规、强制性标准和技术规范的要求并结合工程的具体情况编制，应当包括以下内容：

（一）项目概况；

（二）编制依据；

（三）安全生产管理机构及相关负责人；

（四）安全生产的有关规章制度制定情况；

（五）安全生产管理人员及特种作业人员持证上岗情况等；

（六）生产安全事故的应急救援预案；

（七）工程防汛方案、措施；

（八）其他有关事项。

第二十三条　施工单位应当在施工组织设计中编制安全技术措施和施工现场临时用电方案，对下列达到一定规模的危险性较大的工程应当编制专项施工方案，并附具安全验算结果，经施工单位技术负责人签字以及总监理工程师核签后实施，由专职安全生产管理人员进行现场监督：

（一）基坑支护与降水工程；

（二）土方和石方开挖工程；

（三）模板工程；

（四）起重吊装工程；

（五）脚手架工程；

（六）拆除、爆破工程；

（七）围堰工程；

（八）其他危险性较大的工程。

对前款所列工程中涉及高边坡、深基坑、地下暗挖工程、高大模板工程的专项施工方案，施工单位还应当组织专家进行论证、审查。

第六章 建筑施工企业安全检查及隐患排查

一、建筑施工企业安全生产标准化及考评

（一）建筑施工企业安全生产标准化

建筑施工企业在建筑施工活动中，贯彻执行建筑施工安全法律法规和标准规范，建立企业和项目安全生产责任制，制定安全管理制度和操作规程，监控危险性较大分部分项工程，排查治理安全生产隐患，使人、机、物、环始终处于安全状态，形成过程控制、持续改进的安全管理机制。

（二）考评细则

建筑施工企业应当建立健全以项目负责人为第一责任人的项目安全生产管理体系，依法履行安全生产职责，实施项目安全生产标准化工作。

建筑施工项目实行施工总承包的，施工总承包单位对其承包合同范围内的工程项目安全生产标准化工作负总责，施工总承包单位应当组织专业分包单位等开展项目安全生产标准化工作。建筑施工项目实行专业承包的，由施工许可信息载明的施工单位参照施工总承包单位职责组织项目安全生产标准化工作，其他单位应服从该施工单位的管理。

建筑施工项目应当成立由施工总承包、专业分包单位或专业承包单位项目部组成的项目安全生产标准化自评机构，建立项目安全生产标准化自评管理制度，在项目施工过程中每月应依据《建筑施工安全检查标准》JGJ 59 等开展安全生产标准化自评工作。

（三）考评标准

该检查表根据《建筑施工安全检查标准》JGJ 59—2011 制订而成，以汇总表的总得分及保证项目达标与否，作为对一个施工现场安全生产情况的评价依据，分为优良、合格、不合格三个等级。具体要求如下：

1. 在安全管理、文明施工、脚手架、模板工程、高处作业、施工用电、物料提升机与施工升降机、塔式起重机与起重吊装、施工机具共十项检查评分表中，设立了保证项目和一般项目，保证项目应是安全检查的重点和关键。

2. 各分项检查评分表中，满分为 100 分。表中各检查项目得分应为按规定检查内容所得分数之和。每张表总得分应为各自表内各检查项目实得分数之和。

优良：保证项目分值均应达到规定得分标准，汇总表得分值应在 80 分及以上；

合格：1）保证项目分值均应达到规定得分标准，汇总表得分值应在 70 分及以上；2）有一份表未得分，但汇总表得分值必须在 75 分及以上；3）当起重吊装检查评分表或施工机具检查评分表未得分，但汇总表得分值在 80 分及以上。

不合格：1）汇总表得分值不足 70 分；2）有一份表未得分，且汇总表得分在 75 分以下；3）当起重吊装检查评分表或施工机具检查评分表未得分，且汇总表得分值在 80 分以下。

二、场地管理与文明施工

（一）场地管理

1. 现场围挡

市区主要路段的工地应设置高度不小于 2.5m 的封闭围挡，一般路段的工地应设置高度不小于 1.8m 的围挡，围挡可选用砌块、金属板等刚性材料，严禁使用彩条布、安全网或其他可燃及不稳固的材料。同时保证围挡的坚固、稳定、整洁、美观。

施工围挡宜全封闭设置，各进出口应设置大门，并设备门卫值班室，配备门卫值守人员，建立门卫值守管理制度，所有进入现场的人员需佩戴工作卡。

2. 场地布置

（1）生活区、施工现场、办公区及主道路的设置必须符合总平面图，生活区严禁堆放可燃、易燃材料，场地要保持干净、清洁，设置相应排水措施，消防道路必须保持通畅，并设置人员疏散场地。

（2）宿舍内严禁使用通铺，设置开启式窗户，床铺不得超过 2 层，通道宽度不应小于 0.9m，宿舍内住宿人员人均面积不应小于 2.5m²，且不得超过 16 人。

（3）施工现场各种材料、构件必须按照平面图位置堆码，同时必须按品种、分规格堆放、并设置明显的标牌，作业层及其他楼层内的物料必须工完场清，易燃易爆物品不得混放，设置专门的存放仓库，并且在使用和储存的过程中，必须有防暴晒、防火等措施。

（4）施工现场、材料存放区须与办公区、生活区划分清晰，如达不到安全距离，需有隔离和安全防护措施。

（5）施工现场主要道路必须采用混凝土或其他硬质路面，做到平整、坚实，并且保证主干道为环形道路或布置两个及以上不同方向的出入口，保证道路通畅，同时道路宽度应满足规范要求。

（6）对现场易产生扬尘或裸土的地面或土方需采取合理严密的防尘及覆盖措施，同时设置相应降尘和车辆冲洗措施。

3. 进出场管理

进入现场的施工人员必须进行三级教育，考核合格后方可下发工作卡，施工人员凭借工作卡，方可进入施工现场。

车辆进入现场前，项目部针对现场安全隐患分布和进场注意事项对司机及随车人员进行交底，并且保证配备好安全防护，同时必须办理入场车辆登记牌，方可进入现场。

进入现场的车辆必须具有设备合格证、行驶证、机动车检验合格证、《汽车吊需要提交起重进行定期检验报告》、安全检验合格证等，车辆停放必须经过项目部相关人员同意，汽车吊等吊装车辆必须办理《吊装许可证》，现场内车辆行驶严禁超速，不遵守场内行驶规定等现象。

进场材料必须经过项目材料员、施工员等其他人员核对和允许后方可进入，材料出场时仍需经项目相关责任人检查后方可离场。

（二）文明施工

1. 材料管理

根据施工现场总平面布置图和消防安全相关规范，按照指定地点合理存放材料，各种材料、构件、工具等必须按照品种、分规格堆放，并设置明显标牌。各种物料堆放必须整齐，砌块、砂、石等材料成方，大型工具应一头齐，钢筋、构件、钢模板应使用垫板，并且堆放整齐。

可燃、易燃材料堆场周边需配备足够的消防器材，同时防火间距符合相关规范要求，现场存放钢筋、水泥等需要质量和环境保护要求等材料，需要采取防雨、防锈蚀、防尘等措施。

2. 工完场清

为了保证现场的文明施工形象，消除火灾隐患，工人下班前，必须保证作业层内材料均已按照要求堆放整齐，边角余料得到集中和处理，可燃、易燃材料必须按要求堆放到指定场所，同时检查消防器材的配备情况。

3. 公示标牌

大门口处应设置明显整齐的公示标牌，主要包括"五牌一图"，工程概况牌、管理人员名单及监督电话牌、消防保卫牌、安全生产牌、文明施工牌、施工现场总平面图，公示牌内容可根据企业标准和地方标准制定和调整。标牌要求内容明确、文字清晰、整齐、字体统一。

施工现场应设置公示栏、宣传栏、读报栏等，公示奖惩、重要通知和相关规定，加强施工现场的管理宣传，普及安全技术知识。

为进一步提高安全宣传、加强安全警示，施工现场起重机械、脚手架、"四口"、"五临边"、危险品仓库等，和其他重大危险源和危险作业场所需设置明显的安全警示标识，对夜间施工或人员经常通过的危险区域、设施，应安装灯光警示标志。

4. 环境治理

施工单位应当遵守国家有关环境保护的法律规定，采取措施控制施工现场的各种粉尘、废气、废水、固体废弃物以及噪声、振动对环境的污染和危害。所需费用应列入建设工程造价。工程施工组织设计中应有防治扬尘、噪声、粉尘、废气、废水、固体废弃物等污染环境的有效措施，并在施工过程中得以实施。同时应建立环境保护管理体系，责任落实到人，并保证有效运行。

施工区域应与非施工区域隔开，防止施工污染施工区域以外的环境。施工现场的运输车辆不得带泥砂出场。细颗粒的散体材料装卸运输时，应当采取遮盖措施，并做好沿途不遗撒扬尘的措施，车辆清洗应当在指定区域进行。施工垃圾应及时清运一到指定消纳场所。

生活区公共区域环境必须保证干净、整洁，排水沟通畅、垃圾定期清运，由专人负责，宿舍内日活用品摆放整齐，室内无异味，地面干净。

三、模板支撑工程安全技术要点

（一）施工方案

搭设高度 5m 及以上；搭设跨度 10m 及以上；施工总荷载 10kN/m² 及以上；集中线荷载 15kN/m² 及以上；高度大于支撑水平投影宽度且相对独立无联系构件的混凝土模板支撑工程需编制专项施工方案。附有结构设计计算书。其中，模板支撑工程中搭设高度 8m 及以上；搭设跨度 18m 及以上，施工总荷载 15kN/m² 及以上；集中线荷载 20kN/m² 及以上的混凝土模板支撑工程，施工单位应当组织专家对专项方案进行论证。

工具式模板工程：包括滑模、爬模、飞模工程，需编制专项施工方案，同时施工单位应当组织专家对专项方案进行论证。

（二）架体设置

1. 钢管的材质

钢管应采用现行国家标准《直缝电焊钢管》GB/T 13793 或《低压流体输送用焊接钢管》GB/T 3091 中规定的 Q235 普通钢管，钢管的钢材质量应符合现行国家标准《碳素结构钢》GB/T 700 中 Q235 级钢的规定。脚手架钢管应采用 φ18.3×3.6 钢管，每根钢管的最大质量不应大于 25.8kg。

扣件应采用可锻铸铁或铸钢制作，其质量和性能应符合现行国家标准《钢管脚手架扣件》GB 15831 的规定，采用其他的材料制作的扣件，应经试验证明其质量符合该标准的规定后方可使用。扣件在螺栓拧紧扭力矩达到 65N·m 时，不得发生破坏。

模板支撑杆件的弯曲、变形和锈蚀程度应在相应规范允许范围之内。

2. 架体基础

模板支撑体系地基基础承载力应符合专项施工方案的要求，并应能承受模板支撑体系上的全部荷载。压实填土地基应按现行国家标准《建筑地基基础工程质量验收规范》GB 50202 的要求，模板支撑体系设在室外时，基础应设排水设施，并保证排水顺畅、不积水。

基础设在压实填土地基上时，立杆底部必须加设垫板和底座，垫板应有足够的强度，长度不宜小于 2 倍的立杆间距，宽度不小于 200mm，厚度不小于 50mm，加设底座能有效地减少立杆对垫板的压强，并保证模板体系的整体稳定。

模板支撑高度 8m 及以上或施工荷载 15kN/m² 及以上时，应分层压实填土，并宜浇筑混凝土垫层。混凝土垫层厚度应经设计计算确定。

3. 杆件的设置

模板支撑体系的立杆接长应采取对接、套接或承插式连接等连接方式，相邻立杆接头应按照规范要求错开布置，模板支架的立杆严禁采用搭接接长使用，以防造成杆件偏心受力及扣件螺栓受剪破坏。模板支撑体系水平杆件应根据选用架体的相应规范要求连接固定。

扣件式钢管模板支撑体系的剪刀撑，搭接长度不应小于 1m，并应等间隔设置 2 个及以上旋转扣件固定。扣件式钢管支撑体系各杆件扣件紧固力矩严禁小于 40N·m。其他模板支撑体系各杆件节点的连接紧固应符合规范要求。

满堂支撑架应根据架体的类型设置剪刀撑，并应符合下列规定：

（1）普通型

1）在架体外侧周边及内部纵、横向每5～8m，应由底至顶设置连续竖向剪刀撑，剪刀撑宽度应为5～8m；

2）在竖向剪刀撑顶部交点平面应设置连续水平剪刀撑。当支撑高度超过8m，或施工总荷载大于15kN/m²，或集中线荷载大于20kN/m的支撑架，扫地杆的设置层应设置水平剪刀撑。水平剪刀撑至架体底平面距离与水平剪刀撑间距不宜超过8m（图6-1）。

（2）加强型

1）当立杆纵、横间距为0.9m×0.9m～1.2m×1.2m时，在架体外侧周边及内部纵、横向每4跨（且不大于5m），应由底至顶设置连续竖向剪刀撑，剪刀撑宽度应为4跨。

2）当立杆纵、横间距为0.6m×0.6m～0.9m×0.9m（含0.6m×0.6m，0.9m×0.9m）时，在架体外侧周边及内部纵、横向每5跨（且不小于3m），应由底至顶设置连续竖向剪刀撑，剪刀撑宽度应为5跨。

3）当立杆纵、横间距为0.4m×0.4m～0.6m×0.6m（含0.4m×0.4m）时，在架体外侧周边及内部纵、横向每3～3.2m应由底至顶设置连续竖向剪刀撑，剪刀撑宽度应为3～3.2m。

4）在竖向剪刀撑顶部交点平面应设置水平剪刀撑，扫地杆的设置层水平剪刀撑的设置应符合《钢管脚手架》GB 15831 6.9.3条第一款第二项的规定，水平剪刀撑至架体底平面距离与水平剪刀撑间距不宜超过6m，剪刀撑宽度应为3～5m（图6-2）。

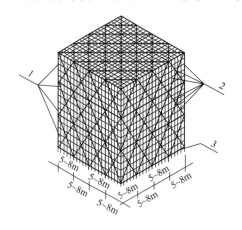 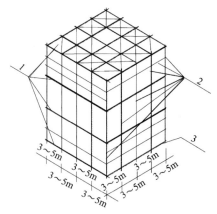

图6-1　普通型水平、竖向剪刀撑布置图　图6-2　加强型水平、竖向剪刀撑构造布置图
1—水平剪刀撑；2—竖向剪刀撑；　　　　　1—水平剪刀撑；2—竖向剪刀撑；
3—扫地杆设置层　　　　　　　　　　　3—扫地杆设置层

（三）混凝土浇筑

为了保证模板支撑体系的稳定性，消除安全隐患，因此在浇筑混凝土之前施工单位必须组织相关验收，验收内容包括：模板支撑体系的扣件、杆件，地基基础，架体材质，安全防护，悬挑外脚手架的预留预埋等。

浇筑混凝土之前，需由技术部门组织，安全部、工程部、监理等对模板支撑体系进行验收，验收通过后方可浇筑凝土。

（四）架体拆除

1. 模板拆除的要求

（1）架体拆除前应全面检查脚手架的连接、支撑体系等是否符合构造要求，经按技术管理程序批准后方可实施拆除作业。脚手架拆除前现场工程技术人员应对在岗操作工人进行有针对性的安全技术交底。脚手架采取分段、分立面拆除时，必须事先确定分界处的技术处理方案。

（2）拆除前应清理脚手架上的器具及多余的材料和杂物。脚手架拆除时必须划出安全区，设置警戒标志，派专人看管。拆除作业应从顶层开始，逐层向下进行，严禁上下层同时拆除。拆除的构配件应成捆用起重设备吊运或人工传递到地面，严禁抛掷。拆除的构配件应分类堆放，以便于运输、维护和保管。

（3）模板拆除均要以同条件混凝土试块的抗压强度报告为依据，填写拆模申请单，由项目工长和技术负责人签字后报送监理审批方可生效执行。

2. 模板拆除的顺序

（1）模板拆除顺序与安装顺序相反，先支后拆，后支先拆，先拆非承重模板，后拆承重模板。模板拆除方法为：将旋转可调支撑向下退 100mm，使龙骨与板脱离，先拆主龙骨，再拆次龙骨，最后取顶板模。待顶板上木料拆完后，再拆钢管架。

（2）拆除大跨度梁板模时，宜先从跨中开始，分别拆向两端。当局部有混凝土吸附或粘接模板时，可在模板下口接点处用撬棍松动，禁止敲击模板。模板在撬松后，未吊运走前，必须用锁具锁住，以防模板倒塌。

（五）安全防护

1. 脚手板

为了方便工人行走，保证人身安全，分层搭设的模板支撑体系需在搭设完本层模板支撑体系时，搭设安全通道，可采用冲压钢脚手板、木脚手板、竹串片脚手板等。

作业层的脚手板应铺满、铺稳、铺实，脚手板的铺设应采用对接平铺或搭接铺设，脚手板对接平铺时，接头处应设两根横向水平杆，脚手板外伸长度应取 130～150mm，两块脚手板外伸长度的和不应大于 300mm，脚手板搭接铺设时，接头应支在水平杆上，搭设长度不应小于 200mm，其伸出横向水平杆的长度不应小于 100mm（图 6-3）。作业层端部脚手板探头长度应取 150mm，其板的两端均应固定在支承杆件上。

2. 临边洞口防护

搭设模板支撑体系时，需提前考虑施工层临边和洞口的防护。施工层洞口需在搭设模板支撑体系前设置安全防护措施。

当垂直洞口短边边长小于 500mm 时，应采取封堵措施，当垂直洞口短边边长不小于 500mm 时，应在临空一侧设置高度不小于 1.2m 的防护栏杆，并应采用密目式安全立网或工具式栏板封闭，设置挡脚板；当非垂直洞口短边尺寸为 25～500mm 时，应采用承载力满足要求的盖板覆盖，盖板四周搁置应均衡，且应防止盖板移位；当非垂直洞口短边边

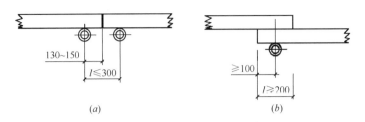

图 6-3　脚手板对接、搭接构造

(*a*) 脚手板对接；(*b*) 脚手板搭接

长为 500～1500mm 时，应采用专项设计盖板覆盖，并应采取固定措施；当非垂直洞口短边边长不小于 1500mm 时，应在洞口作业侧设置高度不小于 1.2m 的防护栏杆，并应采用密目式安全立网或工具式栏杆封闭，洞口采用安全平网封闭。

同时模板支撑体系的立杆严禁设置在洞口的盖板上，如无法避免，则根据方案要求，可设置工字钢受力或其他加固措施，严禁立杆悬空或歪斜。

（六）行为管理

模板支撑体系搭设、拆除作业前，施工负责人应按照专项施工方案及有关规范要求，结合施工现场作业条件和施工实际情况，作详细的安全技术交底，交底应形成书面蚊子记录并由相关责任人签字确认。

依据现行行业标准《建筑施工模板安全技术规范》JGJ 162 等有关规范要求，模板支架在搭设、施工的不同阶段应及逆行相应的验收检查，确认符合要求后，才可进行下一步作业或投入使用。

架体验收内容应依据专项施工方案及规范要求制定，验收应有量化内容，特别对扣件紧固力矩、连墙件的间距等应进行实测，验收结果应经相关责任人签字确认。

四、脚手架工程安全技术要点

（一）施工方案

专项施工方案内容应包括：工程概况、编制依据、架体选型、架体构配件要求、架体搭设施工方案（基础处理、杆件间距、连墙件位置、连接方法及有关详图）、架体搭设、拆除安全技术措施、架体基础、连墙件及各受力杆件设计计算等内容。专项施工方案应经单位技术负责人审核、审批后方可实施。

搭设高度超过 50m 的双排脚手架，可采用双管立杆搭设、分段卸荷形式（及分段悬挑脚手架），其设计计算成熟、材料周转率高、安全性能可靠。

（二）扣件式钢管脚手架设置

1. 钢管的材质

钢管应采用 Q235 普通钢管，管径宜采用 Φ18.3×3.6mm，每根钢管最大质量不应大于 25.8kg。脚手架钢管弯曲、变形、锈蚀程度超过规范允许值时，不允许在脚手架的搭设作业中使用。

扣件是连接固定架体各杆件的主要配件，只有当紧固力矩达到40N·m时，才能保证脚手架的承载力和整体稳定，但由于扣件的材料低劣，加工粗糙，不能达到标准要求，造成脚手架坍塌的事故屡屡发生，所以扣件进场必须有产品合格证，同时也应按规定进行复试，技术性能必须符合标准规定。

2. 架体基础

当脚手架的搭设基础为自燃原状土或回填土层时，首先要对立杆基础土层部分进行平整夯实，再按照规范要求设置底座和垫板，垫板可以选用脚手板，长度不小于2倍立杆跨距，厚度不小于50mm，宽度不小于200mm，以保证架体立杆受力均匀。

当脚手板搭设的基础为永久性建筑结构混凝土基面时，立杆下可不设垫板，但必须保证混凝土结构承载力能满足全高架体及架体上施工荷载的要求。

脚手架立杆基础上采用可靠的排水措施，有效防止因雨水囤积导致地基不均匀沉降，进而危及脚手架整体稳定的情况。基础的标高应高于自然地坪50～100mm。

纵向扫地杆应采用直角扣件固定在距钢管低端不大于200mm处的立杆上。横向扫地杆应采用直角扣件固定在紧靠纵向扫地杆下方的立杆上，设置纵横向扫地杆的目的在于固定立杆底部，约束立杆水平位移及不均匀变形。

当脚手架立杆基础不在同一高度上时，必须将高处的纵横向扫地杆向低处延长两跨与立杆固定，高低差不应大于1m，靠边坡上方的立杆轴线到边坡距离不应小于500mm（图6-4），以保证脚手架根部的稳定。

3. 杆件的设置

（1）剪刀撑与杆件间距

高度在50m以内的架体，其立杆、纵横向水平杆间距一般选用的是规范中的构造尺寸，当架体搭设高度超过50m或架体存在开洞、异性转角等特殊情况时，对架体杆件间距进行的加密或加强均需依照规范要求进行相关设计计算。

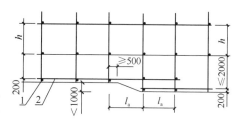

图6-4　纵、横向扫地杆构造
1—横向扫地杆；2—纵向扫地杆

每道剪刀撑宽度不应小于4跨，且不应小于6m，斜杆与地面的倾角应在45°～60°之间。高度在24m以下的单、双排脚手架，均必须在外侧两端、转角及中间间隔不超过15m的立面上，各设置一道由底到顶连续的剪刀撑。高度在24m以上的双排脚手架应在外侧立面沿高度和长度方向连续设置剪刀撑（图6-5）。

剪刀撑斜杆的接长度应采用搭设，搭接长度不应小于1m，并采用不小于2个旋转扣件固定，端部扣件盖板的边缘至杆端距离不应小于100mm。剪刀撑斜杆应用扣件固定在与之相交的横向水平杆的伸出端或立杆上（即要求剪刀撑斜杆应贯穿架体主节点），扣件中心线至主节点的距离不应大于150mm，以保证剪刀撑的有效传力，减少对立杆中间薄弱部位的侧向受力。

（2）杆件连接

纵向水平杆应设置在立杆的内侧，可以减小横向水平杆跨度，便于安装剪刀撑，纵向水平杆长度不应小于3跨，接长应采用对接扣件连接或采用搭接接长。纵向水平杆搭接长

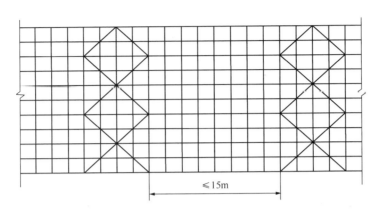

图 6-5　高度 24m 以下剪刀撑布置

度不应小于 1m，应等间距设置 3 个选择扣件固定；端部扣件盖板边缘至搭接杆端的距离不应小于 100mm。

两根相邻纵向水平杆或立杆的接头不应设置在同步或同跨内；不同步或不同跨两相邻接头在水平方向错开的距离应不小于 500mm；各接头中心至最近主节点的距离不应大于纵距的 1/3。

4. 连墙件的设置

连墙件位置应在专项施工方案中明确，并绘制不设位置简图及细部做法详图，不得在搭设作业中随意设置，严禁在架体使用期间拆除连墙件。

当脚手架刚刚开始搭设，下部暂不能设置连墙件时，可以采取设置抛撑的方式对架体进行防倾覆措加固，抛撑应采用通长杆件，与地面的夹角在 45°~60°之间，与脚手架的连接点至主节点的距离不应大于 300mm，用扣件进行加固。

脚手架连墙件数量的设置除应满足本规范的计算要求外，还应符合表 6-1 的规定。

连墙件布置最大间距　　　　　　　　　　　　　　　　　　　　表 6-1

搭设方法	高度	竖向间距（h）	水平间距（h_a）	每根连墙件覆盖面积（m^2）
双排落地	≤50m	$3h$	$3l_a$	≤40
双排悬挑	>50m	$2h$	$3l_a$	≤27
单排	≤24m	$3h$	$3l_a$	≤40

对高度 24m 以上的双排脚手架，应采用可以承受拉力和压力的构造的刚性连墙件与建筑物连接，不得采用柔性连接。

5. 特殊位置设置（洞口、开口架）

（1）开口架

开口型双排脚手架的两端均必须设置横向斜撑，开口型脚手架两端是薄弱环节，将其两端设置横向斜撑，并与主体结构加强连接。开口型脚手架的两端必须设置连墙件，连墙件的垂直间距不应大于建筑物的层高，并且不应大于 4m。

（2）门洞

单、双排脚手架门洞桁架的构造应符合下列规定：单排脚手架门洞处，应在平面桁架的每一节间设置一根斜腹杆；双排脚手架门洞处的空间桁架，除下弦平面外，应在其余 5 个平面内的图示节间设置一根斜腹杆；斜腹杆宜采用旋转扣件固定在与之相交的横向水平杆的伸出端上，旋转扣件中心线至主节点的距离不宜大于 150mm。当斜腹杆在 1 跨内跨越 2 个步距时，宜在相交的纵向水平杆处，增设一根横向水平杆，将斜腹杆固定在其伸出端上；门洞桁架下的两侧立杆应为双管立杆，副立杆高度应高于门洞口 1～2 步；门洞桁架中伸出上下弦杆的杆件端头，均应增设一个防滑扣件，该扣件宜紧靠主节点处的扣件。

（三）碗扣式钢管脚手架设置

1. 架体基础

当碗口时脚手架搭设在土层基础上时，规范要求立杆下应设置可调底座或垫板；如果架体基础高低差较大，可利用立杆 0.6m 节点位差进行调整，碗扣式脚手架底层纵、横向横杆作为扫地杆使用，距地面高度应不大于 350mm，严禁在施工中拆除扫地杆。

2. 杆件材质

碗扣式钢管脚手架用钢管应采用 Q235A 级普通钢管，规格为 Φ18.3×3.5mm，上碗扣、可调底座及可调托撑螺母应采用可锻铸钢制造，下碗扣、横杆接头、斜杆接头，应采用碳素铸钢制造，各部件应符合相关国家标准（图 6-6）。

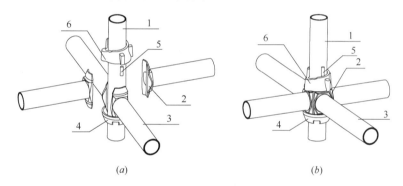

图 6-6　碗扣节点构造图

（a）组装前；（b）组装后

1—立杆；2—横杆接头；3—横杆；4—下碗扣；5—限位销；6—上碗扣

碗扣脚手架构配件生产标识应清晰可见，钢管应平直光滑、无裂纹、无锈蚀、无分层、无结巴、无毛刺，铸造件表面应光整，不得有砂眼、锁孔、裂纹、浇冒口残余等缺陷，冲压件不得有毛刺、裂纹、氧化皮等缺陷。

3. 杆件连接

脚手架的水平杆应按步距沿纵向和横向连续设置，不得缺失。在立杆的底部碗扣处应设置一道纵向水平杆、横向水平杆作为扫地杆，扫地杆距离地面高度不应超过 400mm，水平杆和扫地杆应与相邻立杆连接牢固。

铜管扣件剪刀撑杆件应符合下列规定：

（1）竖向剪刀撑两个方向的交叉斜向钢管宜分别采用旋转扣件设置在立杆的两侧；

（2）竖向剪刀撑斜向钢管与地面的倾角应在 45°～60°之间；

（3）剪刀撑杆件应每步与交叉处立杆或水平杆扣接；

（4）剪刀撑杆件接长应采用搭接，搭接长度不应小于1m，并应采用不少于2个旋转扣件扣紧，且杆端距端部扣件盖板边缘的距离不应小于100mm；

（5）扣件扭紧力矩应为40N·m～65N·m。

脚手架作业层设置应符合下列规定：

（1）作业平台脚手板应铺满、铺稳、铺实；

（2）工具式钢脚手板必须有挂钩，并应带有自锁装置与作业层横向水平杆锁紧，严禁浮放；

（3）木脚手板、竹串片脚手板、竹笆脚手板两端应与水平杆绑牢，作业层相邻两根横向水平杆间应加设间水平杆，脚手板探头长度不应大于150mm；

（4）立杆碗扣节点间距按0.6m模数设置时，外侧应在立杆0.6m及1.2m高的碗扣节点处搭设两道防护栏杆；立杆碗扣节点间距按0.5m模数设置时，外侧应在立杆0.5m及1.0m高的碗扣节点处搭设两道防护栏杆，并应在外立杆的内侧设置高度不低于180mm的挡脚板；

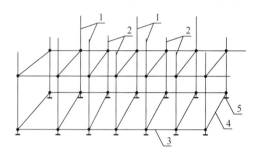

图6-7　双排脚手架起步立杆布置示意
1—第一种型号立杆；2—第二种型号立杆；
3—纵向扫地杆；4—横向扫地杆；
5—立杆底座

（5）作业层脚手板下应采用安全平网兜底，以下每隔10m应采用安全平网封闭；

（6）作业平台外侧应采用密目安全网进行封闭，网间连接应严密，密目安全网宜设置在脚手架外立杆的内侧，并应与架体绑扎牢固。密目安全网应为阻燃产品。

双排脚手架起步立杆应采用不同型号的杆件交错布置，架体相邻立杆接头应错开设置，不应设置在同步内（图6-7）。

当设置二层装修作业层、二层作业脚手板、外挂密目安全网封闭时，常用双排脚手架结构的设计尺寸和架体允许搭设高度宜符合表6-2的规定。

双排脚手架设计尺寸（m）　　　　　　　　　　　　　　表6-2

连墙件设置	步距 h	横距 l_b	纵距 l_a	脚手架允许搭设高度 [H]		
				基本风压值 w_o（kN/m²）		
				0.4	0.5	0.6
二步三跨	1.8	0.9	1.5	48	40	34
		1.2	1.2	50	44	40
	2.0	0.9	1.5	50	45	42
		1.2	1.2	50	45	42
三步三跨	1.8	0.9	1.2	30	23	18
		1.2	1.2	26	21	17

注：表中架体允许搭设高度的取值基于下列条件：

1. 计算风压高度变化系数时，按地面粗糙度为C类采用；

2. 装修作业层施工荷载标准值按2.0kN/m²采用，脚手板自重标准值按0.35kN/m²采用；

3. 作业层横向水平杆间距按不大于立杆纵距的1/2设置；

4. 当基本风压值、地面粗糙度、架体设计尺寸和脚手架用途及作业层数与上述条件不相符时，架体允许搭设高度应另行计算确定。

双排脚手架的搭设高度不宜超过50m；当搭设高度超过50m时，应采用分段搭设等措施。当双排脚手架按曲线布置进行组架时，应按曲率要求使用不同长度的内外水平杆组架，曲率半径应大于2.4m。

当双排脚手架拐角为直角时，宜采用水平杆直接组架（图6-8a）；当双排脚手架拐角为非直角时，可采用钢管扣件组架（图6-8b）。

双排脚手架立杆顶端防护栏杆宜高出作业层1.5m。

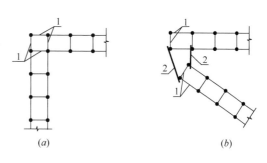

图6-8　双排脚手架组架示意图

（a）水平杆组架；（b）钢管扣件拐角组架

1—水平杆；2—钢管扣件

双排脚手架应设置竖向斜撑杆（图6-9），并应符合下列规定：

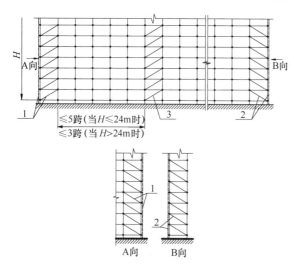

图6-9　双排脚手架斜撑杆设置示意

1—拐角竖向斜撑杆；2—端部竖向斜撑杆；3—中间竖向斜撑杆

（1）竖向斜撑杆应采用专用外斜杆，并应设置在有纵向及横向水平杆的碗扣节点上；

（2）在双排脚手架的转角处、开口型双排脚手架的端部应各设置一道竖向斜撑杆；

（3）当架体搭设高度在24m以下时，应每隔不大于5跨设置一道竖向斜撑杆；当架体搭设高度在24m及以上时，应每隔不大于3跨设置一道竖向斜撑杆；相邻斜撑杆宜对称八字形设置；

（4）每道竖向斜撑杆应在双排脚手架外侧相邻立杆间由底至顶按步连续设置；

（5）当斜撑杆临时拆除时，拆除前应在相邻立杆间设置相同数量的斜撑杆。

当采用钢管扣件剪刀撑代替竖向斜撑杆时（图6-10），应符合下列规定：

（1）当架体搭设高度在24m以下时，应在架体两端、转角及中间间隔不超过15m，各设置一道竖向剪刀撑（图6-10a）；当架体搭设高度在24m及以上时，应在架体外侧全立面连续设置竖向剪刀撑（图6-10b）；

（2）每道剪刀撑的宽度应为4~6跨，且不应小于6m，也不应大于9m；

（3）每道竖向剪刀撑应由底至顶连续设置。

当双排脚手架高度在24m以上时，顶部24m以下所有的连墙件设置层应连续设置之字形水平斜撑杆，水平斜撑杆应设置在纵向水平杆之下（图6-11）。

双排脚手架连墙件的设置应符合下列规定：

（1）连墙件应采用能承受压力和拉力的构造，并应与建筑结构和架体连接牢固；

（2）同一层连墙件应设置在同一水平面，连墙点的水平投影间距不得超过三跨，竖向

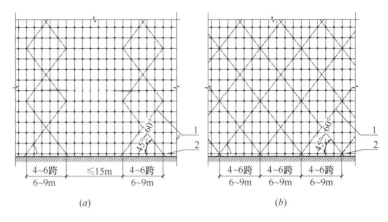

图 6-10　双排脚手架剪刀撑设置

1—竖向剪刀撑；2—扫地杆

（*a*）不连续剪刀撑设置；（*b*）连续剪刀撑设置

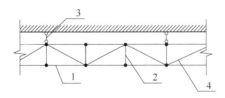

图 6-11　水平斜撑杆设置示意

1—纵向水平杆；2—横向水平杆；

3—连墙件；4—水平斜撑杆

垂直间距不得超过三步，连墙点之上架体的悬臂高度不得超过两步；

（3）在架体的转角处、开口型双排脚手架的端部应增设连墙件，连墙件的竖向垂直间距不应大于建筑物的层高，且不应大于 4m；

（4）连墙件宜从底层第一道水平杆处开始设置；

（5）连墙件宜采用菱形布置，也可采用矩形布置；

（6）连墙件中的连墙杆宜呈水平设置，也可采用连墙端高于架体端的倾斜设置方式；

（7）连墙件应设置在靠近有横向水平杆的碗扣节点处，当采用钢管扣件做连墙件时，连墙件应与立杆连接，连接点距架体碗扣主节点距离不应大于 300mm；

（8）当双排脚手架下部暂不能设置连墙件时，应采取可靠的防倾覆措施，但元连墙件的最大高度不得超过 6m。

双排脚手架内立杆与建筑物距离不宜大于 150mm；当双排脚手架内立杆与建筑物距离大于 150mm 时，应采用脚于板或安全平网封闭。当选用窄挑梁或宽挑梁设置作业平台时，挑梁应单层挑出，严禁增加层数。

当双排脚手架设置门洞时，应在门洞上部架设和架托梁，门洞两侧立杆应对称加设竖向斜撑杆或剪刀撑（图 6-12）。

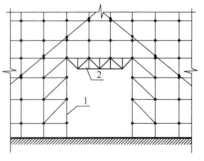

图 6-12　双排外脚手架门洞设置

1—双排脚手架；2—桁架托梁

（四）附着式升降脚手架设置

附着式升降脚手架高度不应小于 5 倍楼层高度，宽度不应大于 1.2m，主要考虑附着架应覆盖整个防护层和施工作业层的总高度，如果架体高度不足 5 倍楼层高度，由于作业空间不足，就无法按规定安装架体的附着制作、防倾装置或作业层不能搭设防护栏杆，附着架不能正常安全作业。

架体水平悬挑长度不应大于 2m，且不应大于跨度的 1/2，架体悬臂高度不应大于架体高度的 2/5，且不大于 6m 等架体制造厂商和安装、施工单位均应严格执行。

（五）型钢悬挑脚手架

一次悬挑脚手架高度不宜超过 20m。

型钢悬挑梁宜采用双轴对称截面的型钢。悬挑钢梁型号及锚固件应按设计确定，钢梁截面高度不应小于 160mm。悬挑梁尾端应在两处及以上固定于钢筋混凝土梁板结构上。锚固型钢悬挑梁的 U 型钢筋拉环或锚固螺栓直径不宜小于 16mm（图 6-13）。

用于锚固的 U 型钢筋拉环或螺栓应采用冷弯成型。U 型钢筋拉环、锚固螺栓与型钢间隙应用钢楔或硬木楔楔紧。每个型钢悬挑梁外端宜设置钢丝绳或钢拉杆与上一层建筑结构斜拉结。钢丝绳、钢拉杆不参与悬挑钢梁受力计算；钢丝绳与建筑结构拉结的吊环应使用 HPB235 级钢筋，其直径不宜小于 20mm，吊环预埋锚固长度应符合现行国家标准《混凝土结构设计规范》GB 50010 中钢筋锚固的规定（图 6-14～图 6-16）。

当型钢悬挑梁与建筑结构采用螺栓钢压板连接固定时，钢压板尺寸不应小于 100mm × 10mm（宽 × 厚）；当采用螺栓角钢压板连接时，角钢的规格不应小于 63mm×63mm×6mm。

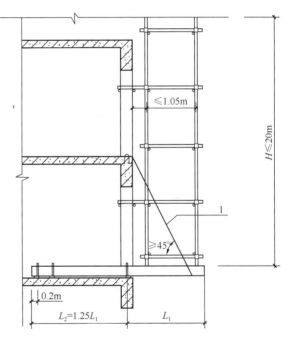

图 6-13 型钢悬挑脚手架构造
1—钢丝绳或钢拉杆

型钢悬挑梁悬挑端应设置能使脚手架立杆与钢梁可靠固定的定位点，定位点离悬挑梁端部不应小于 100mm。锚固位置设置在楼板上时，楼板的厚度不宜小于 120mm。如果楼板的厚度小于 120mm 应采取加固措施。

悬挑梁间距应按悬挑架架体立杆纵距设置，每一纵距设置一根。

悬挑架的外立面剪刀撑应自下而上连续设置。

锚固型钢的主体结构混凝土强度等级不得低于 C20。

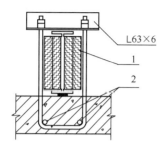

图 6-14　悬挑钢梁 U 型螺栓固定构造

1—木楔侧向楔紧；2—两根 1.5m 长直
径 18mmHRB335 钢筋

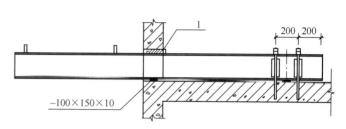

图 6-15　悬挑钢梁穿墙构造

1—木楔楔紧

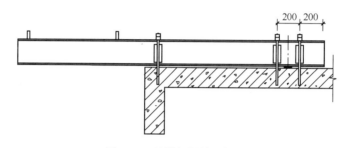

图 6-16　悬挑钢梁楼面构造

（六）架体拆除

1. 拆除前准备

（1）脚手架拆除前，根据检查结构及现场情况，编制拆除方案并经有关部门批准。

（2）拆除前技术负责人及安全员要向拆除施工作业人员进行书面的技术及安全交底班组要组织学习安全技术操作规程。

（3）拆除前作业人员须全面检查脚手架重点检查扣件连接固定、支撑体系等是否符合安全要求。

（4）架体卸荷钢丝绳、脚手架刚性连墙杆、悬挑杆件拆除时未经项目部同意现场任何操作人员不得随便拆除，以免影响脚手架的质量和安全。

（5）拆除前，应及时清除脚手架上留存的落地灰、外墙砖、混凝土块等杂物，不能留下任何存在安全隐患的材料及杂物。

（6）脚手架拆除时根据拆除现场的情况，在现场外设置警戒带，派专人看守，疏散来往车辆及人员，工地围墙悬挂醒目的警示标志，严禁非作业人员进入，及时疏导地面施工人员。

2. 拆除程序

（1）拆架程序应遵守由上而下，先搭后拆的原则，即先拆拉杆、脚手板、剪刀撑、斜撑，而后拆小横杆、大横杆、立杆等（一般的拆除顺序为：安全网→栏杆→脚手板→剪刀撑→小横杆→大横杆→立杆）。

（2）不准分立面拆架或在上下两步同时进行拆架。

（3）做到一步一清、一杆一清。拆立杆时，要先抱住立杆再拆开最后两个扣。

（4）拆除大横杆、斜撑、剪刀撑时，应先拆中间扣件，然后托住中间，再解端头扣。

（5）所有连墙杆等必须随脚手架拆除同步下降，严禁先将连墙件整层或数层拆除后再拆脚手架，分段拆除高差不应大于2步，如高差大于2步，应增设连墙件加固。

（6）拆除过程中，要把同一种部件集中分类堆放，然后使用垂直运输设备运制地面，不得散乱搬运，以免部件变形和受损。

（7）当脚手架拆至下部最后一根6m长钢管时，应先在适当位置搭临时抛撑加固，后拆连墙件。

（8）拆除后架体的稳定性不被破坏，如附墙杆被拆除前，应加设临时支撑防止变形，拆除各标准节时，应防止失稳。

（七）安全防护

脚手架作业层的脚手板铺设应牢靠、严密，并应采用安全平网在脚手板底部兜底封闭，起到对作业层的二次防护作用。作业层一下间隔不超过10m应用安全评网进行封闭，能有效防护高处坠落。

作业层及封闭平网的水平层里排架体与建筑物之间的空隙部分宽度大于150mm时，应采用脚手板或安全平网进行封闭防护。

（八）行为管理

1. 安全技术交底

脚手架的搭设和拆除作业前，施工负责人应按照专项施工方案及相关规范要求，结合施工现场作业条件和队伍情况，作详细的安全技术交底，交底应形成书面文字，并且由相关责任人签字确认。

2. 架体验收

架体验收内容应依据专项施工方案及规范要求制度，对连墙件间距、扣件紧固力矩等内容的验收必须进行量化，实测实量，扣件应有产品合格证，并按规定复试，验收结果应经相关责任人签字确认。

五、建筑起重与升降机设备使用安全技术要点

（一）起重设备

1. 安全装置

（1）起升高度限位器（图6-17）

1）起升机构均应装设起升高度限位器。

2）用内燃机驱动，中间无电气、液压、气压等传动环节而直接进行机械连接的起升机构，可以配备灯光或声响报警装置，以替代限位开关。

3）当取物装置上升到设计规定的极限位置时，应能立即切断起升动力源。

4）在此极限位置的上方，还应留有足够的空余高度，以适应上升制动行程的要求。

5）在特殊情况下，如吊运熔融金属，还应装设防止越程冲顶的第二级起升高度限位

图 6-17　起升高度限位器

器，第二级起升高度限位器应分断更高一级的动力源。

6）需要时，还应设下降深度限位器；当取物装置下降到设计规定的下极限位置时，应能立即切断下降动力源。

7）上述运动方向的电源切断后，仍可进行相反方向运动（第二级起升高度限位器除外）。

（2）运行行程限位器（图 6-18）

图 6-18　运行行程限位器

起重机和起重小车（悬挂型电动葫芦运行小车除外），应在每个运行方向装设运行行程限位器，在达到设计规定的极限位置时自动切断前进方向的动力源。在运行速度大于 100m/min，或停车定位要求较严的情况下，宜根据需要装设两级运行行程限位器，第一级发出减速信号并按规定要求减速，第二级应能自动断电并停车。

如果在正常作业时起重机和起重小车经常到达运行的极限位置，司机室的最大减速度不应超过 2.5m/s²。

（3）幅度限位器（图 6-19）

对动力驱动的动臂变幅的起重机（液压变幅除外），应在臂架俯仰行程的极限位置处设臂架低位置和高位置的幅度限位器。对采用移动小车变幅的塔式起重机，应装设幅度限位装置以防止可移动的起重小车快速达到其最大幅度或最小幅度处。最大变幅速度超过 40m/min 的起重机，在小车向外运行且当起重力矩达到额定值的 80% 时，应自动转换为低于 40m/min 的低速运行。

（4）防止臂架向后倾翻的装置

具有臂架俯仰变幅机构（液压油缸变幅除外）的起重机，应装设防止臂架后倾装置（例如一个带缓冲的机械式的止挡杆），以保证当变幅机构的行程开关失灵时，能阻止臂架向后倾翻（图 6-20）。

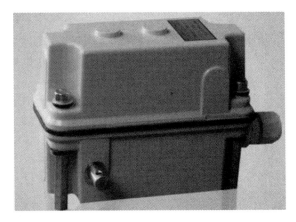

图 6-19 幅度限位器

图 6-20 防止臂架向后倾翻的装置

（5）支腿回缩锁定装置

工作时利用垂直支腿支承作业的流动式起重机械，垂直支腿伸出定位应由液压系统实现；且应装设支腿回缩锁定装置，使支腿在缩回后，能可靠地锁定。

（6）缓冲器及端部止挡

在轨道上运行的起重机的运行机构、起重小车的运行机构及起重机的变幅机构等均应装设缓冲器或缓冲装置。缓冲器或缓冲装置可以安装在起重机上或轨道端部止挡装置上。轨道端部止挡装置应牢固可靠，防止起重机脱轨。有螺杆和齿条等的变幅驱动机构，还应在变幅齿条和变幅螺杆的末端装设端部止挡防脱装置，以防止臂架在低位置发生坠落。

（7）起重量限制器（图 6-21）

对于动力驱动的 1t 及以上无倾覆危险的起重机械应装设起重量限制器。对于有

图 6-21 起重量限制器

倾覆危险的且在一定的幅度变化范围内额定起重量不变化的起重机械也应装设起重量限制器。需要时，当实际起重量超过 95％额定起重量时，起重量限制器宜发出报警信号（机械式除外）。当实际起重量在 100％～110％的额定起重量之间时，起重量限制器起作用，此时应自动切断起升动力源，但应允许机构做下降运动。

内燃机驱动的起升和非平衡变幅机构，如果中间没有电气、液压或气压等传动环节而直接与机械连接，该起重机械可以配备灯光或声响报警装置来替代起重量限制器。

（8）起重力矩限制器（图 6-22）

额定起重量随工作幅度变化的起重机，应装设起重力矩限制器。当实际起重量超过实际幅度所对应的起重量的额定值的 95％时，起重力矩限制器宜发出报警信号。

图 6-22　起重力矩限制器

当实际起重量大于实际幅度所对应的额定值但小于110%的额定值时，起重力矩限制器起作用，此时应自动切断不安全方向（上升、幅度增大、臂架外伸或这些动作的组合）的动力源，但应允许机构作安全方向的运动。

内燃机驱动的起升和平衡变幅机构，如果中间没有电气、液压或气压等传动环节而直接与机械连接，该起重机械可以配备灯光或声响报警装置来替代起重力矩限制器。

2. 电气装置

（1）电动机的保护

电动机的保护电动机应具有如下一种或一种以上的保护功能，具体选用应按电动机及其控制方式确定：

1）瞬动或反时限动作的过电流保护，其瞬时动作电流整定值应约为电动机最大起动电流的 1.25 倍；

2）在电动机内设置热传感元件；

3）热过载保护。

（2）线路保护

所有线路都应具有短路或接地引起的过电流保护功能，在线路发生短路或接地时，瞬时保护装置应能分断线路。对于导线截面较小，外部线路较长的控制线路或辅助线路，当预计接地电流达不到瞬时脱扣电流值时，应增设热脱扣功能，以保证导线不会因接地而引起绝缘烧损。

（3）超速保护

对于重要的、负载超速会引起危险的起升机构和非平衡式变幅机构应设置超速开关。超速开关的整定值取决于控制系统性能和额定下降速度，通常为额定速度的 1.25～1.4 倍。

（4）接地与防雷

交流供电起重机电源应采用三相（3Φ＋PE）供电方式。设计者应根据不同电网采用不同形式的接地故障保护，并由用户负责实施。接地故障保护应符合《低压配电设计规范》GB 50054 的有关规定。

3. 安拆、验收和使用

依照《特种设备安全监察条例》、《建筑工程安全生产管理条例》规定，其安装、拆除单位应具有相应的资质，安装、拆除等作业人员必须专门培训，取得特种作业资格证。

依照住房和城乡建设部《危险性较大的分部分项工程安全管理办法》规定，起重机械的安装、拆除作业，应编制专项施工方案，并应经本单位技术负责人审批后实施，专项施工方案应明确起重力矩限制器、起重量限制器等主要安全装置的调试程序。

验收表应有安装单位责任人签字确认，确保验收表内容的真实可靠，安装单位必须对起重机械的安装质量负全责。

4. 群塔作业

防止相邻塔机相膨胀的最有效措施是要有足够的安全距离，塔机在安装过程中，任意两台塔机的最小架设距离应符合以下规定：

（1）低位塔式起重机的起重臂端部与另一台塔式起重机塔身之间的距离不得小于2m；高位塔式起重机的最低位置的部件（或吊钩升至最高点或平衡重的最低部位）与低位塔式起重机中处于最高位置部件之间的垂直距离不得小于2m。

（2）塔式起重机的起重臂与建筑结构或其他高大设施的安全距离应符合现行国家标准《塔式起重机安全规程》GB 5144的规定。

同时施工现场多台塔式起重机交错作业时，应编制群塔专项施工方案，严格控制安全距离，严禁采用锚固塔式起重机大臂等方式作为防碰撞措施，确保塔式吊起重机作业的安全。

（二）起重吊装

1. 一般规定

（1）必须编制吊装作业施工组织设计，并应充分考虑施工现场的环境、道路、架空电线等情况，作业前应进行技术交底；作业中，未经技术负责人批准，不得随意更改。

（2）参加起重吊装的人员应经过严格培训，取得培训合格证后，方可上岗。

（3）作业前，应检查起重吊装所使用的起重机滑轮、吊索、卡环和地锚等，应确保其完好，符合安全要求。

（4）起重作业人员必须穿防滑鞋、戴安全帽，高处作业运应配挂安全带，并应系挂可靠和严格遵守高挂低用。

（5）吊装作业四周应设置明显标志，严禁非操作人员入内，夜间施工必须有足够的照明。

（6）起吊前，应对起重机钢丝绳及连接部位和索具设备进行检查。高空吊装屋架、梁和斜吊法吊装柱时，应于构件两段绑扎溜绳，由操作人员控制构件的平衡和稳定。

（7）吊装大、重、新结构构件和采用新的吊装工艺时，应先进行试吊，确认无问题后，方可正式起吊。

（8）大雨天、雾天、大雪天及六级以上大风天等恶劣天气应停止吊装作业，时候应及时清理冰雪并应采取防滑和防漏电措施。雨雪过后作业前，应先试吊，确认制动器灵敏可靠后方可进行作业。

（9）吊起的构件应确保在起重机吊杆顶的正下方，严禁采用斜拉、斜吊，严禁起吊埋于地下或粘结在地面上的构件。

（10）严禁超载吊装或起吊重量不明的重大构件和设备。

（11）开始起吊时，应先将构件吊离200～300mm后停止起吊，并检查起重机的稳定性、制动装置的可靠性、构件的平衡性和绑扎的牢固性等，待确认无误后，方可继续起吊。

（12）已吊起的构件不得长久停滞在空中。严禁在吊起的构件上行走或站立，不得用起重机载运人员，不得在构件上堆放或悬挂零星物体。

（13）起重机靠近架空输电线路作业或在架空输电线路下行走时，必须与架空输电线始终保持不小于国家现行标准《施工现场临时用电安全技术规范》JGJ 46 规定的安全距离。

（14）当需要在小于规定的安全距离范围内进行作业时，必须采取严格的安全保护措施，并应经供电部门审查批准。

（15）吊装中焊接作业应选择合理的焊接工艺，避免发生过大的变形，冬季焊接应有焊前预热（包括焊条预热）措施，焊接时应有防风防水措施，焊后应有保温措施。

（16）已安装好的结构构件，未经有关设计和技术部门批准不得用作受力支承点和在构件上随意凿洞开孔，不得在其上堆放超过设计荷载的施工荷载。

（17）永久固定的连接，应经过严格检查，并确保无误后，方可拆除临时固定工具。

（18）高处安装中的电、气焊作业，应严格采取安全防火措施，在作业处下面周围10m 范围内不得有人，对起吊物进行移动、吊升、停止、安装时的全过程应用旗语或通用手势信号进行指挥，信号不明不得起动，上下相互协调联系应采用对讲机。

2. 钢结构吊装

钢柱吊装应符合以下规定：

（1）钢柱起吊至柱角离地脚螺栓或杯口 300～400mm 后，应对准螺栓或杯口缓慢就位，经初校后立即拧紧螺栓或打紧木楔（拉紧缆风绳）进行临时固定后方可脱钩；

（2）柱子矫正后，必须立即紧固地脚螺栓和将城中垫板点焊固定，并应随时对柱脚进行永久固定。

（3）吊车梁吊装应符合以下规定：吊车梁吊装应在钢柱固定后，混凝土强度达到75％以上和柱间支撑安装完后进行，吊车梁的校正应在屋盖吊装完成并固定后方可进行；

（4）吊车梁支承面下的空隙应用楔形铁片塞紧，必须确保支承紧贴面不小于70％。

（5）钢屋架吊装应符合以下规定：应根据确定的绑扎点对钢屋架的吊装进行验算，确保吊装的稳定性要求，否则必须进行临时加固；

（6）屋架吊装就位后，应经校正和可靠的临时固定后方可摘钩；屋架永久固定应采用螺栓，高强螺栓或电焊焊接固定。

（7）高层钢结构吊装时，钢柱安装前，应在钢柱上将登高扶梯和操作挂篮或平台等临时固定好；

（8）起吊时，柱根部不得着地拖拉，吊装应垂直，吊点宜设于柱顶，吊装时严禁碰撞已安装好的构件。就位时必须待临时固定可靠后方可脱钩。

（9）轻型钢结构吊装时，轻型钢结构的组装应在坚实平整的拼装台上进行，组装接头的连接板必须平整。

（10）吊装时，檩条的拉杆应预先张紧，屋架上弦水平支撑应在屋架与檩条安装完毕后拉紧。

（11）采用高空组装法吊装塔架时，起爬行的桅杆必须进过设计计算确定；采用高空拼装法吊装塔架时，必须按节间分散进行；

（12）必须保证塔架起扳用的两只扳绞与安装就位的同心度；用人字拔杆起扳时，其高度不得小于塔架高度的1/3；对起重滑轮组合回直滑轮必须设置地锚；起吊时各吊点应保证均匀受力。

3. 钢筋混凝土结构吊装

吊点设置和构件绑扎应符合下列规定：当构件无设计吊钩（点）时，应通过计算确定绑扎点的位置，绑扎的方法应保证可靠和安全。

绑扎竖直吊升的构件时，应符合以下规定：绑扎点位置应稍高于构件重心，有牛腿的柱应绑在牛腿以下，工字行断面应绑在矩形断面处，否则应用方木加固翼缘，双肢柱应绑在平腹杆上；在柱子不翻身或不会产生裂缝时，可用斜吊绑扎法，否则应用直吊绑扎法；天窗架宜采用四点绑扎。

构件起吊前，其强度必须符合设计规定，并应将其上的模板、灰浆残渣、垃圾碎块等全部清除干净。楼板、屋面板吊装后，对相互间或其上留有的空隙和洞口，应按《建筑施工高处作业安全技术规范》JGJ 80 的规定设置盖板或围护。

4. 特种结构吊装

大跨度屋盖整体提升时，各吊点的升差必须控制在允许范围内；因让屋架通过二临时拆除的柱间连系杆，待屋架通过后，必须立即装上；在油压千斤顶活塞上升时，应及时旋升螺旋千斤顶使其与上横梁保持接触；钢带应居于上、下横梁槽口之中，钢带的连接螺丝应能顺利地进入槽口；千斤顶每一行程开始前，下横梁的钢销应取出。

（三）施工升降机

1. 安全装置

（1）电气安全装置

在正常工作时，任何垫起设备都不应与电气安全回路的触点并联；垫起安全装置的控制元件在承受连续正常工作时的机械应力后，应始终功能正常，不应用一些简单的手段使电气装置不工作；对于使用类别为 AC-15 和 DC-13 的接触器，其额定绝缘电压不应小于 250V。

（2）行程限位开关（图 6-23）

每个吊笼应装有上、下限位开关；人货两用施工升降机的吊笼还应该装有极限开关。上、下限位开关可用自动复位型，切断的是控制回路；极限开关不允许用自动复位型，切断的是总电源。

（3）钢丝绳松弛装置

用于对重的钢丝绳应装有放松绳装置（如：非自动复位的放松绳开关），在发生松、断绳时，该装置应中断吊笼的任何运动，直到专业人员进行调整后，方可恢复使用。

（4）急停开关（图 6-24）

图 6-23　行程限位开关

图 6-24　急停开关

在吊笼的控制装置（含便携式控制装置）上应装有非自动复位型的急停开关，任何时候均可切断控制电源停止吊笼运行。

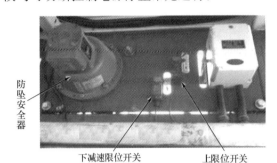

防坠安全器

下减速限位开关　　　　上限位开关

图 6-25　防坠安全装置

（5）防坠安全装置（图 6-25）

人货两用施工升降机每个吊笼应设置兼有防坠、限速双重功能的防坠安全装置，当吊笼超速下行或其悬挂装置断裂时，该装置应能将吊笼制停并保持静止状态。

如果制造商允许使用施工升降机的进出通道在对重的下方，则对重也应设置兼有防坠限速双重功能的防坠安全装置，当对重超速下行或其悬挂装置断裂时，该装置应能将对重制停并保持静止状态。

货用施工升降机每个吊笼至少应该有断绳保护装置，当吊笼提升钢丝绳松绳时，该装置应能制停带有额定载重量的吊笼，且不造成结构严重损坏。对于额定提升速度大于 0.85m/s 的施工升降机，该装置应是非瞬时式的。同时每个吊笼还应装有停层防坠落装置，在吊笼停层后，人员出入吊笼之前，该装置应动作，使吊笼的下降操作无效；即使此时发生吊笼提升钢丝绳断绳，吊笼也不会坠落。只有将地吊笼（或对重）提起，方有可能使吊笼（或对重）的防坠安全装置释放；释放后，防坠安全装置应处于正常操纵状态；防坠安全装置释放后，应有专业人员调整，施工升降机方可恢复使用。

（6）超载保护装置

超载检测应在吊笼静止时进行，超载保护装置应在荷载达到额定重量的 110% 前终止吊笼起动。

2. 防护设施

吊笼和对重升降通道周边应安装地面防护围栏，防护围栏高度不应低于 1.8m，围栏的任意 2500mm² 的面积上，应能承受 350N 的水平力，而不产生永久变形。

围栏门应安装有机械锁止装置或电气安全关门，吊笼只有位于底部规定位置时围栏门才能开启，且在围栏门开启后吊笼不能启动。

防护棚的长度不应小于 3m，宽度不应小于吊笼宽度（包括双吊笼），顶部可采用厚度不小于 50mm 的木板搭设，当建筑主体结构高度大于 24m 时，防护棚顶部应采用双层防护，层间距离应符合现行行业标准《建筑施工高处作业安全技术规范》JGJ80 的规定。停层平台两侧应设置防护栏杆和踢脚板，上栏杆设置高度应为 1.2m，中建栏杆设置高度应为 600mm，挡脚板高度应不小于 180mm。

停层平台脚手板应铺满、铺平。停层平台的承受力不应小于 3kN/m²，停层平台应设置向内开启的平台门，平台门高度不应小于 1.8m，强度应符合规范要求。平台门应定型化平台门与吊笼的安全距离应符合规范要求。

3. 安拆、验收和使用

施工升降机为建筑起重机械，依照《特种设备安全监察条例》、《建设工程安全生产管理条例》规定，其安装、拆除单位应具有相应的资质。安装、拆除等作业人员必须专门培训，取得特种作业资格证。

依据住房和城乡建设部《危险性较大的分部分项工程安全管理办法》规定，施工升降机安装、拆除作业，应编制专项施工方案，并应经本单位技术负责人审批后实施。专项施工方案应明确防坠安全器、起重量限制器等主要安全装置的调试程序。

依据现行行业标准《建筑施工升降机安装、使用、拆卸安全技术规程》JGJ215 等相关规范要求，施工升降机安装完毕，应由工程负责人组织安装、使用、租赁、监理单位对安装质量进行验收，验收必须有文字记录，并应有责任人签字确认。安装单位必须对施工升降机的安装质量负全责。

为确保施工升降机作业安全，作业前应按照现行行业标准《建筑施工升降机安装、使用拆卸安全技术规程》JGJ 215 规定进行检查，对上下限位、极限限位开关及防松绳开关，制动器及齿轮条传动、导轨架连接螺栓及附墙架、吊笼机电连锁等装置的可靠性进行重点检查，并填写检查记录。

六、施工临时用电安全技术要点

（一）临时用电施工方案

1. 用电施工组织设计

施工现场临时用电设备在 5 台及以上或设备总容量在 50kW 及以上者，应编制用电组织设计。临时用电工程图纸应单独绘制，临时用电工程应按图施工。

施工现场临时用电组织设计应包括：现场勘测；确定电源进线、变电所或配电室、配电装置、用电设备位置及线路走向；进行负荷计算；选择变压器；设计配电系统；设计防雷装置；确定防护措施；制定安全用电措施和电气防火措施。

临时用电组织设计及变更时，必须履行"编制、审核、批准"程序，由电气工程技术人员组织编制，经相关部门审核及其具有法人资格企业的技术负责人批准后实施。变更用电组织设计时应补充有关图纸资料。临时用电工程必须经编制、审核、批准部门和使用单位共同验收，合格后方可投入使用。

2. 施工现场用电安全管理

电工必须经过按国家现行标准考核合格后，持证上岗工作；其他用电人员必须通过相关安全教育培训和技术交底，考核合格后方可上岗工作。安装、巡检、维修或拆除临时用电设备和线路，必须由电工完成，并应有人监护。电工等级应同工程的难易程度和技术复杂性相适应。

施工现场临时用电必须建立安全技术档案，并应包括下列内容：用电组织设计的全部资料；修改用电组织设计的资料；用电技术交底资料；用电工程检查验收表；电气设备的试、检验凭单和调试记录；接地电阻、绝缘电阻和漏电保护器漏电动作参数测定记录表；定期检（复）查表；电工安装、巡检、维修、拆除工作记录。

安全技术档案应由主管该现场的电气技术人员负责建立与管理。其中"电工安装、巡检、维修、拆除工作记录"可指定电工代管，每周由项目经理审核认可，并应在临时用电工程拆除后统一归档。

临时用电工程应定期检查。定期检查时，应复查接地电阻值和绝缘电阻值。

临时用电工程定期检查应按分部、分项工程进行，对安全隐患必须及时处理，并应履行复查验收手续。

（二）临时用电管理

1. 外电线路和电气设备防护

在建工程不得在外电架空线路正下方施工、搭设作业棚、建造生活设施或堆放构件、架具、材料及其他杂物等。

在建工程（含脚手架）的周边与外电架空线路的边线之间的最小安全操作距离应符合表6-3规定。

在建工程（含脚手架）的周边与架空线路的边线之间的最小安全操作距离 表6-3

外电线路电压等级（kV）	<1	1～10	35～110	220	330～500
最小安全操作距离（m）	4.0	6.0	8.0	10	15

注：上、下脚手架的斜道不宜设在有外电线路的一侧。

施工现场的机动车道与外电架空线路交叉时，架空线路的最低点与路面的最小垂直距离应符合表6-4规定。

施工现场的机动车道与架空线路交叉时的最小垂直距离 表6-4

外电线路电压等级（kV）	<1	1～10	35
最小垂直距离（m）	6.0	7.0	7.0

起重机严禁越过无防护设施的外电架空线路作业。在外电架空线路附近吊装时，起重机的任何部位或被吊物边缘在最大偏斜时与架空线路边线的最小安全距离应符合表6-5规定。

起重机与架空线路边线的最小安全距离 表6-5

电压（kV） 安全距离（m）	<1	10	35	110	220	330	500
沿垂直方向	1.5	3.0	4.0	5.0	6.0	7.0	8.5
沿水平方向	1.5	2.0	3.5	4.0	6.0	7.0	8.5

施工现场开挖沟槽边缘与外电埋地电缆沟槽边缘之间的距离不得小于0.5m。架设防护设施时，必须经有关部门批准，采用线路暂时停电或其他可靠的安全技术措施，并应有电气工程技术人员和专职安全人员监护。

当达不到上述规定时，必须采取绝缘隔离防护措施，并应悬挂醒目的警告标志。架设防护设施时，必须经有关部门批准，采用线路暂时停电或其他可靠的安全技术措施，并应有电气工程技术人员和专职安全人员监护。

防护设施与外电线路之间的安全距离不应小于表6-6所列数值。防护设施应坚固、稳定，且对外电线路的隔离防护应达到IP30级。

防护设施与外电线路之间的最小安全距离　　　　　　　　　表 6-6

外电线路电压等级（kV）	≤10	35	110	220	330	500
最小安全距离（m）	1.7	2.0	2.5	4.0	5.0	6.0

当上述规定要求的防护措施无法实现时，必须与有关部门协商，采取停电、迁移外电线路或改变工程位置等措施，未采取上述措施的严禁施工。在外电架空线路附近开挖沟槽时，必须会同有关部门采取加固措施，防止外电架空线路电杆倾斜、悬倒。

电气设备现场周围不得存放易燃易爆物、污源和腐蚀介质，否则应予清除或做防护处置，其防护等级必须与环境条件相适应。电气设备设置场所应能避免物体打击和机械损伤，否则应做防护处置。

2. 接地与接零保护系统

施工现场专用的电源中性点直接接地的低压配电系统应采用 TN-S 接零保护系统，如图 6-26 所示。施工现场配电系统不得同时采用两种保护系统，保护零线应由工作接地线、总配电箱电源侧零线或总漏电保护器电源零线处引出，电气设备的金属外壳必须与保护零线连接。

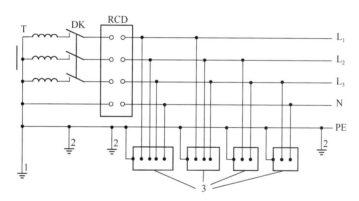

图 6-26　专用变压器供电时 TN-S 接零保护系统示意
1—工作接地；2—PE 线重复接地；3—电气设备金属外壳（正常不带电的外露可导电部分）；
L1、L2、L3—相线；N—工作零线；PE—保护零线；DK—总电源隔离开关；RCD—总漏电保护器
（兼有短路、过载、漏电保护功能的漏电断路器）；T—变压器

当施工现场与外电线路共用同一供电系统时，电气设备的接地、接零保护应与原系统保持一致。不得一部分设备做保护接零，另一部分设备做保护接地，采用 TN 系统做保护接零时，工作零线（N 线）必须通过总漏电保护器，保护零线（PE 线）必须由电源进线零线重复接地处或总漏电保护器电源侧零线处，引出形成局部 TN-S 接零保护系统（图 6-27）。

在 TN 接零保护系统中，通过总漏电保护器的工作零线与保护零线之间不得再做电气连接，在 TN 接零保护系统中，PE 零线应单独敷设。重复接地线必须与 PE 线相连接，严禁与 N 线相连接。

使用一次侧由 50V 以上电压的接零保护系统供电，二次侧为 50V 及以下电压的安全隔离变压器时，二次侧不得接地，并应将二次线路用绝缘管保护或采用橡皮护套软线。当采用普通隔离变压器时，其二次侧一端应接地，且变压器正常不带电的外露可导电部分应

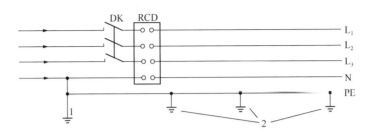

图 6-27　三相四线供电时局部 TN-S 接零保护系统保护零线引出示意

1—NPE 线重复接地；2—PE 线重复接地；L1、L2、L3 一相线；N—工作零线；PE—保护零线；
DK—总电源隔离开关；RCD—总漏电保护器（兼有短路、过载、漏电保护功能的漏电断路器）

与一次回路保护零线相连接。以上变压器尚应采取防直接接触带电体的保护措施。

施工现场的临时用电电力系统严禁利用大地做相线或零线。接地装置的设置应考虑土壤干燥或冻结等季节变化的影响，并应符合表 6-7 的规定，接地电阻值在四季中均应符合相关要求；但防雷装置的冲击接地电阻值只考虑在雷雨季节中土壤干燥状态的影响。

接地装置的季节系数 ψ 值　　　　　　　　　　　　　表 6-7

埋深（m）	水平接地体	长 2～3m 的垂直接地体
0.5	1.4～1.8	1.2～1.4
0.8～1.0	1.25～1.45	1.15～1.3
2.5～3.0	1.0～1.1	1.0～1.1

注：大地比较干燥时，取表中较小值；比较潮湿时，取表中较大值。

PE 线所用材质与相线、工作零线（N 线）相同时，其最小截面应符合表 6-8 的规定。

PE 线截面与相线截面的关系　　　　　　　　　　　　表 6-8

相线芯线截面 S（mm²）	PE 线最小截面（mm²）
S≤16	5
16＜S≤35	16
S＞35	S/2

保护零线必须采用绝缘导线；配电装置和电动机械相连接的 PE 线应为截面不小于 $2.5mm^2$ 的绝缘多股铜线。手持式电动工具的 PE 线应为截面不小于 $1.5mm^2$ 的绝缘多股铜线。PE 线上严禁装设开关或熔断器，严禁通过工作电流，且严禁断线。

相线、N 线、PE 线的颜色标记必须符合以下规定：相线 L1（A）、L2（B）、L3（C）相序的绝缘颜色依次为黄、绿、红色；N 线的绝缘颜色为淡蓝色；PE 线的绝缘颜色为绿/黄双色。任何情况下上述颜色标记严禁混用和互相代用。

保护零线应单独敷设，线路上严禁装设开关和熔断器，严禁通过工作电流，保护零线应采用绝缘导线，规格和颜色标记应符合规范要求，保护零线应在总配电箱处、配电系统的中间处和末端处做重复接地，接地装置的接地线应采用 2 根及以上导体，在不同点与接地体做垫起连接，接地体应采用角钢、钢管或光面圆钢，工作接地电阻不得大于 4Ω，重复接地电阻不得大于 10Ω。

施工现场起重机、物料提升机、施工升降机、脚手架应按规范要求采取防雷措施，防雷装置的冲击接地电阻值不得大于 30Ω，做防雷接地机械上的垫起设备，保护零线必须同事作重复接地。

在 TN 系统中，下列电气设备不带电的外露可导电部分应做保护接零：电机、变压器、电器、照明器具、手持式电动工具的金属外壳；电气设备传动装置的金属部件；配电柜与控制柜的金属框架；配电装置的金属箱体、框架及靠近带电部分的金属围栏和金属门；电力线路的金属保护管、敷线的钢索、起重机的底座和轨道、滑升模板金属操作平台等；安装在电力线路杆（塔）上的开关、电容器等电气装置的金属外壳及支架。

3. 配电线路及照明

（1）配电线路

架空线必须采用绝缘导线。

架空线必须架设在专用电杆上，严禁架设在树木、脚手架及其他设施上。

架空线导线截面的选择应符合下列要求：

1）导线中的计算负荷电流不大于其长期连续负荷允许载流量。

2）线路末端电压偏移不大于其额定电压的 5%。

3）三相四线制线路的 N 线和 PE 线截面不小于相线截面的 50%，单相线路的零线截面与相线截面相同。

4）按机械强度要求，绝缘铜线截面不小于 10mm^2，绝缘铝线截面不小于 16mm^2。

5）在跨越铁路、公路、河流、电力线路挡距内，绝缘铜线截面不小于 16mm^2，绝缘铝线截面不小于 25mm^2。

电缆中必须包含全部工作芯线和用作保护零线或保护线的芯线。需要三相四线制配电的电缆线路必须采用五芯电缆。五芯电缆必须包含淡蓝、绿/黄二种颜色绝缘芯线。淡蓝色芯线必须用作 N 线；绿/黄双色芯线必须用作 PE 线，严禁混用。

电缆线路应采用埋地或架空敷设，严禁沿地面明设，并应避免机械损伤和介质腐蚀。埋地电缆路径应设方位标志。电缆类型应根据敷设方式、环境条件选择。埋地敷设宜选用铠装电缆；当选用无铠装电缆时，应能防水、防腐。架空敷设宜选用无铠装电缆。电缆直接埋地敷设的深度不应小于 0.7m，并应在电缆紧邻上、下、左、右侧均匀敷设不小于 50mm 厚的细砂，然后覆盖砖或混凝土板等硬质保护层。

在建工程内的电缆线路必须采用电缆埋地引入，严禁穿越脚手架引入。电缆垂直敷设应充分利用在建工程的竖井、垂直孔洞等，并宜靠近用电负荷中心，固定点每楼层不得少于一处。电缆水平敷设宜沿墙或门口刚性固定，最大弧垂距地不得小于 2.0m。装饰装修工程或其他特殊阶段，应补充编制单项施工用电方案。电源线可沿墙角、地面敷设，但应采取防机械损伤和电火措施。

（2）照明

在坑、洞、井内作业、夜间施工或厂房、道路、仓库、办公室、食堂、宿舍、料具堆放场及自然采光差等场所，应设一般照明、局部照明或混合照明。在一个工作场所内，不得只设局部照明。停电后，操作人员需及时撤离的施工现场，必须装设自备电源的应急照明。

无自然采光的地下大空间施工场所，应编制单项照明用电方案。

照明器的选择必须按下列环境条件确定：正常湿度一般场所，选用开启式照明器；潮湿或特别潮湿场所，选用密闭型防水照明器或配有防水灯头的开启式照明器；含有大量尘埃但无爆炸和火灾危险的场所，选用防尘型照明器；有爆炸和火灾危险的场所，按危险场所等级选用防爆型照明器；存在较强振动的场所，选用防振型照明器；有酸碱等强腐蚀介质场所，选用耐酸碱型照明器。

应使用安全特低电压照明器的特殊场所有：隧道、人防工程、高温、有导电灰尘、比较潮湿或灯具离地面高度低于 2.5m 等场所的照明，电源电压不应大于 36V；潮湿和易触及带电体场所的照明，电源电压不得大于 24V；特别潮湿场所、导电良好的地面、锅炉或金属容器内的照明，电源电压不得大于 12V。

使用行灯应符合以下要求：电源电压不大于 36V；灯体与手柄应坚固、绝缘良好并耐热耐潮湿；灯头与灯体结合牢固，灯头无开关；灯泡外部有金属保护网；金属网、反光罩、悬吊挂钩固定在灯具的绝缘部位上。

远离电源的小面积工作场地、道路照明、警卫照明或额定电压为 12～36V 照明的场所，其电压允许偏移值为额定电压值的 -10％～5％；其余场所电压允许偏移值为额定电压值的 ±5％。照明变压器必须使用双绕组型安全隔离变压器，严禁使用自耦变压器。照明系统宜使三相负荷平衡，其中每一单相回路上，灯具和插座数量不宜超过 25 个，负荷电流不宜超过 15A。

照明灯具的金属外壳必须与 PE 线相连接，照明开关箱内必须装设隔离开关、短路与过载保护电器和漏电保护器，室外 220V 灯具距地面不得低于 3m，室内 220V 灯具距地面不得低于 2.5m。普通灯具与易燃物距离不宜小于 300mm；聚光灯、碘钨灯等高热灯具与易燃物距离不宜小于 500mm，且不得直接照射易燃物。达不到规定安全距离时，应采取隔热措施。

4. 配电箱与开关箱

（1）配电系统应设置配电柜或总配电箱、分配电箱、开关箱，实行三级配电。配电系统宜使三相负荷平衡。220V 或 380V 单相用电设备宜接入 220/380V 三相四线系统；当单相照明线路电流大于 30A 时，宜采用 220/380V 三相四线制供电。

（2）总配电箱以下可设若干分配电箱；分配电箱以下可设若干开关箱。总配电箱应设在靠近电源的区域，分配电箱应设在用电设备或负荷相对集中的区域，分配电箱与开关箱的距离不得超过 30m，开关箱与其控制的固定式用电设备的水平距离不宜超过 3m。

（3）每台用电设备必须有各自专用的开关箱，严禁用同一个开关箱直接控制 2 台及 2 台以上用电设备（含插座）。

（4）动力配电箱与照明配电箱宜分别设置。当合并设置为同一配电箱时，动力和照明应分路配电；动力开关箱与照明开关箱必须分设。

（5）配电箱、开关箱应装设在干燥、通风及常温场所，不得装设在有严重损伤作用的瓦斯、烟气、潮气及其他有害介质中，亦不得装设在易受外来固体物撞击、强烈振动、液体浸溅及热源烘烤场所。否则，应予清除或做防护处理。

（6）配电箱、开关箱周围应有足够 2 人同时工作的空间和通道，不得堆放任何妨碍操作、维修的物品，不得有灌木、杂草。

（7）配电箱、开关箱应采用冷轧钢板或阻燃绝缘材料制作，钢板厚度应为 1.2～

2.0mm，其中开关箱箱体钢板厚度不得小于 1.2mm，配电箱箱体钢板厚度不得小于 1.5mm，箱体表面应做防腐处理。

（8）配电箱、开关箱应装设端正、牢固。固定式配电箱、开关箱的中心点与地面的垂直距离应为 1.4—1.6m。移动式配电箱、开关箱应装设在坚固、稳定的支架上。其中心点与地面的垂直距离宜为 0.8—1.6m。

（9）配电箱、开关箱内的电器（含插座）应先安装在金属或非木质阻燃绝缘电器安装板上，然后方可整体紧固在配电箱、开关箱箱体内。金属电器安装板与金属箱体应做电气连接。

（10）配电箱、开关箱内的电器（含插座）应按其规定位置紧固在电器安装板上，不得歪斜和松动。

（11）配电箱的电器安装板上必须分设 N 线端子板和 PE 线端子板。N 线端子板必须与金属电器安装板绝缘；PE 线端子板必须与金属电器安装板做电气连接。进出线中的 N 线必须通过 N 线端子板连接；PE 线必须通过 PE 线端子板连接。

（12）配电箱、开关箱的金属箱体、金属电器安装板以及电器正常不带电的金属底座、外壳等必须通过 PE 线端子板与 PE 线做电气连接，金属箱门与金属箱体必须通过采用编织软铜线做电气连接。

（13）配电箱、开关箱内的电器（含插座）应先安装在金属或非木质阻燃绝缘电器安装板上，然后方可整体紧固在配电箱、开关箱箱体内。配电箱、开关箱的进、出线口应配置固定线卡，进出线应加绝缘护套并成束卡固在箱体上，不得与箱体直接接触。移动式配电箱、开关箱的进、出线应采用橡皮护套绝缘电缆，不得有接头。

（14）配电箱、开关箱应有名称、用途、分路标记及系统接线图；

（15）箱门应配锁，并应由专人负责；应定期检查、维修。检查、维修人员必须是专业电工。

（16）检查、维修时必须按规定穿、戴绝缘鞋、手套，必须使用电工绝缘工具，并应做检查、维修工作记录。

（17）配电箱、开关箱必须按照下列顺序操作：送电操作顺序为：总配电箱→分配电箱→开关箱；停电操作顺序为：开关箱→分配电箱→总配电箱。

（18）对配电箱、开关箱进行定期维修、检查时，必须将其前一级相应的电源隔离开关分闸断电，并悬挂"禁止合闸、有人工作"停电标志牌，严禁带电作业。

（19）熔断器的熔体更换时，严禁采用不符合原规格的熔体代替。

（20）漏电保护器每天使用前应启动漏电试验按钮试跳一次，试跳不正常时严禁继续使用。

（21）开关箱必须装设隔离开关、断路器或熔断器，以及漏电保护器。当漏电保护器是同时具有短路、过载、漏电保护功能的漏电断路器时，可不装设断路器或熔断器。隔离开关应采用分断时具有可见分断点，能同时断开电源所有极的隔离电器，并应设置于电源进线端。当断路器是具有可见分断点时，可不另设隔离开关。

开关箱中漏电保护器的额定漏电动作电流不应大于 30mA，额定漏电动作时间不应大于 0.1s。使用于潮湿或有腐蚀介质场所的漏电保护器应采用防溅型产品，其额定漏电动作电流不应大于 15mA，额定漏电动作时间不应大于 0.1s。

（22）总配电箱中漏电保护器的额定漏电动作电流应大于 30mA，额定漏电动作时间应大于 0.1s，但其额定漏电动作电流与额定漏电动作时间的乘积不应大于 30mA·s。

（23）配电箱、开关箱的电源进线端严禁采用插头和插座做活动连接。

5. 施工机具

（1）电焊机械应放置在防雨、干燥和通风良好的地方。焊接现场不得有易燃、易爆物品。

（2）交流弧焊机变压器的一次侧电源线长度不应大于 5m，其电源进线处必须设置防护罩。发电机式直流电焊机的换向器应经常检查和维护，应消除可能产生的异常电火花。

（3）电焊机械开关箱中的漏电保护器必须符合要求。交流电焊机械应配装防二次侧触电保护器。

（4）电焊机械的二次线应采用防水橡皮护套铜芯软电缆，电缆长度不应大于 30m，不得采用金属构件或结构钢筋代替二次线的地线。

（5）使用电焊机械焊接时必须穿戴防护用品，严禁露天冒雨从事电焊作业。

（6）手持式电动工具中的塑料外壳 II 类工具和一般场所手持式电动工具中的 III 类工具可不连接 PE 线。每一台电动建筑机械或手持式电动工具的开关箱内，除应装设过载、短路、漏电保护电器外，还应装设隔离开关或具有可见分断点的断路器，以及装设控制装置。正、反向运转控制装置中的控制电器应采用接触器、继电器等自动控制电器，不得采用手动双向转换开关作为控制电器。

（7）塔式起重机、外用电梯、滑升模板的金属操作平台及需要设置避雷装置的物料提升机，除应连接 PE 线外，还应做重复接地。设备的金属结构构件之间应保证电气连接。

（8）空气湿度小于 75% 的一般场所可选用 I 类或 II 类手持式电动工具，其金属外壳与 PE 线的连接点不得少于 2 处；除塑料外壳 II 类工具外，相关开关箱中漏电保护器的额定漏电动作电流不应大于 15mA，额定漏电动作时间不应大于 0.1s，其负荷线插头应具备专用的保护触头。所用插座和插头在结构上应保持一致，避免导电触头和保护触头混用。

（9）在潮湿场所或金属构架上操作时，必须选用 II 类或由安全隔离变压器供电的 III 类手持式电动工具；金属外壳 II 类手持式电动工具使用时，必须符合要求；其开关箱和控制箱应设置在作业场所外面；在潮湿场所或金属构架上严禁使用 I 类手持式电动工具。

（10）狭窄场所必须选用由安全隔离变压器供电的 III 类手持式电动工具，其开关箱和安全隔离变压器均应设置在狭窄场所外面，并连接 PE 线。漏电保护器的选择应符合使用于潮湿或有腐蚀介质场所漏电保护器的要求。操作过程中，应有人在外面监护。

（11）手持式电动工具的负荷线应采用耐气候型的橡皮护套铜芯软电缆，并不得有接头。使用手持式电动工具时，必须按规定穿、戴绝缘防护用品。

（12）混凝土搅拌机、插入式振动器、平板振动器、地面抹光机、水磨石机、钢筋加工机械、木工机械、盾构机械的负荷线必须采用耐气候型橡皮护套铜心软电缆，并不得有任何破损和接头。水泵的负荷线必须采用防水橡皮扩套铜芯软电缆，严禁有任何破损和接头，并不得承受任何外力。盾构机械的负荷线必须固定牢固，距地高度不得小于 2.5m。

（13）对混凝土搅拌机、钢筋加工机械、木工机械、盾构机械等设备进行清理、检查、维修时，必须首先将其开关箱分闸断电，呈现可见电源分断点，并关门上锁。

七、高处作业安全技术要点

（一）安全防护用品

1. 安全帽

安全帽是对人头部受到坠落物及其他特定因素引起的伤害起防护作用的帽，由帽壳、帽衬、下颌带、附件组成。

系带应采用软质纺织物，宽度不小于 10mm 的带或直径不小于 5mm 的绳；不得使用有毒、有害或引起皮肤过敏等人体伤害的材料；当安全帽配有附件时，应保证安全帽正常佩戴时的稳定性，安全帽应不影响安全帽的安全防护功能。

安全帽的标识由永久标识和产品说明组成，其中永久标识是指刻印、缝制、铆固标牌、模压或注塑在帽壳上的永久性标志，必须包括：本标准编号、制造厂名、生产日期、产品名称、产品的特殊技术性能。

2. 安全网

安全网是用来防止人、物坠落，或用来避免、减轻坠落及物体伤害的网具，一般由网体、边绳、系绳组成，安全网按功能分为安全平网、安全立网及密目式安全立网。

安全平（立）网的标识由永久标识和产品说明书组成，平（立）网的永久标识包括：本标准号、产品合格证、产品名称及分类标记、制造商名称、地址、生产日期等。

密目网的表示由永久标识和产品说明组成，永久标识包括本标准号、产品合格证、产品名称及分类标记、制造商名称、地址、生产日期等。

3. 安全带

安全带是防止高处作业人员发生坠落或发生坠落后将作业人员安全悬挂的个人防护装备。安全带不应使用回料或再生料，使用皮革不应有接缝，安全带可同工作服合为一体，但不应封闭在衬里内，以便穿脱时检查和调整，坠落悬挂安全带的安全绳同主带的连接点应固定于佩戴者的后背、后腰或胸前，不用位于腋下、腰侧或腹部。

（二）临边和洞口作业

1. 临边作业

在施工现场，当高处作业中工作面的边沿没有围护设施或虽有围护设施，但其高度低于 800mm 时，这一类作业称为临边作业。

处于这类临边状态下的场合施工，例如沟、坑、槽边，深基础周边，楼层周边，梯段侧边，平台或阳台边，屋面边等，都属于临边作业。

在进行临边作业时，必须设置牢固的、可行的安全防护设施，不同的临边作业场所，需设置不同的防护设施。这些设施主要是防护栏杆和安全网。设置防护栏杆的临边作业场所，可分为以下几类：

（1）基坑周边，尚未装栏杆或栏板的阳台、料台与各种平台周边，雨篷与挑檐边，无外脚手的屋面和楼层周边，以及水箱与水塔周边等处，都必须设置防护栏杆。

（2）分段施工的楼梯口和梯段边，必须安装临时防护栏杆，顶层楼梯口应随工程结构的进度安装正式栏杆或者临时护栏。梯段旁边亦应设置一边扶手，作为临时防护栏。

（3）垂直运输设备，如井架、施工用电梯等与建筑物相连接的通道两侧边，亦须加设护栏杆。护栏的下部还必须加设挡脚板或挡脚板或金属网片。地面上通道的顶部则应装设安全防护棚。双笼井架的通道中间，左右两部分应该予以分隔封闭；在防护栏之外，还须搭设安全网。

2. 洞口作业

在洞口作业时，应采取防坠落措施，并应符合下列规定：

（1）当垂直洞口短边边长小于500mm时，应采取封堵措施；当垂直洞口短边边长大于或等于500mm时，应在临空一侧设置高度不小于1.2m的防护栏杆，并应采用密目式安全立网或工具式栏板封闭，设置挡脚板；

（2）当非垂直洞口短边尺寸为25～500mm时，应采用承载力满足使用要求的盖板覆盖，盖板四周搁置应均衡，且应防止盖板移位；

（3）当非垂直洞口短边边长为500～1500mm时，应采用专项设计盖板覆盖，并应采取固定措施；

（4）当非垂直洞口短边长大于或等于1500mm时，应在洞口作业侧设置高度不小于1.2m的防护栏杆，并应采用密目式安全立网或工具式栏板封闭；洞口应采用安全平网封闭。

电梯井口应设置防护门，其高度不应小于1.5m，防护门底端距地面高度不应大于50mm，并应设置挡脚板。施工现场通道附近的洞口、坑、沟、槽、高处临边等危险作业处，应悬挂安全警示标志外，夜间应设灯光警示。边长不大于500mm洞口所加盖板，应能承受不小于1.1kN/m²的荷载。

在进入电梯安装施工工序之前，同时井道内应每隔10m且不大于2层加设一道水平安全网。电梯井内的施工层上部，应设置隔离防护设施。墙面等处落地的竖向洞口、窗台高度低于800mm的竖向洞口及框架结构在浇注完混凝土没有砌筑墙体时的洞口，应按临边防护要求设置防护栏杆。

临边作业的防护栏杆应由横杆、立杆及不低于180mm高的挡脚板组成，并应符合下列规定：

（1）防护栏杆应为两道横杆，上杆距地面高度应为1.2m，下杆应在上杆和挡脚板中间设置。当防护栏杆高度大于1.2m时，应增设横杆，横杆间距不应大于600mm；

（2）防护栏杆立杆间距不应大于2m。

防护栏杆立杆底端应固定牢固，并应符合下列规定：

（1）当在基坑四周土体上固定时，应采用预埋或打入方式固定。当基坑周边采用板桩时，如用钢管做立杆，钢管立杆应设置在板桩外侧；

（2）当采用木立杆时，预埋件应与木杆件连接牢固。

防护栏杆杆件的规格及连接，应符合下列规定：

（1）当采用钢管作为防护栏杆杆件时，横杆及栏杆立杆应采用脚手钢管，并应采用扣件、焊接、定型套管等方式进行连接固定；

（2）当采用原木作为防护栏杆杆件时，杉木杆梢径不应小于80mm，红松、落叶松梢径不应小于70mm；栏杆立杆木杆梢径不应小于70mm，并应采用8号镀锌铁丝或回火铁丝进行绑扎，绑扎应牢固紧密，不得出现泻滑现象。用过的铁丝不得重复使用；

（3）当采用其他型材作防护栏杆杆件时，应选用与脚手钢管材质强度相当规格的材料，并应采用螺栓、销轴或焊接等方式进行连接固定。

栏杆立杆和横杆的设置、固定及连接，应确保防护栏杆在上下横杆和立杆任何处，均能承受任何方向的最小 1kN 外力作用，当栏杆所处位置有发生人群拥挤、车辆冲击和物件碰撞等可能时，应加大横杆截面或加密立杆间距。

防护栏杆应张挂密目式安全立网。

（三）攀高和悬空作业

1. 攀高作业

（1）开展攀高作业，必须戴好安全帽，扣好帽带，并正确使用个人劳动防护用具。

（2）在施工组织设计中应确定用于现场施工的登高和攀登设施，现场登高应借助建筑结构或脚手架上的登高设施，也可采用载人的垂直运输设备。进行攀登作业时可使用梯子或采用其他攀登设施。

（3）柱、梁和吊车梁等构件吊装所需的直爬梯及其他登高用拉攀件，应在构件施工图或说明内做出规定。

（4）攀登的用具，结构构造上必须牢固可靠。供人上下的踏板其使用荷载不应大于 1100N。当梯面上有特殊作业，重量超过上述荷载时，应按实际情况加以验算。

（5）移动式梯子，均应按现行的国家标准验收其质量。

（6）梯脚底部应坚实，不得垫高使用。梯子的上端应有固定措施。立梯工作角度以 75°±5°为宜。踏板上下间距以 30cm 为宜，不得有缺挡。

（7）梯子如需接长使用，必须有可靠的连接措施，且接头不得超过 1 处。连接后梯梁的强度，不应低于单梯梯梁的强度。

（8）折梯使用时上部夹角以 35°～45°为宜，铰链必须牢固，并应有可靠的拉撑措施。

（9）固定式直爬梯应用金属材料制成。梯宽不应大于 50cm，支撑应采用不小于 L70×6 的角钢，埋设与焊接均必须牢固。梯子顶端的踏棍应与攀登的顶面齐平，并加设 1～1.5m 高的扶手。使用直爬梯进行攀登作业时，攀登高度以 5m 为宜。超过 2m 时，宜加设护笼，超过 8m 时，必须设置梯间平台。

（10）作业人员应从规定的通道上下，不得在阳台之间等非规定通道进行攀登，也不得任意利用吊车臂架等施工设备进行攀登。上下梯子时，必须面向梯子，且不得手持器物。

2. 悬空作业

（1）悬空作业处应有牢靠的立足处，并必须视具体情况，配置防护栏网、栏杆或其他安全设施。

（2）悬空作业所用的索具、脚手板、吊篮、吊笼、平台等设备，均经过技术鉴定或校正方可使用。

（3）模板支撑和拆卸时的悬空作业，支模时应按规定的作业程序进行，模板未固定前不得进行一道工序。严禁在连接件和支撑件上攀登上下，并严禁在上下同一垂直面上装拆模板。模板的装、拆应严格按照施工组织设计的措施进行。

（4）支设高度在 3m 以上的柱模时，四周应设斜撑，并应设立操作平台。低于 3m 的可使用马凳操作。

（5）设置悬挑形式的模板时，应有稳固的立足点。支设临空构筑物模板时，应搭设支架或脚手架。模板上有预留洞时，应在安装后将洞盖没，混凝土板上拆模后形成的临边或洞口，应按规范要求进行防护。

（6）绑扎钢筋和安装钢筋骨架时，必须搭设脚手架和马道。

（7）绑扎圈梁、挑梁、挑檐、外墙和边柱等钢筋时，应搭设操作台架和张挂安全网。悬空大梁钢筋的绑扎，必须在满铺脚手板的支架或操作平台上操作。

（8）绑扎立柱和墙体钢筋时，不得站在钢筋骨架上或攀登骨架上下，3m 以内的柱钢筋，可在地面或楼面上绑扎，整体竖立，绑扎 3m 以上的柱钢筋，必须搭设操作平台。

（9）混凝土浇筑时的悬空作业，在浇筑离地 2m 以上框架、过梁、雨篷和小平台时，应设操作平台，不得直接站在模板或支撑件上操作。

（10）特殊情况下如无可靠的安全设施，必须系好安全带，并扣好保险钩，或架设安全网。

（11）安装门窗、油漆及安装玻璃时，严禁操作人员站在樘子、阳台栏板上操作。

（12）在高处外墙安装门窗，无外脚手时，应张挂安全网，无安全网时，操作人员应系好安全带，其保险钩应挂在操作人员上方的可靠物件上。

（13）进行各项窗口作业时，操作人员的重心应位于室内，不得在窗台上站立，必要时系好安全带进行操作。

（四）操作平台

1. 移动式操作平台

移动式操作平台的面积不应超过 10m²，高度不应超过 5m，高宽比不应大于 3：1，施工荷载不应超过 1.5kN/m²。

移动式操作平台的轮子与平台架体连接应牢固，立杆低端离地面不得超过 80mm，行走轮和导向轮应配有制动器或刹车闸等固定措施，移动式行走轮的承载力不应小于 5kN，行走轮制动器的制动力矩不应小于 2.5kN·m，移动式操作平台的架体应保持垂直，不得弯曲变形，行走轮的制动器在移动情况外，均应保持制动状态。

移动式操作平台在移动时，操作平台上不得站人。

2. 落地式操作平台

落地式操作平台的架体构造应符合下列规定：

（1）落地式操作平台的面积不应超过 10m²，高度不应超过 15m，高宽比不应大于 2.5：1；

（2）施工平台的施工荷载不应超过 2.0kN/m²，接料平台的施工荷载不应超过 3.0kN/m²；

（3）落地式操作平台应独立设置，并应和建筑物进行刚性连接，不得与脚手架连接；

（4）用脚手架搭设落地式操作平台时，其结构构造应符合相关脚手架规范的规定，在立杆下部设置底座或垫板，纵向与横向扫地杆，在外立面设置剪刀撑或斜撑；

（5）落地式操作平台应从底层第一步水平杆起逐层设置连墙件且间隔不应大于 4m，

同时应设置水平剪刀撑，连墙件应采用可承受拉力和压力的构造，应与建筑结构可靠连接。

落地式操作平台的搭设材料和搭设技术要求、允许偏差应符合相关脚手架规范的规定，落地式操作平台应按相关脚手架规范的规定计算受弯构件强度、连接扣件抗滑承载力、立杆稳定性、连墙件强度与稳定性及连接强度、立杆地基承载力等。

落地式操作平台一次搭设高度不应超过相邻连墙件以上两步，落地式操作平台的拆除应由上而下逐层进行，严禁上下同时作业，连墙件应随工程进度逐层拆除。

落地式操作平台应符合脚手架规范的规定，检查和验收应符合以下规定：搭设操作平台的钢管和扣件应有产品合格证；搭设前应对基础进行检查验收，搭设中应随施工进度按结构层对操作平台进行检查验收；遇 6 级以上大风、雷雨、大雪等恶劣天气及停用超一个月恢复，使用前应进行检查；操作平台使用中，应定期进行检查。

3. 悬挑式操作平台

悬挑式操作平台的设置应符合以下规定：

（1）悬挑式操作平台的搁置点、拉结点、支撑点应设置在主体结构上，且应可靠连接；

（2）未经专项设计的临时设施上，不得设置悬挑式操作平台；

（3）悬挑式操作平台的结构应稳定可靠，且其承载力应符合使用要求；

悬挑式操作平台的悬挑长度不宜大于 5m，承载力需经设计验收，采用斜拉方式的悬挑式操作平台应在平台两边各设置前后两道斜拉钢丝绳，每一道均应作单独受力计算和设置，采用支撑方式的悬挑式操作平台，应在钢平台的下方设置不小于两道的斜撑，斜撑的一端应支撑在钢平台主结构钢梁下，另一端支撑在建筑物主体结构。采用悬臂梁式的操作平台，应采用型钢制作悬挑梁或悬挑桁架，不得使用钢管，其节点应是螺栓或焊接的刚性节点，不得采用扣件连接，当平台板上的主梁采用与主体结构预埋件焊接时，预埋件、焊缝均应经设计计算，建筑主体结构需同时满足强度要求。

悬挑式操作平台安装吊运时应使用起重吊环，与建筑物连接固定时应使用承载吊环，当悬挑式操作平台安装时，钢丝绳应采用专用的卡环连接，钢丝绳绳卡数量应与钢丝绳直径相匹配，且不得少于 4 个，钢丝绳卡的连接方法应满足规范要求，建筑物锐角利口周围系钢丝绳处应加衬软垫物。

悬挑式操作平台的外出应略高与内侧，外侧应安装固定的防护栏杆并应设置防护挡板完全封闭，不得在悬挑式操作平台吊运、安装时上人。

（五）交叉作业

施工现场立体交叉作业时，下层作业的位置，应处于坠落半径之外，坠落半径按 6-9 规定，模板、脚手架等拆除作业应适当增加坠落半径，当达不到规定时，应设置安全防护棚，下方应设置警戒隔离区。

坠落半径（m）　　　　　　　　　　　　　　　　　　表 6-9

序号	上层作业高度	坠落半径
1	$2 \leqslant h < 5$	3

序号	上层作业高度	坠落半径
2	$5{\leqslant}h{<}15$	4
3	$5{\leqslant}h{<}30$	5
4	$h{\geqslant}30$	6

施工现场人员进入的通道口应搭设防护棚（图6-28）。

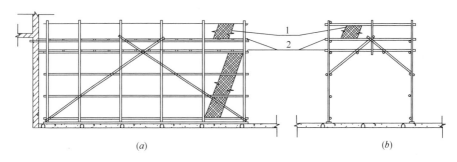

图 6-28　通道口防护示意（单位：mm）

(*a*) 侧立面图；(*b*) 正立面图

1—密目网；2—竹笆或木板

处于起重设备的其中机臂回转范围之内的通道，顶部应搭设防护棚。操作平台内侧通道的上下方应设置阻挡物体坠落的隔离防护措施。防护棚的顶棚使用竹笆或胶合板搭设时，应采用双层搭设，间距不应小于700mm；当使用木板时，可采用单层搭设，木板厚度不应小于50mm，或采用与木板等强度的其他材料搭设。防护棚的长度应根据建筑物高度与可能坠落半径确定。当建筑物高度大于24m、并采用木板搭设时，应搭设双层防护棚，两层防护棚的间距不应小于700mm。不得在防护棚棚顶堆放物料。

八、现场防火安全技术要点

（一）防火管理

1. 建筑房防火

临时用房、临时设施的布置应满足现场防火、灭火及安全疏散的要求，其中，施工现场的出入口、围墙、围挡，场内临时道路，给谁官网或管理和配电线路敷设或架设的走向、高度，施工现场办公用房、宿舍、发电机房、变配电室、可燃材料库房、易燃易爆危险品库房、可燃材料堆场及其加工场、固定动火作业场等，临时消防车道、消防救援场地和消防水源应纳入施工现场总平面布局中。

施工现场出入口的设置应满足消防车通行的要求，并宜布置在不同方向，其数量不宜少于2个，当确有困难只能设置1个出入口时，应在施工现场内设置满足消防车通行的环形道路。

固定动火作业场应布置在可燃材料堆场及其加工场、易燃易爆危险品仓库等全年最小频率风向的上风侧，并宜布置在临时办公用房、宿舍、可燃材料客房、在建工程等全年最小频率风向的上风侧。

易燃易爆危险品库房应远离明火作业区、人员密集区和建筑物相对集中区，可燃材料堆场及其加工场、易燃易爆危险品库房不应布置在架空电力线下。

易燃易爆危险品库房与在建工程的防火间距不应小于15m，可燃材料堆场及其加工场、固定动火作业场与在建工程的防火间距不应小于10m，其他临时用房、临时设施与在建工程的防火间距不应小于6m。

施工现场内应设置临时消防车道，临时消防车道与在建工程、临时用房、可燃材料堆场及其加工场的间距不宜小于5m，且不宜大于40m；施工现场周边道路满足消防通行及灭火救援要求时，施工现场内可不设置临时消防车道。

宿舍、办公室的防火设计应符合下列规定：

（1）建筑构件的燃烧性能等级应为A级，当热爱用金属夹芯板材时，其芯材的燃烧性能等级应为A级。

（2）建筑层数不应超过3层，每层建筑面积不应大于300m²。

（3）层数为3而成层或每层建筑面积大于200m²时，应设置至少2部疏散楼梯，房间疏散门至疏散走道的最大距离不应大于25m。

（4）单面布置用房时，疏散走道的净宽度不应小于1.0m；双面布置用房时，疏散走道的净宽度不应小于1.5m。

（5）疏散楼梯的净宽度不应小于疏散走道的净宽度。

（6）宿舍房间的建筑面积不应大于30m²，其他房间的建筑面积不宜大于100m²。

（7）房间内任一点至最近疏散门的间距不应大于15m，房门的净宽度不应小于0.8m；房间建筑面积超过50m²，房门的净宽度不应小于1.2m。

（8）隔墙应从楼地面基层隔断至顶板基层底面。

在建工程作业场所的临时疏散通道应采用不燃、难燃材料建造，并应与在建工程结构施工同步设置，也可利用在建工程施工完毕的水平结构、楼梯。

既有建筑进行扩建、改建施工时，必须明确划分施工区和非施工区。施工区不得营业、使用和居住；非施工区继续营业、使用和居住时，应符合下列规定：

（1）施工区和非施工区之间应采用不开设门、窗、洞口的耐火极限不低于3.0h的不燃烧体隔墙进行防火分隔。

（2）施工区的消防安全应配有专人值守，发生火情应能立即处置。

（3）非施工区内的消防设施应完好和有效，疏散通道应保持畅通，并应落实日常值班及消防安全管理制度。

（4）施工单位应向居住和使用者进行消防宣传教育，告知建筑消防设施、疏散通道的位置及使用方法，同时应组织疏散演练。

（5）外脚手架搭设不应影响安全疏散、消防车正常通行及灭火救援操作，外脚手架搭设长度不应超过该建筑物外立面周长的1/2。

2. 用火管理

施工现场用火应符合以下规定：

（1）动火作业应办理动火许可证；动火许可证的签发人收到动火申请后，应前往现场查验并确认动火作业的防火措施落实后，再签发动火许可证。

（2）动火操作人员应具有相应资格。

（3）焊接、切割、烘烤或加热等动火作业前，应对作业现场的可燃物进行情理；作业现场及其附近无法移走的可燃物应采用不燃材料对其覆盖或隔离。

（4）施工作业安排时，宜将动火作业安排在施工可燃建筑材料的施工作业前进行。缺需在使用可燃建筑材料的施工作业之后进行动火作业时，应采取可靠的防火措施。

（5）裸露的可燃材料上严禁直接进行动火作业。

（6）焊接、切割、烘烤或加热等动火作业应配备灭火器材，并应设置动火监护人进行现场监护，每个动火作业点均应设置1个监护人。

（7）五级（含五级）以上风力时，应停止焊接、切割等室外动火作业；确需动火作业时，应采取可靠的挡风措施。

（8）动火作业后，应对现场进行检查，并应在确认无火灾危险后，动火操作人员再离开。

（9）具有火灾、爆炸危险的场所严禁明火。

（10）施工现场不应采用明火取暖。

（11）厨房操作间炉灶使用完毕后，应将炉火熄灭，排油烟机及油烟管道应定期清理油垢。

3. 其他防火管理

施工现场的重点防火部位或区域应设置防火警示标识，施工单位应做好施工现场临时消防设施的日常维护工作，对已失效、损坏或丢失的消防设施应及时更换、修复或补充。

临时消防车道、临时疏散通道、安全出口应保持畅通，不得遮挡、挪动疏散指示标识，不得挪用消防设置，施工期间，不应拆除临时消防设施及临时疏散设施。同时施工现场严禁吸烟。

（二）临时消防设施

1. 灭火器

灭火器应设置在位置明显和便于取用的地点，且不影响安全疏散。对有视线障碍灭火器设置点，应设置指示其位置的发光标志。灭火器的摆放应稳固，其名牌应朝外，手提式灭火器宜设置在灭火器箱内或挂钩、托架离地面高度不应大于1.5m，底部离里面高度不宜小于0.08m，灭火器不得上锁。

灭火器不宜设置在潮湿或强腐蚀性的地点，当必须设置时，应有相应的保护措施，灭火器设置在室外时，应有相应的保护措施。

一个计算单元内配备的灭火器数量不得少于2具，每个设置点的灭火器数量不宜多于5具，当住宅楼每层的公共部位建筑面积超过100m²，应配置1具1A的手提式灭火器；每增加100m²时，增配1具1A的手提式灭火器。

2. 临时消防给水系统

施工现场应设置灭火器、临时消防给水系统和应急照明等临时消防设施，临时消防设施应与在建工程的施工同步设置，房屋建筑工程中，临时消防设施的设置与在建工程主题结构施工进度的差距不应超过3层。

施工现场的消火栓泵应采用专用消防配电线路。专用消防配电线路应自施工现场总配电箱的总断路器上端接入，且应保持不间断供电。

临时消防给水系统的贮水池、消火栓泵、室内消防竖管及水泵接合器等应设置醒目标识。地下工程的施工作业场所宜配备防毒面具。

易燃易爆危险品存放及使用场所、动火作业场所、可燃材料堆放、加工和施工场所、厨房操作间、锅炉房、发电机房、变配电房、设备用房、办公用房、宿舍等临时用房和其他具有火灾危险的场所，需按要求配备灭火器。灭火器的配置数量应按现行国家标准《建筑灭火器配备设计规范》GB 50140 的有关规定经计算确定，且每个场所的灭火器数量不应小于 2 具。

施工现场或其附近应设置稳定、可靠的水源，并应能满足施工现场临时消防用水的需要，消防水源可采用市政给水管网或天然水源，当采用天然水源时，应采取确保冰冻季节、枯水期最低水位时顺利取水的措施，并应满足临时消防用水量的要求。

临时用房建筑面积之和大于 1000m² 或在建工程单体体积大于 10000m³ 时，应设置临时室外消防给水系统。当施工现场处于市政消火栓 150m 保护范围内，且市政消火栓的数量满足室外消防用水量的要求时，可不设置临时室外消防给水系统。

施工现场临时室外消防给水系统的设置应符合下列规定：

（1）给水管网宜布置成环状。

（2）临时室外消防给水干管的管径，应根据施工现场临时消防用水量和干管内水流计算速度计算确定，且不应小于 DN100。

（3）室外消火栓应沿在建工程、临时用房和可燃材料堆场及其加工场均匀布置，与在建工程、临时用房和可燃材料堆场及其加工场的外边线的距离不应小于 5m。

（4）消火栓的间距不应大于 120m。

（5）消火栓的最大保护半径不应大于 150m。

建筑高度大于 24m 或单体体积超过 30000m³ 的在建工程，应设置临时室内消防给水系统。施工现场临时消防给水系统应与施工现场生产、生活给水系统合并并设置，但应设置将生产、生活用水转为消防用水的应急阀门，应急阀门不应超过 2 个，且应设置在易于操作的场所，并应设置明显标志。

九、其他安全技术要点

（一）施工机具

1. 电焊机

电焊机安装完毕应按规定进行验收，内容主要应包括：电焊机安装牢固稳定，金属构架无开焊、裂纹，安全装置齐全完好，电焊机绝缘电阻符合要求，漏电保护器符合要求，验收表应经责任人签字确认。

电焊机应采用接零保护，保护零线应单独设置，开关箱的漏电保护器应符合现行行业标准《施工现场临时用电安全技术规范》JGJ 460 的规定。电焊机应安装二次空载降压保护器，以降低二次空载电压，防止触电事故发生。

电焊机一次侧电源线长度不应超过 5m，且应穿管保护，电源线与电焊机连接处应设置保护罩，二次线必须使用防水橡胶护套铜芯电缆，严禁使用金属结构或其他导线代替。使用电焊机时，操作人员应穿戴防护用品。

2. 圆盘锯

圆盘锯安装完毕应按规定验收，内容主要应包括：圆盘锯安装牢固稳定，金属构架无开焊、裂纹，安全装置齐全完好，电动机绝缘电阻符合要求，漏点保护器符合要求，验收表应经责任人签字确认。

防护罩、分料器及防护挡板等安全装置应齐全完好，防护功能应完好。圆盘锯应采用接零保护，保护零线应单独设置，开关箱的漏电保护器应符合现行行业标准《施工现场临时用电安全技术规定》JGJ 46 的规定。

圆盘锯作业场地，应设置防护棚，并应具有防雨、防晒等功能，并应达到标准。

3. 手持电动工具

使用 Ⅰ 类手持电动工具（金属外壳），应作接零保护，保护零线应单独设置，并应按现行行业标准《施工现场临时用电安全技术规范》JGJ 46 的规定安装漏电保护器，作业人员应穿戴绝缘手套和绝缘鞋，在潮湿场所或金属构架上作业，不得使用 Ⅰ 类手持电动工具，使用 Ⅱ 类手持电动工具时，漏电保护器的参数为：额定动作电流不应大于 15mA；额定动作时间不应大于 0.1s。

手持电动工具的电源电线应保持出厂状态，不得接长，插头应保持完好状态。

4. 气瓶

由于气瓶内气体压力很高，使用时必须经减压器减压才能保护安全作业，未防止操作不当易发生乙炔气体逆向流入乙炔瓶发生事故，乙炔瓶应安装回火装置，减压器、回火装置应灵敏可靠。

作业时，气瓶间的安全距离不应小于 5m，与明火的安全距离不应小于 10m，当不能满足安全距离时，应采取可靠的隔离防护措施。气瓶应按规定分别存放在易燃易爆品仓库内，仓库应防雨、防晒，通风良好，仓库内应使用防爆照明灯具。

（二）基坑

1. 施工方案

开挖深度超过 3m 或虽未超过 3 米但地质条件和周边环境复杂的基坑（槽）支护、降水工程，施工总承包单位需在深基坑实施前编制专项方案，专项方案应当包含工程概况、编制依据、施工计划、施工工艺技术、施工保证措施、劳动力计划、计算书及相关图纸。工程概况包含深基坑工程概况、施工总平面布置、施工要求和技术保证条件。编制依据包含相关法律、法规、规范性文件、标准、规范及图纸（国标图集）、施工组织设计。施工计划需包含施工进度计划、材料与设备计划。施工工艺技术包含技术参数、工艺流程、施工防范、检查验收。施工保证措施包括组织保障、技术措施、应急预案、监测监控。劳动力计划需包括专职安全生产管理人员、特种作业人员。

开挖深度超过 5m（含 5m）的基坑（槽）的土方开挖、支护、降水工程，除编制专项施工方案外，施工单位还需组织 5 名及以上符合专业要求的专家对专项方案进行论证。专项方案经论证后，施工单位根据论证报告修改完善专项方案，并经施工单位技术负责人、项目总监理工程师、建设单位项目负责人签字后，方可组织实施。

2. 基坑支护及降排水

（1）基坑支护

基坑工程施工前应根据设计文件，结合现场条件和周边环境保护要求、气候等情况，编制支护结构施工方案。临水基坑施工方案编制应考虑波浪、潮位等对施工的影响，并应符合防汛主管部门的相关规定。

基坑支护结构施工应与降水、开挖相互协调，各工况和工序应符合设计要求。基坑支护结构施工与拆除不应影响邻近市政管线、地下设施与周围建（构）筑物等的正常使用，必要时应采取减少环境影响的措施。

支护结构施工应对支护结构自身、已施工的主体结构和邻近道路、市政管线、地下设施、周围建（构）筑物等进行监测，并应根据监测结果及时调整施工方案，采取有效措施减少支护结构施工对基坑及周边环境安全的影响。

施工现场道路布置、材料堆放、车辆行走路线等应符合荷载设计控制要求；当采用设置施工栈桥措施时，应进行施工栈桥的专项设计。

基坑工程施工中，如遇邻近工程进行桩基施工、基坑开挖、边坡工程、盾构顶进、爆破等施工作业，应根据实际情况协商确定相互间合理的施工顺序和方法，必要时应采取措施减少相互影响。

支护结构施工前应进行试验性施工，以评估施工工艺和各项参数对基坑及周边环境的影响程度；必要时应调整参数、工法或反馈修改设计选择合适的方案，以减少对周边环境的影响。

基坑开挖支护施工导致邻近建筑物不均匀沉降过大时，应采取调整支护体系或施工工艺、施工速度，或设置隔离桩、加固既有建筑地基基础、反压与降水纠偏等措施。

（2）降水工程

基坑工程地下水控制应根据场地工程地质与水文地质条件、基坑挖深、地下水降深以及环境条件综合确定，宜按工程要求、含水土层性质、周边环境条件等选择明排、真空井点、喷射井点、管井、渗井和辐射井等方法，并可与隔水帷幕和回灌等方法组合使用，并应优先选择对地下水资源影响小的隔水帷幕、自渗降水、回灌等方法。

基坑穿过相对不透水层，且不透水层顶板以上一定深度范围内的地下水通过井点降水不能彻底解决时，应根据需要采取必要的排水、处理等措施。

管井降水、集水明排应采取措施严格控制出水含砂量，在降水水位稳定后降水后其含砂率（砂的体积：水的体积）粗砂地层应小于 $1/50000$、细砂和中砂地层应小于 $1/20000$。

抽排出的水应进行处理，妥善排出场外，防止倒灌流入基坑。

采用不同地下水控制方式时，可行性或风险性评价应符合下列规定：

1）集水明排方法时，应评价产生流砂、流土、潜蚀、管涌、淘空、塌陷等的风险性；

2）隔水帷幕方法时，应评价隔水帷幕的深度和可能存在的风险；

3）回灌方法时，应评价同层回灌或异层回灌的可能性。采用同层回灌时，回灌井与抽水井的距离可根据含水层的渗透性计算确定；

4）降水方法时，应对引起环境不利影响进行评价，必要时采取有效措施，确保不致因降水引起的沉降对邻近建筑和地下设施造成危害；

5）自渗降水方法时，应评价上层水导入下层水对下层水环境的影响，并按评价结果考虑方法的取舍。

对地下水采取施工降水措施时，应符合下列规定：

降水过程中应采取有效措施，防止土颗粒的流失；

防止深层承压水引起的流土、管涌和突涌，必要时应降低基坑下含水层中的承压水头；

评价抽水造成的地下水资源损失量，结合场地条件提出地下水综合利用方案建议。

应编制晴雨表，安排专人负责收听中长期天气预报的工作，并应根据天气预报实时调整施工进度。雨前要对已挖开未进行支护的侧壁边坡采用防雨布进行覆盖，配备足够多抽水设备，雨后及时排走基坑内积水。

坑外地面沉降、建筑物与地下管线不均匀沉降值或沉降速率超过设计允许值时，应分析查找原因，提出对策。

3. 安全防护

基坑工程应在四周设置高度大于 0.15m 的防水围挡，并应设置防护栏杆，防护栏杆埋深不应小于 0.60m，高度宜为 1.00～1.20m，栏杆柱距不得大于 2.0m，距离坑边水平距离不得小于 0.50m。基坑周边 1.2m 范围内不得堆载，3m 以内限制堆载，坑边严禁重型车辆通行。当支护设计中已考虑堆载和车辆运行时，必须按设计要求进行，严禁超载。

在基坑边 1 倍基坑深度范围内建造临时住房或仓库时，应经基坑支护设计单位允许，并经施工企业技术负责人、工程项目总监批准，方可实施。基坑开挖及施工过程中不得随意破坏结构节点。

基坑的上、下部和四周必须设置排水系统，流水坡向及坡率应明显和适当，不得积水。基坑上部排水沟与基坑边缘的距离应大于 2m，排水沟底和侧壁必须做防渗处理。基坑底部四周应设置排水沟和集水坑。

雨季施工时，应有防洪、防暴雨的排水措施及应急材料、设备，备用电源应处在良好的技术状态。在基坑的危险部位、临边、临空位置，设置明显的安全警示标识或警戒。当夜间进行基坑施工时，设置的照明必须充足，灯光布局合理，防止强光影响作业人员视力，不得照射坑上建筑物，必要时应配备应急照明。

基坑开挖前，应根据专项施工方案应急预案中所涉及的机械设备与物资进行准备，确保完好、并存放现场便于随时立即投入使用。基坑四周每一边，应设置不少于 2 个人员上下坡道或爬梯，不得在坑壁上掏坑攀登上下。

4. 基坑监测

施工期安全监测应符合下列规定：对中、强膨胀土基坑，特别是对深基坑的中、强膨胀土基坑，需根据工程实际情况因地制宜地设置安全监测设施；监测设施的设置和施工，宜结合膨胀土支护措施的施工方法、排（降）水的方式等情况实施，并尽量使基坑监测设施与施工期临时监测设施相结合；安全监测基坑开挖期间宜重点监测土体裂缝发展、坡肩深部位移、地下滞水层出露位置，必要时可通过埋设简易观测墩监测开挖边坡的变形情况；对已埋监测设施应按设计要求进行观测，及时进行资料整理和分析，若在观测过程中发现异常现象应马上上报，并随后提供书面监测报告；除用仪器设备进行监测外，还应重视和加强日常人工巡视检查，并符合下列规定：应定期由熟悉工程并具有实践经验的相关工程技术人员负责进行；巡视检查前应根据膨胀土基坑段的特点制订切实可行的巡视检查制度，规定巡视检查的时间、部位、内容和要求，并确定巡视检查路线和顺序；巡视检查分为施工期人工巡视检查和运行期人工巡视检查。施工期巡查一般每日 1～2 次；主要检查项目应包括有无裂缝和异常变形、截水沟有无堵塞和破损，坑坡或护坡有无裂缝、隆起、滑动、塌坑、错断或渗水、冒水等现象。

基坑施工过程除应按《建筑基坑工程监测技术规范》GB 50497 的规定进行第三方专业监测外，施工方应同时编制并实施施工监测，监测方案应包括以下内容：工程概况；监测依据和项目；监测人员配备；监测方法、精度和主要仪器设备；测点布置与保护；监测频率、监测报警值；异常情况下的处理措施；数据处理和信息反馈。

开挖深度超过 5m，或开挖深度未超过 5m 但现场地质情况和周围环境较复杂的基坑工程均应实施基坑工程监测。建筑基坑工程设计阶段应由设计方根据工程现场及基坑设计的具体情况，提出基坑工程监测的技术要求，主要包括监测项目、测点位置、监测频率和监测报警值等。基坑工程施工前，应由建设方委托具备相应资质的第三方对基坑工程实施现场监测。监测单位应编制监测方案。监测方案应经建设、设计、监理等单位认可，必要时还需与市政道路、地下管线、人防等有关部门协商一致后方可实施。

监测方案应包括工程概况、监测依据、监测目的、监测项目、测点布置、监测方法及精度、监测人员及主要仪器设备、监测频率、监测报警值、异常情况下的监测措施、监测数据的记录制度和处理方法、工序管理及信息反馈制度等。

监测单位应严格实施监测方案，及时分析、处理监测数据，并将监测结果和评价及时向委托方及相关单位做信息反馈。当监测数据达到监测报警值时必须立即通报委托方及相关单位。当基坑工程设计或施工有重大变更时，监测单位应及时调整监测方案。基坑工程监测不应影响监测对象的结构安全、妨碍其正常使用。

监测方法的选择应根据基坑等级、精度要求、设计要求、场地条件、地区经验和方法适用性等因素综合确定，监测方法应合理易行。变形测量点分为基准点、工作基点和变形监测点。其布设应符合下列要求：

1）每个基坑工程至少应有 3 个稳固可靠的点作为基准点；

2）工作基点应选在稳定的位置。在通视条件良好或观测项目较少的情况下，可不设工作基点，在基准点上直接测定变形监测点；

3）施工期间，应采用有效措施，确保基准点和工作基点的正常使用；

4）监测期间，应定期检查工作基点的稳定性。

监测仪器、设备和监测元件应符合下列要求：满足观测精度和量程的要求；具有良好的稳定性和可靠性；经过校准或标定，且校核记录和标定资料齐全，并在规定的校准有效期内。

对同一监测项目，监测时宜符合下列要求：采用相同的观测路线和观测方法；使用同一监测仪器和设备；固定观测人员；在基本相同的环境和条件下工作。

监测过程中应加强对监测仪器设备的维护保养、定期检测以及监测元件的检查；应加强对监测仪标的保护，防止损坏。监测项目初始值应为事前至少连续观测 3 次的稳定值的平均值。

（三）吊篮

1. 主要部件技术要求

悬挂机构：悬挂机构应有足够的强度和刚度。单边悬挂悬吊平台时，应能承受平台自重、额定载重量及钢丝绳的自重。

悬挂机构施加于建筑物顶面或构筑物的作用力均应符合建筑结构的承载要求。

当悬挂机构的载荷由屋面预埋件承受时，其预埋件的安全系数不应小于 3。配重标有质量标记。

配重应准确、牢固地安装在配重点上。

悬吊平台：悬吊平台应有足够的强度和刚度。

承受 2 倍的均布额定载重量时，不得出现焊缝裂纹、螺栓铆钉松动和结构件破坏等现象。

悬吊平台在承受动力试验载荷时，平台底面最大挠度值不得大于平台长度的 1/300。悬吊平台在承受试验偏载荷时，在模拟工作钢丝绳断开，安全锁锁住钢丝绳状态下，其危险断面处应力值不应大于材料的许用应力。应校核悬吊平台在单边承受额定载重量时其危险断面处材料的强度。

悬吊平台四周应装有固定式的安全护栏，护栏应设有腹杆，工作面的护栏高度不应低于 0.8m，其余部位则不应低于 1.1m，护栏应能承受 1000N 的水平集中载荷。悬吊平台内工作宽度不应小于 0.4m，并应设置防滑底板，底板有效面积不小于 $0.25m^2$/人，底板排水孔直径最大为 10mm。悬吊平台底部四周应设有高度不小于 150mm 挡板，挡板与底板间隙不大于 5mm。悬吊平台在工作中的纵向倾斜角度不应大于 80°。

悬吊平台上应醒目地注明额定载重量及注意事项。悬吊平台上应设有操纵用按钮开关，操纵系统应灵敏可靠。悬吊平台应设有靠墙轮或导向装置或缓冲装置。

2. 安装要求

高处作业吊篮安装时应按专项施工方案，在专业人员的指导下实施。安装作业前，应划定安全区域，并应排除作业障碍。高处作业吊篮组装前应确认结构件、紧固件已经配套且完好，其规格型号和质量应符合设计要求。高处作业吊篮所用的构配件应是同一厂家的产品。

在建筑物屋面上进行悬挂机构的组装时，作业人员应与屋面边缘保持 2m 以上的距离。组装场地狭小时应采取防坠落措施。悬挂机构宜采用刚性联结方式进行拉结固定。悬挂机构前支架严禁支撑在女儿墙上、女儿墙外或建筑物挑檐边缘。前梁外伸长度应符合高处作业吊篮使用说明书的规定。悬挑横梁前高后低，前后水平高差不应大于横梁长度的 2%。

配重件应稳定可靠地安放在配重架上，并应有防止随意移动的措施。严禁使用破损的配重件或其他替代物。配重件的重量应符合设计规定。安装时钢丝绳应沿建筑物立面缓慢下放至地面，不得抛掷。

当使用两个以上的悬挂机构时，悬挂机构吊点水平间距与吊篮平台的吊点间距应相等，其误差不应大于 50mm。悬挂机构前支架应与支撑面保持垂直，脚轮不得受力。安装任何形式的悬挑结构，其施加于建筑物或构筑物支承处的作用力，均应符合建筑结构的承载能力，不得对建筑物和其他设施造成破坏和不良影响。

高处作业吊篮安装和使用时，在 10m 范围内如有高压输电线路，应按照现行行业标准《施工现场临时施工用电安全技术规范》JGJ46 的规定，采取隔离措施。

3. 使用要求

高处作业吊篮应设置作业人员专用的挂设安全带的安全绳及安全锁扣。安全绳应固定在建筑物可靠位置上不得与吊篮上任何部位有连接，并应符合下列规定：

（1）安全绳应符合现行国家标准《安全带》GB 6095 的要求，其直径应与安全锁扣的规格相一致；安全绳不得有松散、断股、打结现象；

（2）安全锁扣的部件应完好、齐全，规格和方向标识应清晰可辨。

（3）吊篮宜安装防护棚，防止高处坠物造成作业人员伤害。

（4）吊篮应安装上限位装置，宜安装下限位装置。

（5）使用吊篮作业时，应排除影响吊篮正常运行的障碍。在吊篮下方可能造成坠落物伤害的范围，设置安全隔离区和警告标志，人员、车辆不得停留、通行。

（6）在吊篮内从事安装、维修等作业时，操作人员应佩戴工具袋。

（7）使用境外吊篮设备应有中文使用说明书；产品的安全性能应符合我国的现行标准。

（8）不得将吊篮作为垂直运输设备，不得采用吊篮运输物料。

（9）吊篮内作业人员不应超过 2 个。

（10）吊篮正常工作时，人员应从地面进入吊篮，不得从建筑物顶部、窗口等处或其他孔洞处出入吊篮。

（11）在吊篮内的作业人员应佩戴安全帽，系安全带，并应将安全锁扣正确挂置在独立设置的安全绳上。

（12）吊篮平台内应保持荷载均衡，严禁超载运行。

（13）吊篮做升降运行时，工作平台两端高差不得超过 150mm。

（14）使用离心触发式安全锁的吊篮在空中停留作业时，应将安全锁锁定在安全绳上；空中启动吊篮时，应先将吊篮提升使安全绳松弛后再开启安全锁。不得在安全绳受力时强行扳动安全锁开启手柄；不得将安全锁开启手柄固定于开启位置。

（15）吊篮悬挂高度在 60m 及其以下的，宜选用长边不大于 7.5m 的吊篮平台；悬挂高度在 100m 及其以下的，宜选用长边不大于 5.5m 的吊篮平台；悬挂高度 100m 以上的，宜选用不大于 2.5m 的吊篮平台。

（16）进行喷涂作业或使用腐蚀性液体进行清洗作业时，应对吊篮的提升机、安全锁、电气控制柜采取防污染保护措施。

（17）悬挑结构平行移动时，应将吊篮平台降落至地面，并应使其钢丝绳处于松弛状态。

（18）在吊篮内进行电焊作业时，应对吊篮设备、钢丝绳、电缆采取保护措施。不得将电焊机放置在吊篮内；电焊缆线不得与吊篮任何部位接触；电焊钳不得搭挂在吊篮上。

（19）要高温、高湿等不良气候和环境条件下使用吊篮时，应采取相应的安全技术措施。

（20）当吊篮施工遇有雨雪、大雾、风沙及 5 级以上大风等恶劣天气时，应停止作业，并应将吊篮平台停放至地面，应对钢丝绳、电缆进行绑扎固定。

（21）当施工中发现吊篮设备故障和安全隐患时，应及时排除，对可能危及人身安全时，必须停止作业，并应由专业人员进行维修。维修后的吊篮应重新进行验收检查，合格后方可使用。

（22）下班后不得将吊篮停留在半空中，应将吊篮放至地面。人员离开吊篮，进行吊篮维修或每日收工后应将主电源切断，并将电气柜中各开关置于断开位置并加锁。

4. 交底和验收

吊篮安装完毕，应按现行行业标准《建筑施工工具式脚手架安全技术规范》JGJ202的相关要求验收，验收表应有责任人签字确认。吊篮安装使用前应向有关作业人员进行安全教育并下达安全技术交底，交底应留有文字记录。

班前、班后应按相关规定对吊篮进行检查，当施工中发现吊篮设备故障和安全隐患时，应停止作业及及时排除，并应由专业人员维修，维修后的吊篮应重新检查验收，合格后方可使用。

十、建筑施工企业安全生产检查

（一）安全检查制度

1. 安全检查要求

安全生产检查要贯彻领导、群众、安全部门及有关部门相结合的原则。每次检查要有明确的重点、目的和要求，在检查中发现的问题，能及时解决的要立即解决，一时不能解决的要按轻、重、缓、急制订计划，指定专人限期解决，对危及职工安全的险情，应立即采取应急措施直至停产整改，并报告领导处理结果。安全检查，要坚持经常性检查、专业性检查和季节性检查相结合。

专业性安全检查，即组织有关专业人员有针对性地进行安全检查。如对受压容器、大型机械、特种设备、易燃、易爆物品的专项检查。

季节性安全检查。根据季节特点，领导带队组织有关部门人员到工地进行检查。如夏季的防暑降温、防洪防台。冬季的防火、防寒保温。雷雨季节的安全用电等。

经常性安全检查：公司每季度进行一次以"五查"（即查思想、查领导、查制度、查纪律、查整改落实）为中心的现场安全大检查，重点是安全措施的落实情况，现场安全生产、文明生产是否符合标准化、制度化和规范化。了解掌握基层公司安全管理状况和施工现场的安全状况，提出整改意见，以便指导基层抓好安全生产管理工作；基层公司每月一次由领导组织安全部门、有关职能部门和工地负责人对各工地进行巡回检查，及时发现问题，提出落实整改措施，督促工地和有关部门及时解决工地上的不安全行为和不安全的设施；工地每月安全日检查，由工地负责人组织本工地的有关人员（工长、班组长、专兼职安全员）对本工地的设施、设备进行大检查，及时发现问题，消除不安全隐患。工地上解决不了的，要及时汇报上级有关部门处理。

班组每日检查，要坚持"三上岗"制度，检查本班组作业环境及周围环境是否安全。设备、设施是否处于安全状况。自己无法解决的，要及时报告工地负责人处理，做好交底记录。

2. 安全检查的整改措施

检查是手段，整改才是目的。对检查出来的问题从"实"出发，分轻、重、缓、急予以整改。要克服检查走过场不整改的形式主义，对安全生产的隐患要抓住不放，安全部门要对工地上较大的不安全隐患整改情况予以复查认可。

做到边查边改，件件有落实，桩桩有交代。整改责任到人，做到"三定""三不推"。"三定"，即定人员、定措施、定期限。"三不推"，指凡是工地解决的问题不推给班组；凡是部门解决的问题不推给工地；凡是公司解决的问题不推给部门。

班组、工地（车间）部门、公司各级都要建立整改台账，便于各级检查督促整改措施的落实，利于分清各自的责任。

（二）检查要点

查思想、查领导。首先，查领导对加强安全生产工作是否有正确的思想认识；其次，查是否执行党和国家的劳动保护、安全生产的方针、政策和法令，以及规程、规定和规范，是否真正关心职工的安全和健康。

查现场、查隐患。主要深入生产现场查职工的施工条件、生产环境、设备、设施、安全用电、安全卫生和消防设施是否符合安全生产规定，特别要检查重大危险源及安全设施状况。

查制度。主要查"三同时"执行情况，查安全机构和专职安全人员的配备是否符合国家规定；

查安全制度是否完善；

查安全生产岗位责任制是否落实；

查职工工伤事故是否按规定上报和处理。

十一、建筑施工企业安全隐患排查与消除

（一）安全隐患排查方法

事故隐患排查治理主要从人的不安全行为、物的不安全状态和管理上的缺陷等三个方面进行，现从施工现场的每个施工阶段进行阐述：

1. 基础施工阶段安全排查的重点

施工方案：检查要求编制有针对性的基础施工方案（含支护方案），施工企业技术部门和监理应审查签字，并检查督促落实。

基坑支护防护，高切坡、深开挖支护防护：检查要求严格贯彻、执行相关规范、文件，应彻底消除事故隐患，保证安全。

深基础施工防护重点（深基坑、挖孔桩等）：工人垂直上下交通，建筑渣土垂直上下运输，坑壁、孔壁支护、稳定性，有毒、害气体。临边防护：检查要求必须使用硬性爬梯垂直上下，要求安全可靠；严禁使用淘汰的设备进行上下运输，严禁使用"夫妻档"应随时检查机具设备安全；控制荷载，加强对坑壁孔壁的观察和支护变形监测，严防坑壁孔壁

垮塌；深基础下部必须配备送风装置，要求在每日施工前做动物试验；切实做好坑边、孔口的临边防护。

施工现场施工人员的安全防护：检查要求施工现场施工人员必须佩戴必要的安全防护用具。

作业环境：检查要求作业人员安全立足点，垂直作业隔离防护措施，光线照明。

其他关于对施工机械、机具的安全检查。各施工阶段应根据不同环境、不同气象气候条件，编制针对性的施工方案，落实安全措施。

2. 主体结构施工阶段排查的重点

模板支撑体系（施工方案编审、现场检查验收）：要求编制专项施工方案（含支撑体系设计、计算），施工企业技术负责人和总监应审查签字批复；对高大模板工程（水平混凝土构件模板支撑系统高度超过 8m，或跨度超过 18m，施工总荷载超过 $10kN/m^2$，或集中荷载大于 $15kN/m^2$ 的模板支撑系统）的专项施工方案；现场安全技术负责人及监理应对材料合格证、支撑体系、立杆稳定、施工荷载控制、作业环境及安全防护、支撑模板等检查验收，形成资料备查，应督促落实各项安全技术措施。

"三宝""四口""五临边"等安全防护：安全负责人及监理应该认真检查"三宝""四口""五临边"的防护落实，安全帽、安全带应符合相关标准，安全网的规格、材质应符合要求，应取得准用证。

施工外架（悬挑式提升架施工方案编审、现场验收）：编制专项的施工方案施工技术负责人及监理应审查签字批复；外挑立杆必须满足间距要求，应设置大横杆增加立杆刚度，悬挑或悬挑架应为型钢或桁架；脚手架必须按规定与主体结构拉接。卸料平台必须符合规定。现场安全技术负责人及监理应对材料合格证、悬挑梁及架梯稳定、施工荷载控制、作业环境及安全防护、支撑模板等检查验收，形成资料备查，应督促落实各项安全技术措施。

起重设备其中吊装作业：严格按照相关的法律法规文件及《建筑起重机械安全监督管理实施细则》执行；起重吊装作业必须有作业方案，落实安全措施，严格按建筑施工安全检查标准 JGJ 59 执行。

3. 装饰施工阶段安全排查的重点

施工外架施工方案的编审及现场验收：编制专项的施工方案施工技术负责人及监理应审查签字批复；外挑立杆必须满足间距要求，应设置大横杆增加立杆刚度，悬挑或悬挑架应为型钢或桁架；脚手架必须按规定与主体结构拉接。卸料平台必须符合规定。现场安全技术负责人及监理应对材料合格证、悬挑梁及架梯稳定、施工荷载控制、作业环境及安全防护、支撑模板等检查验收，形成资料备查，应督促落实各项安全技术措施。

"三宝""四口""五临边"等安全防护：安全负责人及监理应该认真检查"三宝""四口""五临边"的防护落实，安全帽、安全带应符合相关标准，安全网的规格、材质应符合要求，应取得准用证。

安全教育及培训：新入场及变换工种人员必须经过安全教育，熟悉和掌握本工种的"安全技术操作规程"；特种作业人员必须持上岗证上岗。

安全技术交底：一般现场应有如下交底资料：拆除工程，各种脚手架搭与拆、高处作业、垂直运输机械设备（塔机、吊篮等）安与拆、"四口"及"五临边"防护设施、电气作业人员操作、机械操作、季节性施工、特种作业、各分项工程作业。

4. 对分包单位安全排查重点

对分包单位进行安全管理；落实安全责任制；排查施工用电；施工现场的安全管理。

(二) 安全隐患消除措施

1. 对职工的安全意识的教育

管理人员通过观察现场工作存在的安全隐患，进行现场的分析和现场的讲解，再结合安全规程进行学习，不断提高职工的安全意识，纠正职工的违章行为。安全管理人员必须将日常工作的违章行为一一记录在案，将记录的内容定期分析，定期汇总总结，针对不同工作在不同的进度、不同的时间、不同的地点危险点都不一样，进行扩充式教育，使职工学会自我识别工作中的危险点，着重通过提高职工自己的认识来防范现场施工的安全隐患，是安全工作的最有效途径。

2. 加强现场的监督管理

加强现场的监督、监护是避免事故发生的重要环节。管理人员必须在开展工作前，进行现场危险点的分析，并将危险点通告工作人员。现场工作或操作的人员必须服从管理人员合理的要求，同时根据有关规程以及现场工作的经验，监管工作必须遵从以下原则：管理人员必须是一个具有高度责任心的工作人员，而且管理人员的业务素质、安全意识必须要比施工人员高。

3. 努力提高职工的业务技术水平

提高职工的业务技术水平是实现安全生产、稳步发展的保障。提高职工的业务技术水平主要是通过平时及现场工作的培训，组织业务水平较低的职工进行施工、操作训练，有利于发挥职工的能动性，让职工能互相提醒，避免因为监护人的疏忽而造成事故。

第七章　事故应急救援和事故报告、调查与处理

一、事故应急救援预案的组织编制、演练和实施

（一）施工突发事故应急预案的目的

对于生产安全事故的防范与教育，各建筑施工企业应建立应对突发情况的迅速反应机制，当面对如自然灾害、重特大事故、环境公害及人为破坏等突发状况时，有相应的应急管理、有序指挥和高效的救援计划。防止因应急反应行动组织不力或现场救援工作的无序和混乱，而延误事故的应急救援。有效地避免或降低人员伤亡和项目财产损失，将企业负面影响降到最低。

1. 编制施工突发事故应急预案的背景

参照《北京市建设工程施工突发事故应急预案》2012 修订版，对施工企业的建设工程施工特点与影响安全生产的因素进行应急预案的编制。

进入 21 世纪，城市建设追求更高、更快，以建设超高或结构复杂的建筑物或构筑物来作为地标，这样使得城市建设投资规模近年来保持较高水平，同时由于各类重点工程项目多，大体量工程项目多，施工环境复杂、施工难度大的工程项目日趋增多，加之建筑业本身属于高危行业，导致安全生产事故的不确定因素较多。

1）施工工艺复杂。

建筑施工结构形式的变更由砖混结构变为以钢筋混凝土结构、钢结构、索结构等为主的复杂结构形式，各施工企业也争相追求新工法，新工艺，在管理水平达到一定水平之后。只能在工艺复杂这条路上占得先机，进而赢得中标机会。

2）工人作业强度大，安全意识淡薄。

土建施工现场还是需要大量的工人操作，徒手操作。机械只能把材料从料场投放至所需位置，钢筋的绑扎，模板的拼装等还是需要工人操作，这样使得工人体力消耗大，在作业时精神和身体会受到体力下降的影响，为接下来的工作带来了安全隐患。

3）建设施工作业受外部条件和天气变化影响大。

建设工程施工作业大部分为露天操作，且在施工过程中要经常与水，火，电打交道。同时在一些建设工程里，场地狭窄，作业空间狭小，几乎没有操作空间或操作困难，易造成施工安全突发事故。地下暗挖工程和深基坑工程施工，地质条件复杂、地下管线密集，也是引发施工安全突发事故的重要因素。此外，受高温、大风、降雨、降雪等天气影响大，这些都有可能导致各类安全突发事故发生。

4）作业环境危险。

大量的露天作业、高处作业且很多施工作业需要施工人员置身于危险的环境中才能完成。基础设施工程中又有大量的地下作业、有限空间作业，使得作业人员的安全风险增

加。对于建筑行业普遍存在的抢工时期，工程施工多工种、多班组在同一区域内交叉作业普遍存在，使事故风险更加的增加。

5）建设施工企业安全生产管理水平参差不齐。

现阶段施工现场的作业人员还是以农民工为主，普遍受教育程度不高，且安全意识淡薄，再加上施工单位安全教育培训不到位等情况仍然存在。施工现场的主体安全监管责任得不到有效落实，抢工期导致的违章指挥、违章作业、违反劳动纪律现象得不到及时制止等等均成为导致安全突发事故的重要因素。

2. 编制施工突发事故应急预案的依据

（1）指导思想和编制目标

以邓小平理论和"三个代表"重要思想为指导，以科学发展观为统领，坚持以人为本的理念，最大限度地减少各种灾害和事故损失，维护人民生命财产和社会公共安全，建立"统一领导、分级负责、功能全面、反应灵敏、运转高效"的建设工程施工突发事故应急体系。

（2）编制依据

《中华人民共和国安全法》

《中华人民共和国建筑法》

《建设工程安全生产管理条例》

《中华人民共和国突发事件应对法》

《生产安全事故报告和调查处理条例》

《生产经营单位安全生产事故应急预案编制导则》（附件 2）

（二）应急指挥体系及职责

1. 应急预案体系

根据建筑行业施工现场管理体系及行业特点，应急预案体系应包括综合应急预案、专项应急预案和现场处置方案。

综合应急预案是从总体上阐述施工企业遇到突发事故时的应急方针、政策，应急组织结构及相关应急职责，应急行动、措施和保障等基本要求和程序，是应对各类事故的综合性文件。

专项应急预案是针对施工企业建筑项目上具体的事故类别、危险源和应急保障而制定的计划或方案，主要明确救援的程序和具体的应急救援措施。

现场处置方案是针对施工企业建筑项目上具体的装置、场所或设施、岗位所制定的应急处置措施。

2. 应急预案的工作原则

（1）预案是发生紧急情况时的处理程序和措施。

安全第一，预防为主。努力做到早发现、早报告、早控制、早解决，最大限度地预防各类安全事故的发生。

（2）预案是针对可能造成人员伤亡、财产损失和环境受到严重破坏而又具有突发性的事故、灾害。

（3）预案是以努力保护人身安全为第一目的，同时兼顾财产安全和环境防护。

（4）预案应本着"预防为主、分工负责、统一指挥、分级响应"的基本原则，贯彻

"单位自救和社会救援相结合"的总体思路，充分发挥企业在事故应急处理中的重要作用，尽量减少事故、灾害造成的损失。

统一领导，畅通指挥。密切与指挥部的联系，保持通信联络畅通，严格履行各自职责，各项任务指令下达后迅速落实到位。

强化准备，平战结合。立足实战，积极做好常态下的风险评估、制度建设、预案编制、应急队伍建设和抢险物资储备等各项工作，夯实应急管理基础，确保遇到各类突发事件能够快速反应、有效处置。

建立队伍，科学救援。建立强有力的专家队伍，充分发挥行业专家在应急抢险救援中的作用，科学研判、民主决策，为科学救援和领导决策提供有力支持。

（5）预案要结合实际，措施明确、具体、具有很强的可操作性。

（6）预案应符合国家法律法规的规定。

3. 对国家规定的建设工作施工事故分级的了解

依据建设工程施工突发事故造成的人员及财产损失等情况，事故等级由高到低划分为特别重大（Ⅰ级）、重大（Ⅱ级）、较大（Ⅲ级）、一般（Ⅳ级）四个级别。

（1）特别重大建设工程施工突发事故（Ⅰ级）

符合下列条件之一的为特别重大建设工程施工突发事故：

1）造成 30 人以上死亡；

2）造成 100 人以上重伤（包括有害气体中毒，下同）；

3）造成 1 亿元以上直接经济损失。

（2）重大建设工程施工突发事故（Ⅱ级）

符合下列条件之一的为重大建设工程施工突发事故：

1）造成 10 人以上 30 人以下死亡；

2）造成 50 人以上 100 人以下重伤；

3）造成 5000 万元以上 1 亿元以下直接经济损失。

（3）较大建设工程施工突发事故（Ⅲ级）

符合下列条件之一的为较大建设工程施工突发事故：

1）造成 3 人以上 10 人以下死亡；

2）造成 10 人以上 50 人以下重伤；

3）造成 1000 万元以上 5000 万元以下直接经济损失。

（4）一般建设工程施工突发事故（Ⅳ级）

符合下列条件之一的为一般建设工程施工突发事故：

1）造成 3 人以下死亡；

2）造成 3 人以上 10 人以下重伤；

3）造成 100 万元以上 1000 万元以下直接经济损失。

4. 适用范围危险性分析

建筑行业属高危行业，面临高空作业，深基础操作，临时设施多，工序环节复杂等危险，任何环节稍不注意，就会发生危害人员生命的伤亡事故。这是各建筑施工企业要正视的企业共性。因此各建筑施工企业应当根据不同项目分析不同的危险源，进行风险分析。

（1）房建项目的重大危险源和可能的突发事件如下：

1）火灾事故

易发生地点：仓库、宿舍、防水作业区、木材储存区、总配电箱等。

火灾类型：

普通物品火灾（A类）：凡由木材、纸张、草、棉、布、塑胶等固体所引起的火灾；

易烧液体火灾（B类）：凡由汽油、酒精等所引起的火灾；

可燃气体火灾（C类）：如汽油、煤气、乙炔等引起的火灾；

金属火灾（D类）：凡钾、钠、镁、锂及禁水物质引起的火灾。

2）坍塌事故

易发生地点：基础施工区、脚手架旁边。

事故后果：人员窒息。

3）高空坠落

易发生地点：塔式起重机安拆区、外墙施工区、脚手架施工区。

事故后果：外伤、颅骨损伤等。

4）物体打击事故

易发生地点：无安全通道进出口、塔式起重机安拆区。

事故后果：骨折、外伤等。

5）触电事故

易发生地点：整个施工区域。

事故后果：人员电击伤。

6）机械设备事故

易发生地点：钢筋加工区、搅拌站等。

事故后果：四肢缺失、外伤。

7）中毒事故

易发生地点：地下管道、仓库等。

事故后果：皮肤受损、呼吸道受损等。

（2）施工场所危险源与风险分析如下：

局限于存在施工过程现场的活动，主要与施工分部、分项（工序）工程，施工装置（设施、机械）及物质有关。

1）施工场所危险源主要包括如下内容：

① 脚手架（包括落地架，悬挑架、爬架等）、模板和支撑、起重塔式起重机、物料提升机、施工电梯安装与运行，人工挖孔桩（井）、基坑（槽）施工，局部结构工程或临时建筑（工棚、围墙等）失稳，造成坍塌、倒塌意外；

② 高度大于2m的作业面（包括高空、洞口、临边作业），因安全防护设施不符合或无防护设施、人员未配系防护绳（带）等造成人员踏空、滑倒、失稳等意外；

③ 焊接、金属切割、冲击钻孔（凿岩）等施工及各种施工电器设备的安全保护（如：漏电、绝缘、接地保护、一机一闸）不符合，造成人员触电、局部火灾等意外；

④ 工程材料、构件及设备的堆放与搬（吊）运等发生高空坠落、堆放散落、撞击人员等意外；

⑤ 工程拆除、人工挖孔（井）、浅岩基及隧道凿进等爆破，因误操作、防护不足等，

发生人员伤亡、建筑及设施损坏等意外。

⑥ 人工挖孔桩（井）、隧道凿进、室内涂料（油漆）及粘贴等因通风排气不畅造成人员窒息或气体中毒危险源。

⑦ 施工用易燃易爆化学物品临时存放或使用不符合、防护不到位，造成火灾或人员中毒意外；工地饮食因卫生不符合，造成集体中毒或疾病。

2）施工场所及周围地段危险源与风险分析

存在于施工过程现场并可能危害周围社区的活动，主要与工程项目所在社区地址、工程类型、工序、施工装置及物质有关。

① 临街或居民聚集、居住区的工程深基坑、隧道、地铁、竖井、大型管沟的施工，因为支护、支撑等设施失稳，坍塌，不但造成施工场所破坏，往往引起地面、周边建筑和城市运营重要设施的坍塌、坍陷、爆炸与火灾等意外。

② 基坑开挖、人工挖孔桩等施工降水，造成周围建筑物因地基不均匀沉降而倾斜、开裂，倒塌等意外。

③ 临街施工高层建筑或高度大于 2m 的临空（街）作业面，因无安全防护设施或不符合，造成外脚手架、滑模失稳等坠落物体（件）打击人员等意外。

④ 工程拆除、人工挖孔（井）、浅岩基及隧道凿进等爆破，因设计方案、误操作、防护不足等造成发生施工场所及周围已有建筑及设施损坏、人员伤亡等意外。

⑤ 在高压线下、沟边、崖边、河流边、强风口处、高墙下、切坡地段等设置办公区或生活区临建房屋，因高压放电、崩（坍）塌、滑坡、倾倒、泥石流等引致房倒屋塌，造成人员伤亡等意外。

（三）企业突发事故应急救援编制案例

1. 坍塌事故预防监控措施

（1）严禁采用挖空底脚的方法进行土方施工。

（2）基础工程施工前要制定有针对性的施工方案，按照土质的情况设置安全边坡或固壁支撑。基坑深度超过 5m 必须制定专项支护设计方案并经过专家论证后实施。对基坑、井坑的边坡和固壁支架应随时检查，对挖出的泥土，要按规定放置，不得随意沿围墙或临时建筑堆放。

（3）施工中严格控制建筑材料、模板、施工机械、机具或其他物料在楼层或屋面的堆放数量和重量，以避免产生过大的集中荷载，造成楼板或屋面断裂。

（4）基坑施工要设置有效排水措施，雨天要防止地表水冲刷土壁边坡，造成土方坍塌。

（5）及时观察观测边坡土体情况，发现边坡有裂痕、疏松或支撑有折断、走动等危险征兆，及时反应到上级部门，并立即停止施工，撤出影响范围内所有施工人员。

2. 高处坠落及物体打击事故预防监控措施

（1）认真贯彻执行有关安全操作规程，严禁架上嬉戏、打闹、酒后上岗和从高处向下抛掷物块，以避免造成高处坠落和物体打击。

（2）安装和拆除顺序，配备齐全有效限位装置。在运行前，要对超高限位、制动装置、断绳保险等安全设施进行检查验收，经确认合格有效，方可使用。

（3）凡在距地 2m 以上的高空作业必须设置有效可靠的防护设施，防止高处坠落和物体打击。

（4）使用的吊装设备配备齐全有效限位装置。在运行前，要对超高限位、制动装置、断绳保险等安全设施进行检查。吊钩要有保险装置。

（5）脚手架外侧边缘用密目式安全网封闭。搭设脚手架必须编制施工方案和技术措施，操作层的跳板必须满铺，并设置踢脚板和防护栏杆或安全立网。在搭设脚手架前，须向工人作较为详细的交底。

（6）模板工程的支撑系统，必须进行设计计算，并制定有针对性的施工方案和安全技术措施。

3. 触电事故预防监控措施

（1）坚持电气专业人员持证上岗，施工现场做到临时用电的架设、维护、拆除等由专职电工完成，非电气专业人员不准进行任何电气部件的更换或维修。

（2）建立临时用电检查制度，按临时用电管理规定对现场的各种线路和设施进行检查和不定期抽查，并将检查、抽查记录存档。

（1）检查和操作人员必须按规定穿戴绝缘胶鞋、绝缘手套；必须使用电工专用绝缘工具。

（2）临时配电线路必须按《施工现场临时用电安全技术规范》进行安装架设。在建工程的外侧防护与外电高压线之间必须保持安全操作距离。达不到要求的，要增设屏障、遮栏或保护网，避免施工机械设备或钢架触高压电线。无安全防护措施时，禁止强行施工。

（3）施工现场临时用电的架设和使用必须符合《施工现场临时用电安全技术规范》的规定。

（4）综合采用 TN-S 系统和漏电保护系统，组成防触电保护系统，形成防触电二道防线。

（5）雨天禁止露天电焊作业。

高大设施必须按规定装设避雷装置。

4. 机械伤害事故预防监控措施

（1）机械设备应按其技术性能的要求正确使用。随时检查安全装置是否失效，缺少安全装置或安全装置已失效的机械设备不得使用。

（2）按规范要求对机械进行验收使用，验收合格后方可使用。

（3）机械操作工按操作规程操作，工作期间坚守岗位，按操作规程操作，遵守劳动纪律。

（4）严禁对处在运行和运转中的机械进行维修、保养或调整等作业。

（5）机械设备应按时进行保养，当发现有漏保失灵或超载带病运转等情况时，有关部门应停止其使用。禁止操作故障设备。

5. 起重伤害（塔式起重机）事故预防监控措施

（1）塔式起重机的基础，必须严格按照使用说明书和方案进行。塔式起重机安装前，应对基础进行检验，符合要求后，方可进行塔式起重机的安装。

（2）安装及拆卸作业前，必须认真研究作业方案，严格按照架设程序分工负责，统一指挥。

（3）安装时必须保证安装过程中各种状态下的稳定性，必须使用专用螺栓，不得随意代用。

（4）塔式起重机附墙杆件的布置和间隔，应符合说明书的规定。当塔身与建筑物水平距离大于说明书规定时，应验算附着杆的稳定性，或重新设计、制作，并经技术部门确认，主管部门验收。在塔式起重机未拆卸至允许悬臂高度前，严禁拆卸附墙杆件。

（5）塔式起重机必须按照现行国家标准《塔式起重机安全规程》GB5144及说明书规定，安装起重力矩限制器、起重量限制器、幅度限制器、起升高度限制器、回转限制器等安全装置。

（6）塔式起重机操作使用应符合下列规定：

塔式起重机作业前，应检查金属结构、连接螺栓及钢丝绳磨损情况；送电前，各控制器手柄应在零位，空载运转，试验各机构及安全装置并确认正常。

塔式起重机作业时严禁超载、斜拉和起吊埋在地下等不明重量的物件；

吊运散装物件时，应制作专用吊笼或容器，并应保障在吊运过程中物料不会脱落。吊笼或容器在使用前应按允许承载能力的两倍荷载进行试验，使用中应定期进行检查；

吊运多根钢管、钢筋等细长材料时，必须确认吊索绑扎牢靠，防止吊运中吊索滑移物料散落；

两台塔式起重机之间吊物的垂直距离不应小于2m。当不能满足要求时，应采取调整相临塔式起重机的工作高度、加设行程限位、回转限位装置等措施，并制定交叉作业的操作规程；

沿塔身垂直悬挂的电缆，应使用不被电缆自重拉伤和磨损的可靠装置悬挂；

作业完毕，起重臂应转到顺风方向，并应松开回转制动器，起重小车及平衡重应置于非工作状态。

（7）塔式起重机必须由具备资质的专业队伍安装和拆除，安装、顶升、拆除必须先编制施工方案，经公司总工审批后遵照执行，作业人员必须持证上岗，工作时佩带好个人防护用品，严格按方案施工，做好塔式起重机拉接点拉牢工作，防止架体倒塌。安装完毕后经检测部门检测合格并在建设行政主管部门备案后方可投入使用。

（8）塔式起重机司机操作时，必须严格按操作规程操作，不准违章作业，严格执行"十不吊"，操作前必须有安全技术交底记录，并履行签字手续。

（9）严格执行日常维修保养制度，定期进行检查维护，确保各部件和限位保险装置灵敏可靠。

（10）严禁擅自拆除限位保险装置或人为造成限位保险装置失灵。

6. 火灾、爆炸事故预防监控

（1）各施工现场应根据各自进行的施工工程的具体的情况制定方案，建立各项消防安全制度和安全施工的各项操作规程。

（2）根据施工的具体情况制定消防保卫方案，建立健全各项消防安全制度，严格遵守各项操作规程。

（3）每日对工程场地进行安全巡检。油漆、稀料等易燃易爆物品必须按照有关要求设立专门仓库或存储点，并有专人管理。

（4）严格控制施工现场吸烟现象，严格对明火作业进行安全把关，施工前必须开具动火证并设专人监护。

（5）作业现场配备充足的消防器材。

（6）特种作业人员持上岗证。

7. 中毒事故预防监控措施

（1）地下封闭作业环境施工时，要现进行毒气试验，并配备通风设施。

（2）严禁现场焚烧有害有毒物质。

（3）工人生活设施符合卫生要求，不吃腐烂、变质食品。炊事员持健康证上岗。暑伏天要合理安作息时间，防止中暑脱水现象发生。

（四）应急救援预案的培训、演练和宣传教育

1. 培训

为了指导预案相关人员更好地理解和使用预案，进一步增强相关人员预防和处置建设工程施工突发事故的能力，各建筑施工企业应积极开展对本预案及应急知识的培训，丰富一线施工人员的业务知识，提高整体协调处置能力，防患于未然。

（1）年初制定生产计划时，同时制定应急预案培训计划。

（2）培训方式包括：应急救援知识辅导、有奖知识问答、救援设备现场操作、自救常识演练等。

（3）要求每名职工有自我保护意识，掌握突发事故后各类自救常识，会正确使用灭火器等一般应急器材。

2. 演练

（1）各建筑施工企业应适时组织各项目部每年至少组织一次综合模拟突发事故安全应急演练，进一步检验预案，磨合指挥协调机制，熟练各个单位之间的配合。

（2）根据实际演练情况，查找不足，总结经验，不断完善事故应急预案。

（3）演练结束后进行评估及总结，及时修正及弥补应急突发事件救援预案制定的缺陷。

（4）充分利用新闻媒体、网站、企业内部刊物等多种形式，对企业相关人员广泛开展建设工程施工突发事故应急相关知识的宣传和教育。

3. 制定合理的奖惩措施

（1）对于在抢险救灾过程中，无故不到位或迟到及临阵逃脱者，将给予行政处分。

（2）在抢险救灾过程中，不服命令的，将给予处罚。

（3）在抢险救灾过程中，表现勇敢、机智、成绩突出人员应给予表扬或奖励。

（4）在抢险救灾中，受到伤害的员工，按照工伤条例进行赔偿。

（5）事故处理完成后，主管部门写出报告（总结）：事故经过、事故发生原因、处理过程、经验教训、人员伤亡、损失大小情况、事故直接损失、间接经济损失、奖罚人员名单等上报上级有关部门，并在项目部存档备案。

二、事故发生后的组织保护现场、救援和救护

（一）应急组织体系的搭建

1. 成立应急救援的独立领导小组（指挥中心）

为有效开展应急救援，各建筑施工企业应在各个项目部成立应急救援指挥中心。

应急预案领导小组及其人员组成：

成立应急指挥部

组长：总经理

副组长：生产经理

通信联络组：（综合办公室相关人员）

技术支持组：（技术相关人员）

消防保卫组：（义务消防队）

抢险抢修组：（施工生产管理相关人员）

警戒疏散组：（后勤保卫）

安全保卫组：（安全管理人员）

医疗救治组：（经过医疗救护知识培训合格人员）

善后处理组：（后勤保卫）

事故调查组：（安全管理人员）

后勤保障组：（材料管理相关人员）

2. 应急组织的分工职责

小组各成员应认真学习和熟练执行应急程序，组织应急演练，负责发生紧急情况时，启动应急救援预案，组织应急救援责任小组成员到位，开展应急救援，组织领导应急救援全过程实施。在应急救援结束后，对事故责任进行调查处置。当启动本应急救援预案，事故得不到控制时，及时作出决定请求外部援助。同时，根据事故情况，按照国家《生产安全事故报告和调查处理条例》等规定，对事故进行上报。

（1）应急指挥部职责

1）研究制定、修订本公司应对建设工程事故的政策措施和指导意见。

2）负责指挥特别建设工程施工事故的具体应对工作。

3）分析总结本公司建设工程施工突发事故应对工作，制定工作规划和年度工作计划。

4）负责本指挥部所属应急抢险救援队伍的建设和管理。

5）承办上级应急委员会交办的其他事项。

（2）应急领导小组组长：

1）分析紧急状态确定相应报警级别，对事故进行判断，决定是否存在或可能存在重大紧急事故，根据相关危险类型、潜在后果、现有资源控制紧急情况的行动类型；启动应急预案，指挥协调应急行动；

2）复查和评估事故（事件）可能发展的方向，确定其可能的发展过程。

3）指导设施的部分停工，决策应急撤离，确保现场人员及相关人员的安全，及可能影响到的区域的安全性。

4）通报外部应急反应人员、部门、组织和机构，进行联络，请求援助。

5）紧急状态结束后，控制受影响地点的恢复宣布，并组织人员进行事故分析和处理。

6）上报事故。

（3）副组长职责：

1）协助组长协调和指挥现场应急措施。

2）在救援服务机构来之前直接指挥和进行救护互动，确保人员调配。

3）安排寻找受伤者及安排与救援无关人员撤离到指定的安全地带。

4）及时保持与应急中心的畅通联络，为应急服务机构提供有利信息。

（4）通信联络组：

1）保证通信设备与设施处于正常使用状态。

2）负责整个应急救援过程中的对内对外信息传递。

3）安排车辆。

（5）技术支持组：

1）负责现场抢险过程中各种技术支持。

2）分析事故发生的原因，制定和修补抢先应急方案措施并指导实施。

3）绘制事故现场平面图，标明主次部位，提供外部救援信息资料。

（6）消防保卫组：

负责事故现场抢险、灭火、疏散现场物资，控制事故势态扩大，寻找受害者并转移至安全地带，引导现场作业人员疏散。

（7）现场抢救组：

1）抢救现场伤员；

2）抢救现场物资；

3）组建现场消防队；

4）保证现场救援通道的畅通；

（8）警戒疏散组：

负责发生紧急情况时，拉设警戒，及时疏散现场群众、车辆，防止闲杂人员围观，封闭事故现场直至收到明确解除指令。

（9）安全保卫组：

1）负责事故现场的警戒；

2）阻止非抢险救援人员进入现场；

3）负责现场车辆疏通；

4）维持治安秩序；

5）负责保护抢险人员的人身安全。

（10）医疗救护组：

1）负责现场伤员的紧急救治救护工作；

2）记录伤员伤情；

3）协助120和上级部门对伤员的抢救。

（11）善后处理组：

1）做好伤亡人员及家属的稳定工作，确保事故发生后伤亡人员及家属思想能够稳定，大灾之后不发生大乱；

2）做好受伤人员医疗救护的跟踪工作，协调处理医疗救护单位的相关矛盾；

3）与保险部门一起做好伤亡人员及财产损失的理赔工作；

4）慰问有关伤员及家属。

（12）后勤保障组：

1）协助制订施工项目或加工厂应急反应物资资源的储备计划，按已制订的项目施工生产厂的应急反应物资储备计划，检查、监督、落实应急反应物资的储备数量，收集和建立并归档；

2）定期检查、监督、落实应急反应物资资源管理人员的到位和变更情况及时调整应急反应物资资源的更新和达标；

3）定期收集和整理各项目经理部施工场区的应急反应物资资源信息、建立档案并归档，为应急反应行动的启动，做好物资源数据储备；

4）应急预案启动后，按应急总指挥的部署，有效地组织应急反应物资资源到施工现场，并及时对事故现场进行增援，同时提供后勤服务。

（13）事故调查组：

1）保护事故现场；

2）对现场的有关实物资料进行取样封存；

3）调查了解事故发生的主要原因及相关人员的责任；

4）按"四不放过"的原则对相关人员进行处罚、教育、总结。

（14）危险源风险评估组：

1）对各施工现场及加工厂特点以及生产安全过程的危险源进行科学的风险评估；

2）指导生产安全部门安全措施落实和监控工作，减少和避免危险源的事故发生；

3）完善危险源的风险评估资料信息，为应急反应的评估提供科学的合理的、准确的依据；

4）落实周边协议应急反应共享资源及应急反应最快捷有效的社会公共资源的报警联络方式，为应急反应提供及时的应急反应支援措施；

5）确定各种可能发生事故的应急反应现场指挥中心位置以使应急反应及时启用；

6）科学合理地制定应急反应物资器材、人力计划。

（二）企业施工现场突发事故应急救援案例

1. 大型脚手架出现变形事故征兆时的应急处置措施

（1）因地基沉降引起的脚手架局部变形。在双排架横向截面上架设八字戗或剪刀撑，隔一排立杆架设一组，直到变形区外排。八字戗或剪刀撑下脚必须设在坚实、可靠的地基上。

（2）脚手架赖以生根的悬挑钢梁挠度变形超过规定值，应对悬挑钢梁后锚固点进行加固，钢梁上面用钢支撑加U形托旋紧后顶住屋顶。预埋钢筋环与钢梁之间有空隙，须用马楔备紧。吊挂钢梁外端的钢丝绳逐根检查，全部紧固，保证均匀受力。

（3）脚手架卸荷、拉接体系局部产生破坏，要立即按原方案制定的卸荷拉接方法将其恢复，并对已经产生变形的部位及杆件进行纠正。如纠正脚手架向外张的变形，先按每个开间设一个5t倒链，与结构绑紧，松开刚性拉接点，各点同时向内收紧倒链，至变形被纠正，做好刚性拉接，并将各卸荷点钢丝绳收紧，使其受力均匀，最后放开倒链。

2. 大型脚手架失稳引起倒塌及造成人员伤亡时的应急处置措施

（1）迅速确定事故发生的准确位置、可能波及的范围、脚手架损坏的程度、人员伤亡情况等，以根据不同情况进行处置。

（2）划出事故特定区域，非救援人员未经允许不得进入特定区域。迅速核实脚手架上作业人数，如有人员被坍塌的脚手架压在下面，要立即采取可靠措施加固四周，然后拆除或切割压住伤者的杆件，将伤员移出。如脚手架太重可用吊车将架体缓缓抬起，以便救人。如无人员伤亡，立即实施脚手架加固或拆除等处理措施。以上行动须由有经验的安全员和架子工长统一安排。

3. 物体打击、高处坠落、机械伤害事故处置措施

（1）迅速将伤员脱离危险地带，移至安全地带。

（2）项目经理立即拨打120向当地急救中心取得联系（医院在附近的直接送往医院），应详细说明事故地点、严重程度、本部门的联系电话，并派人到路口接应。同时立即向应急救援指挥部报告。

（3）技术组相关负责人立即到达现场，首先查明险情，确定是否还有危险源。与应急救援相关人员商定初步救援方案，并向应急总指挥、副总指挥汇报，经总指挥汇报批准后，现场组织实施。

（4）现场救援。

（5）记录伤情，现场救护人员应边抢救边记录伤员的受伤机制，受伤部位，受伤程度等第一手资料。

4. 触电事故处置措施

（1）迅速将伤员脱离危险地带，移至安全地带。

对于低压触电事故，如果触电地点附近有电源开关或插销，可立即拉开电源开关或拔下电源插头，以切断电源。如无法立即切断电源可用有绝缘手柄的电工钳、干燥木柄的斧头、干燥木把的铁锹等切断电源线，也可采用干燥木板等绝缘物插入触电者身下，以隔离电源。当电线搭在触电者身上或被压在身下时，也可用干燥的衣服、手套、绳索、木板、木棒等绝缘物为工具，拉开提高或挑开电线，使触电者脱离电源。严禁直接去拉触电者。

对于高压触电事故，应立即通知有关部门停电。有条件的现场可用高压绝缘杆挑开触电者身上的电线。严禁现场任何人员靠近或使用非专用工具接触触电者。

触电者如果在高空作业时触电，断开电源时，要防止触电者摔下来造成二次伤害。

（2）项目经理立即拨打120向当地急救中心取得联系（医院在附近的直接送往医院），应详细说明事故地点、严重程度、本部门的联系电话，并派人到路口接应。同时立即向应急救援指挥部报告。

（3）技术组相关负责人立即到达现场，首先查明险情，确定是否还有危险源。与应急救援相关人员商定初步救援方案，并向应急总指挥、副总指挥汇报，经总指挥汇报批准后，现场组织实施。

（4）现场救援。

（5）记录伤情，现场救护人员应边抢救边记录伤员的受伤机制，受伤部位，受伤程度等第一手资料。

5. 起重伤害（塔式起重机）事故处置措施

（1）技术组起重伤害（塔式起重机）负责人立即到达现场，首先查明险情，确定是否还有危险源。如碰断的高、低压电线是否带电；塔式起重机构件、其他构件是否有继续倒塌的危险；人员伤亡情况等。与应急救援相关人员商定初步救援方案，并向应急总指挥、副总指挥汇报，经总指挥汇报批准后，现场组织实施。

（2）现场保卫组组负责把出事地点附近的作业人员疏散到安全地带，并进行警戒不准闲人靠近，对外注意礼貌用语。

（3）工地值班电工负责检查电路，确定已切断有危险的低压电气线路的电源。如果在夜间，接通必要的照明灯光。

（4）现场抢救组在排除继续倒塌或触电危险的情况下，迅速将伤员脱离危险地带，移至安全地带。

（5）应急副总指挥立即拨打120向当地急救中心取得联系（医院在附近的直接送往医院），应详细说明事故地点、严重程度、本部门的联系电话，并派人到路口接应。

（6）现场简单急救。

（7）记录伤情，现场救护人员应边抢救边记录伤员的受伤机制，受伤部位，受伤程度等第一手资料。

（8）对倾翻变形塔式起重机的拆卸、修复工作应请塔式起重机厂家来人指导下进行。

6. 坍塌事故处置措施

（1）技术组相关负责人立即到达现场，首先查明险情，确定是否还有危险源。如基坑边坡是否有继续坍塌的危险；人员伤亡情况等。与应急救援相关人员商定初步救援方案，并向应急总指挥、副总指挥汇报，经总指挥汇报批准后，现场组织实施。迅速将伤员脱离危险地带，移至安全地带。

（2）应急副总指挥立即拨打120向当地急救中心取得联系（医院在附近的直接送往医院），应详细说明事故地点、严重程度、本部门的联系电话，并派人到路口接应。

（3）组织人员尽快解除重物压迫，减少伤员挤压综合征发生，挖掘被掩埋伤员及时脱离危险区。

（4）现场救援。

（5）记录伤情，现场救护人员应边抢救边记录伤员的受伤机制，受伤部位，受伤程度等第一手资料。

（6）在没有人员受伤的情况下，现场负责人应根据实际情况研究补救措施，在确保人员生命安全的前提下，组织恢复正常施工秩序。

（7）加强基坑排水、降水措施；迅速运走边坡弃土、材料机械设备等重物；加强基坑支护，对边坡薄弱环节进行加固处理；削去部分坡体，减小边坡坡度。

7. 火灾事故处置措施

（1）迅速将伤员脱离危险地带，移至安全地带。伤员身上燃烧的衣物一时难以脱下时，可让伤员躺在底上滚动，或用水洒扑灭火焰。

（2）项目经理立即拨打"119"火警电话和"120"急救电话，并立即向应急救援指挥部报告，以便领导了解和指挥扑救火灾事故。

（3）技术组相关负责人立即到达现场，首先查明险情，与应急救援相关人员商定初步救援方案，并向应急总指挥、副总指挥汇报，经总指挥汇报批准后，组织扑救火灾。要充分利用施工现场中的消防设施器材，按照"先控制、后灭火；救人重于救火；先重点后一般"的灭火战术原则进行扑救。要首先派人及时切断电源，接通消防水泵电源，组织抢救伤亡人员，隔离火灾危险和重要物资。

（4）协助消防员灭火。当专业消防队到达火灾现场后，在自救的基础上，火灾事故应急指挥小组要简要地向消防队负责人说明火灾情况，并全力支持消防队员灭火，要听从消防队的指挥，齐心协力，共同灭火。

（5）记录伤情，现场救护人员应边抢救边记录伤员的受伤机制，受伤部位，受伤程度等第一手资料。

（6）保护现场。当火灾发生时到扑救完毕后，应急指挥不要派人保护好现场，维护好现场秩序，等待对事故原因及责任的调查。同时应立即采取善后工作，及时清理，将火灾造成的垃圾分类处理并采取其他有效措施，从而将火灾事故对环境造成的污染降低到最低限度。

三、事故报告和配合调查处理

导致次生、衍生事故隐患，经事故现场应急救援领导小组批准后，宣布应急结束。应急结束后，进行善后处理，并将事故情况上报；向事故调查处理小组移交所需有关情况及文件；写出事故应急工作总结报告。

（一）善后处置

在开展应急救援的同时，适时启动善后处置相关工作。主要包括事故伤亡人员家属的安抚接待、赔偿、慰问、征用物资的归还补偿、逐步恢复项目的正常施工，企业的正常运转。在恢复施工中，企业相关部门要做好指导工作。

合理奖惩。对于因忽视安全生产、违章指挥、违章作业、玩忽职守或者发现事故隐患、而不采取有效措施以致造成伤亡事故，由企业主管部门给予企业负责人和直接责任人员行政处分；构成犯罪的交由司法机关依法追究刑事责任。

（二）结果上报

施工企业发生紧急情况时，项目部应第一时间向分公司应急救援指挥部汇报，告知事故简要情况，分公司应急指挥部接到通知后，由应急领导小组立即召集相关人员赶赴事故现场，查看现场情况，保护事故现场，作出是否启动应急预案的决定，作出启动应急预案决定后，立即组织相关人员、物资、设备到位，全力以赴参与到事故抢险、抢救工作中来，如事故扩大，必要时应请求社会、政府和上级部门支援。当事故得到控制后，立即组成事故调查组，调查事故发生的原因和研究制定防范措施。企业各职能部门、项目各相关人员应积极配合生产安全事故调查，提供充足有效的信息。

（三）事故报告

事故是指重伤（含）以上因工伤亡事故，损坏市政基础设施、构筑物或建筑物、危险化学品泄漏、火灾、特别气象灾害等造成较大社会影响的事故。

（1）事故发生后，事故现场有关人员应第一时间报告项目经理，项目经理接到事故报告后，立即启动项目应急预案，组织现场应急处置，同时电话报告分公司安全生产监督管理部和分公司负责人；项目安监部立即填写因工伤亡事故原因，报分公司安全生产监督管理部。分公司接到事故报告后，立即启动分公司应急预案，并向公司安监部和公司领导汇报，同时组织人员参与项目事故应急救援，并于半小时内，事故快报至公司安监部。公司接到事故报告后，立即启动公司应急预案，组织开展应急救援活动，同时事故快报至企业安监部；并在事故发生 1 小时内，按规定向事故当地建设主管部门报告。企业安监部接到报告后，马上向企业领导汇报。企业领导根据事故严重程度，决定是否启动企业级应急预案。如启动企业级应急预案，企业安委会应成立事故应急小组，协调应急资源，指导公司开展应急工作。企业相关部门根据企业综合应急预案分工，参与事故应急处置。事故处理期间，事故单位应保持与上级单位信息沟通，及时报告事故处理动态。上级安监部门负责对事故处理的指导、协调和督促。

（2）事故调查内容包括：事故单位概况、事故发生地点、原因、经过、事故救援情况，事故造成的后果，包含人员伤亡（包括下落不明的人数）和直接经济损失，事故性质以及事故责任认定，可能造成的危害以及事故报告单位、报告人、批准人、报告时间及联系方式等。事故后续的处理结果和后续整改措施以及下一步的防范措施。

（3）采取分级上报原则，最终由公司主管经理向政府有关部门上报。信息报告工作应贯穿事故发生、发展、处置和善后恢复的全过程，不得缓报、瞒报。当信息内容不清晰或不完整时，应尽快核实，并及时将准确信息进一步告知。事故伤亡人数及直接经济损失情况发生变化的，应当及时补报。

（4）按照国家规定，事故发生的施工企业须在 1 个小时内向事故发生地建设行政主管部门进行报告。

（5）由施工企业的应急救援副总指挥代表代表应急小组，把应急救援各阶段进展情况及时准确地通过报纸、电台、电视台、网络等各类新闻媒体通报，发布的信息时必须以事实为依据，与建设行政主管部门一同，客观准确表述事故态势、发展状况及救援情况。

（6）形成的事故调查报告书，见附件 1。

（四）事故调查

事故报告应当及时、准确、完整，任何单位和个人对事故不得迟报、漏报、谎报或者瞒报。事故调查处理应当坚持科学严谨、依法依规、实事求是、注重实效的原则，及时准确地查清事故经过、事故原因和事故损失，查明事故性质，认定事故责任，总结事故教训，提出整改措施，并对事故责任者依法追究责任。

1. 特别重大事故由国务院或者国务院授权有关部门组织事故调查组进行调查。

重大事故、较大事故、一般事故分别由事故发生地省级人民政府、设区的市级人民政府、县级人民政府负责调查。省级人民政府、设区的市级人民政府、县级人民政府可以直接组织事故调查组进行调查，也可以授权或者委托有关部门组织事故调查组进行调查。

未造成人员伤亡的一般事故，县级人民政府也可以委托事故发生单位组织事故调查组进行调查。

2. 上级人民政府认为必要时，可以调查由下级人民政府负责调查的事故。

3. 自事故发生之日起 30 日内（道路交通事故、火灾事故自发生之日起 7 日内），因事故伤亡人数变化导致事故等级发生变化，依照本条例规定应当由上级人民政府负责调查的，上级人民政府可以另行组织事故调查组进行调查。

4. 特别重大事故以下等级事故，事故发生地与事故发生单位不在同一个县级以上行政区域的，由事故发生地人民政府负责调查，事故发生单位所在地人民政府应当派人参加。

5. 事故调查组的组成应当遵循精简、效能的原则。

根据事故的具体情况，事故调查组由有关人民政府、安全生产监督管理部门、负有安全生产监督管理职责的有关部门、监察机关、公安机关以及工会派人组成，并应当邀请人民检察院派人参加。

事故调查组可以聘请有关专家参与调查。

6. 事故调查组成员应当具有事故调查所需要的知识和专长，并与所调查的事故没有直接利害关系。

7. 事故调查组组长由负责事故调查的人民政府指定。事故调查组组长主持事故调查组的工作。

8. 事故调查组履行下列职责：

（1）查明事故发生的经过、原因、人员伤亡情况及直接经济损失；

（2）认定事故的性质和事故责任；

（3）提出对事故责任者的处理建议；

（4）总结事故教训，提出防范和整改措施；

（5）提交事故调查报告。

9. 事故调查组有权向有关单位和个人了解与事故有关的情况，并要求其提供相关文件、资料，有关单位和个人不得拒绝。

事故发生单位的负责人和有关人员在事故调查期间不得擅离职守，并应当随时接受事故调查组的询问，如实提供有关情况。

事故调查中发现涉嫌犯罪的，事故调查组应当及时将有关材料或者其复印件移交司法机关处理。

10. 事故调查中需要进行技术鉴定的，事故调查组应当委托具有国家规定资质的单位进行技术鉴定。必要时，事故调查组可以直接组织专家进行技术鉴定。技术鉴定所需时间不计入事故调查期限。

11. 事故调查组成员在事故调查工作中应当诚信公正、恪尽职守，遵守事故调查组的纪律，保守事故调查的秘密。

未经事故调查组组长允许，事故调查组成员不得擅自发布有关事故的信息。

12. 事故调查组应当自事故发生之日起 60 日内提交事故调查报告；特殊情况下，经负责事故调查的人民政府批准，提交事故调查报告的期限可以适当延长，但延长的期限最长不超过 60 日。

13. 事故调查报告应当包括下列内容：

（1）事故发生单位概况；

（2）事故发生经过和事故救援情况；

（3）事故造成的人员伤亡和直接经济损失；

（4）事故发生的原因和事故性质；

（5）事故责任的认定以及对事故责任者的处理建议；

（6）事故防范和整改措施。

事故调查报告应当附具有关证据材料。事故调查组成员应当在事故调查报告上签名。

14. 事故调查报告报送负责事故调查的人民政府后，事故调查工作即告结束。事故调查的有关资料应当归档保存。

附件 1

调查报告书

一、事故发生单位概况

企业详细名称：地址：

经济类型：行业分类：隶属关系：

工程概况（项目投资主体，参加各方基本情况及工作关系）

1. 建设单位全称及基本情况，投资基本情况

2. 总承包单位全称及基本（情况），承包工程（项目）基本情况

3. 分包单位全称及分包工程（项目）基本情况

4. 监理公司（全称）及基本情况，监理工程（项目）基本情况

5. 建设工程（项目）政府监管部主管部门及对工程（项目）审批监管基本情况

6. 项目投资主体与参建各方关系示意图

直接主管部门：

组织机构代码：法定代表人：从业人员总数：

企业规模：联系人：联系电话：

二、事故概况

事故地点：事故发生时间：事故类别：

事故严重级别：事故损失工作日总数：

事故原因：

三、人员伤亡情况

死亡人、重伤×人、轻伤人

姓名性别年龄文化程度籍贯用工形式工种伤害程度工龄伤害部位受伤性质损失工日安全教育情况

四、本次事故经济损失

1. 直接经济损失（万元）：

（1）人员伤亡后所支出的费用：包括医疗费用（含护理费用）、丧葬费及抚恤费、补助及救济费用、歇工工资等；

（2）善后处理费用：包括处理事故的事务性费用、现场抢救性费用、清理现场费用、事故罚款及赔偿费用；

（3）财产损失价值：包括固定资产损失价值和流动资产损失价值。

2. 间接经济损失（万元）：

（1）停产、减产损失的价值；

（2）工作损失价值；

（3）治理环境污染的费用；

（4）补充新员工的培训费用；

（5）其他损失费用。

五、事故详细经过

事故调查组必须查明事故发生的经过，事故经过应包括以下内容：

1. 事故发生前，事故发生单位生产作业状况；

2. 事故发生的具体时间、地点；

3. 事故现场状况及事故现场保护情况；

4. 事故发生后采取的应急处置措施情况

六、对有关责任人的处理意见

（一）主要责任单位全称

违法事实及主要责任认定的表述

1. 责任人姓名违法事实表述，处罚或处理意见。

2. 责任人姓名违法事实表述，处罚或处理意见。

（二）次要责任单位全称

违法事实及次要责任表述

1. 责任人姓名，违法事实表述，处罚或处理意见。

2. 责任人姓名，违法事故表述，处罚或处理意见。

七、防范措施建议

八、调查组成员签名

事故调查组成员名单

姓名

工作单位

职务

调查组

职务

调查组

成员签字

应急物资装备一览表

序号	名称	类型	数量	存放位置	管理责任人	联系方式
1	酒精	常备消毒药品				
2	紫药水	常备消毒药品				
3	创可贴	常备急救物品				
4	绷带	常备急救物品				
5	无菌敷料	常备急救物品				
6	仁丹	常备急救物品				
7	常用小夹板	常备急救器材				
8	担架	常备急救器材				
9	止血袋	常备急救器材				

续表

序号	名称	类型	数量	存放位置	管理责任人	联系方式
10	氧气袋	常备急救器材				
11	铁锹	抢险工具				
12	撬棍	抢险工具				
13	气割工具	抢险工具				
14	小型金属切割机	抢险工具				
15	灭火器	消防器材				
16	消防桶	消防器材				
17	架子管	应急器材				
18	安全帽	应急器材				
19	安全带	应急器材				
20	防毒面具	应急器材				
21	应急灯	应急器材				
22	对讲机	应急器材				
23	电焊机	应急器材				
24	水泵	应急器材				
25	灭火器	应急器材				
26	普通轿车	应急设备				
27	汽车吊	应急设备				
28	装载机	应急设备				

施工现场主要事故特征分析表

序号	可能发生的事故类型	可能发生的主要部位	危害程度	事故前的征兆
1	坍塌			
2	高处坠落			
3	物体打击			
4	触电		人员伤亡	
5	机械伤害		财产损失	
6	起重伤害			
7	火灾			
8	中毒		急性食物中毒	

附件2 生产经营单位生产安全事故应急预案编制导则

GB/T 29639—2013

2013-07-19 发布 2013-10-01 实施

1 范围

本标准规定了生产经营单位编制生产安全事故应急预案（以下简称应急预案）的编制程序、体系构成以及综合应急预案、专项应急预案、现场处置方案和附件的主要内容。

本标准适用于生产经营单位的应急预案编制工作，其他社会组织和单位的应急预案编制可参照本标准执行。

2 规范性引用文件

下列文件对于本标准的应用是必不可少的。凡是注日期的引用文件，仅注日期的版本适用于本标准。凡是不注日期的引用文件，其最新版本（包括所有的修改单）适用于本文件。

GB/T 20000.4 标准化工作指南 第4部分：标准中涉及安全的内容

AQ/T 9007 生产安全事故应急演练指南

3 术语和定义

下列术语和定义适用于本文件。

3.1

应急预案 emergency plan

为有效预防和控制可能发生的事故，最大程度减少事故及其造成损害而预先制定的工作方案。

3.2

应急准备 emergency preparedness

针对可能发生的事故，为迅速、科学、有序地开展应急行动而预先进行的思想准备、组织准备和物资准备。

3.3

应急响应 emergency response

针对发生的事故，有关组织或人员采取的应急行动。

3.4

应急救援 emergency rescue

在应急响应过程中，为最大限度地降低事故造成的损失或危害，防止事故扩大，而采取的紧急措施或行动。

3.5

应急演练 emergency exercise

针对可能发生的事故情景，依据应急预案而模拟开展的应急活动。

4 应急预案编制程序

4.1 概述

生产经营单位编制应急预案包括成立应急预案编制工作组、资料收集、风险评估、应急能力评估、编制应急预案和应急预案评审 6 个步骤。

4.2 成立应急预案编制工作组

生产经营单位应结合本单位部门职能和分工，成立以单位主要负责人（或分管负责人）为组长，单位相关部门人员参加的应急预案编制工作组，明确工作职责和任务分工，制定工作计划，组织开展应急预案编制工作。

4.3 资料收集

应急预案编制工作组应收集与预案编制工作相关的法律法规、技术标准、应急预案、国内外同行业企业事故资料，同时收集本单位安全生产相关技术资料、周边环境影响、应急资源等有关资料。

4.4 风险评估

主要内容包括：

a）分析生产经营单位存在的危险因素，确定事故危险源；

b）分析可能发生的事故类型及后果，并指出可能产生的次生、衍生事故；

c）评估事故的危害程度和影响范围，提出风险防控措施。

4.5 应急能力评估

在全面调查和客观分析生产经营单位应急队伍、装备、物资等应急资源状况基础上开展应急能力评估，并依据评估结果，完善应急保障措施。

4.6 编制应急预案

依据生产经营单位风险评估及应急能力评估结果，组织编制应急预案。应急预案编制应注重系统性和可操作性，做到与相关部门和单位应急预案相衔接。

4.7 应急预案评审

应急预案编制完成后，生产经营单位应组织评审。评审分为内部评审和外部评审，内部评审由生产经营单位主要负责人组织有关部门和人员进行。外部评审由生产经营单位组织外部有关专家和人员进行评审。应急预案评审合格后，由生产经营单位主要负责人（或分管负责人）签发实施，并进行备案管理。

5 应急预案体系

5.1 概述

生产经营单位的应急预案体系主要由综合应急预案、专项应急预案和现场处置方案构成。生产经营单位应根据本单位组织管理体系、生产规模、危险源的性质以及可能发生的事故类型确定应急预案体系，并可根据本单位的实际情况，确定是否编制专项应急预案。风险因素单一的小微型生产经营单位可只编写现场处置方案。

5.2 综合应急预案

综合应急预案是生产经营单位应急预案体系的总纲，主要从总体上阐述事故的应急工作原则，包括生产经营单位的应急组织机构及职责、应急预案体系、事故风险描述、预警及信息报告、应急响应、保障措施、应急预案管理等内容。

5.3 专项应急预案

专项应急预案是生产经营单位为应对某一类型或某几种类型事故，或者针对重要生产设施、重大危险源、重大活动等内容而制定的应急预案。专项应急预案主要包括事故风险分析、应急指挥机构及职责、处置程序和措施等内容。

5.4　现场处置方案

现场处置方案是生产经营单位根据不同事故类别，针对具体的场所、装置或设施所制定的应急处置措施，主要包括事故风险分析、应急工作职责、应急处置和注意事项等内容。生产经营单位应根据风险评估、岗位操作规程以及危险性控制措施，组织本单位现场作业人员及相关专业人员共同进行编制现场处置方案。

6　综合应急预案主要内容

6.1　总则

6.1.1　编制目的

简述应急预案编制的目的。

6.1.2　编制依据

简述应急预案编制所依据的法律、法规、规章、标准和规范性文件以及相关应急预案等。

6.1.3　适用范围

说明应急预案适用的工作范围和事故类型、级别。

6.1.4　应急预案体系

说明生产经营单位应急预案体系的构成情况，可用框图形式表述。

6.1.5　应急工作原则

说明生产经营单位应急工作的原则，内容应简明扼要、明确具体。

6.2　事故风险描述

简述生产经营单位存在或可能发生的事故风险种类、发生的可能性以及严重程度及影响范围等。

6.3　应急组织机构及职责

明确生产经营单位的应急组织形式及组成单位或人员，可用结构图的形式表示，明确构成部门的职责。应急组织机构根据事故类型和应急工作需要，可设置相应的应急工作小组，并明确各小组的工作任务及职责。

6.4　预警及信息报告

6.4.1　预警

根据生产经营单位监测监控系统数据变化状况、事故险情紧急程度和发展势态或有关部门提供的预警信息进行预警，明确预警的条件、方式、方法和信息发布的程序。

6.4.2　信息报告

按照有关规定，明确事故及事故险情信息报告程序，主要包括：

a）信息接收与通报

明确24小时应急值守电话、事故信息接收、通报程序和责任人。

b）信息上报

明确事故发生后向上级主管部门或单位报告事故信息的流程、内容、时限和责任人。

c）信息传递

明确事故发生后向本单位以外的有关部门或单位通报事故信息的方法、程序和责任人。

6.5　应急响应

6.5.1 响应分级

针对事故危害程度、影响范围和生产经营单位控制事态的能力，对事故应急响应进行分级，明确分级响应的基本原则。

6.5.2 响应程序

根据事故级别和发展态势，描述应急指挥机构启动、应急资源调配、应急救援、扩大应急等响应程序。

6.5.3 处置措施

针对可能发生的事故风险、事故危害程度和影响范围，制定相应的应急处置措施，明确处置原则和具体要求。

6.5.4 应急结束

明确现场应急响应结束的基本条件和要求。

6.6 信息公开

明确向有关新闻媒体、社会公众通报事故信息的部门、负责人和程序以及通报原则。

6.7 后期处置

主要明确污染物处理、生产秩序恢复、医疗救治、人员安置、善后赔偿、应急救援评估等内容。

6.8 保障措施

6.8.1 通信与信息保障

明确与可为本单位提供应急保障的相关单位或人员通信联系方式和方法，并提供备用方案。同时，建立信息通信系统及维护方案，确保应急期间信息通畅。

6.8.2 应急队伍保障

明确应急响应的人力资源，包括应急专家、专业应急队伍、兼职应急队伍等。

6.8.3 物资装备保障

明确生产经营单位的应急物资和装备的类型、数量、性能、存放位置、运输及使用条件、管理责任人及其联系方式等内容。

6.8.4 其他保障

根据应急工作需求而确定的其他相关保障措施（如：经费保障、交通运输保障、治安保障、技术保障、医疗保障、后勤保障等）。

6.9 应急预案管理

6.9.1 应急预案培训

明确对本单位人员开展的应急预案培训计划、方式和要求，使有关人员了解相关应急预案内容，熟悉应急职责、应急程序和现场处置方案。如果应急预案涉及到社区和居民，要做好宣传教育和告知等工作。

6.9.2 应急预案演练

明确生产经营单位不同类型应急预案演练的形式、范围、频次、内容以及演练评估、总结等要求。

6.9.3 应急预案修订

明确应急预案修订的基本要求，并定期进行评审，实现可持续改进。

6.9.4 应急预案备案

明确应急预案的报备部门，并进行备案。

6.9.5　应急预案实施

明确应急预案实施的具体时间、负责制定与解释的部门。

7　专项应急预案主要内容

7.1　事故风险分析

针对可能发生的事故风险，分析事故发生的可能性以及严重程度、影响范围等。

7.2　应急指挥机构及职责

根据事故类型，明确应急指挥机构总指挥、副总指挥以及各成员单位或人员的具体职责。应急指挥机构可以设置相应的应急救援工作小组，明确各小组的工作任务及主要负责人职责。

7.3　处置程序

明确事故及事故险情信息报告程序和内容，报告方式和责任人等内容。根据事故响应级别，具体描述事故接警报告和记录、应急指挥机构启动、应急指挥、资源调配、应急救援、扩大应急等应急响应程序。

7.4　处置措施

针对可能发生的事故风险、事故危害程度和影响范围，制定相应的应急处置措施，明确处置原则和具体要求。

8　现场处置方案主要内容

8.1　事故风险分析

主要包括：

a）事故类型；

b）事故发生的区域、地点或装置的名称；

c）事故发生的可能时间、事故的危害严重程度及其影响范围；

d）事故前可能出现的征兆；

e）事故可能引发的次生、衍生事故。

8.2　应急工作职责

根据现场工作岗位、组织形式及人员构成，明确各岗位人员的应急工作分工和职责。

8.3　应急处置

主要包括以下内容：

a）事故应急处置程序。根据可能发生的事故及现场情况，明确事故报警、各项应急措施启动、应急救护人员的引导、事故扩大及同生产经营单位应急预案的衔接的程序。

b）现场应急处置措施。针对可能发生的火灾、爆炸、危险化学品泄漏、坍塌、水患、机动车辆伤害等，从人员救护、工艺操作、事故控制，消防、现场恢复等方面制定明确的应急处置措施。

c）明确报警负责人以及报警电话及上级管理部门、相关应急救援单位联络方式和联系人员，事故报告基本要求和内容。

8.4　注意事项

主要包括：

a）佩戴个人防护器具方面的注意事项；

b）使用抢险救援器材方面的注意事项；

c）采取救援对策或措施方面的注意事项；

d）现场自救和互救注意事项；

e）现场应急处置能力确认和人员安全防护等事项；

f）应急救援结束后的注意事项；

g）其他需要特别警示的事项。

9 附件

9.1 有关应急部门、机构或人员的联系方式

列出应急工作中需要联系的部门、机构或人员的多种联系方式，当发生变化时及时进行更新。

9.2 应急物资装备的名录或清单

列出应急预案涉及的主要物资和装备名称、型号、性能、数量、存放地点、运输和使用条件、管理责任人和联系电话等。

9.3 规范化格式文本

应急信息接报、处理、上报等规范化格式文本。

9.4 关键的路线、标识和图纸

主要包括：

a）警报系统分布及覆盖范围；

b）重要防护目标、危险源一览表、分布图；

c）应急指挥部位置及救援队伍行动路线；

d）疏散路线、警戒范围、重要地点等的标识；

e）相关平面布置图纸、救援力量的分布图纸等。

9.5 有关协议或备忘录

列出与相关应急救援部门签订的应急救援协议或备忘录。

附表 A 企业安全生产考核评价表

企业安全生产管理标准化评分表 表 1

序号	评定项目	评分标准	评分方法	应得分	扣减分	实得分
1	组织体系	未建立安全生产委员会，扣 10 分 未按要求召开安委会会议，少一次扣 5 分 未按要求配备安全总监，扣 10 分，兼职扣 2 分 未按要求独立设置安全生产管理机构，扣 5 分 未按要求配足专职安全管理人员，每缺 1 人扣 2 分	查企业相关文件，查人员相关证件	10		
2	责任体系	未建立安全生产责任制，扣 10 分 各部门、各岗位安全生产责任制不健全，扣 1～3 分 未与所属单位（含直管项目）、安委会职能部门签订安全生产目标责任书，每缺一个单位扣 3 分，每缺一个部门扣 2 分 未对安全生产目标责任书落实情况进行考核，每缺一个扣 5 分，考核不全面扣 1～2 分 未制定年度安全生产工作计划，扣 3 分 未制定年度安全生产管理目标，扣 3 分 未建立安全生产考核、奖惩制度，各扣 3 分 安全生产管理制度缺项，每缺一项扣 2 分	查企业有关制度文本；抽查企业各部门、所属单位有关责任人对安全生产责任制的知晓情况，查确认记录，查企业考核记录。 查企业文件，查企业对下属单位各级管理目标设置及考核情况记录	10		
3	费用管理	未建立安全费用管理制度，扣 3 分 未编制年度安全费用提取和使用计划并纳入企业财务预算，扣 3 分 未对安全费用进行统计分析、会计处理，扣 5 分	查企业制度文本、财务预算及核算记录	10		
4	教育培训	未建立安全培训教育制度，扣 3 分 未对三类人员（企业主要负责人、项目经理、安全专职人员）及特种作业人员进行培训教育，扣 3 分 未编制年度安全培训教育计划，扣 3 分 未按计划组织培训，每缺 1 次扣 2 分 三类人员未持有合格的安全生产资格证书，每缺 1 人扣 2 分（抽查 5 人）	查企业制度文本、培训计划文本和教育实施记录、企业年度培训教育记录和管理人员的相关证书	10		

续表

序号	评定项目	评分标准	评分方法	应得分	扣减分	实得分
5	监督检查	未建立安全检查及隐患排查制度，扣3分 企业负责人未履行带班检查，扣3分，带班检查与要求不符，扣1分 未按制度组织检查，少一次扣5分，检查记录不齐全，扣1～3分 未对督促隐患整改回复，每起扣5分，无整改复查记录，每起扣3分。 对重大隐患未实行挂牌督办，每起扣5分。 对重大隐患未及时排除，扣10分 对多发隐患未采取有效治理措施，扣5分	查制度文本、检查记录、对隐患整改销项、处置情况记录，隐患排查统计表	12		
6	应急救援与事故处理	未建立生产安全事故报告处理制度，扣3分 未按规定及时上报事故，每起扣7分；未及时上报事故结案情况，每起扣3分 未按"四不放过"原则对事故进行处理，扣5分 未制定安全生产应急综合预案，扣3分 发生事故后应急处置不当，每起扣7分 应急预案无针对性，未对预案进行交底，未组织演练并按预案落实救援人员和救援物资，扣1～3分	查制度文本、事故上报及结案情况记录、应急预案的编制及相关演练记录，物资配备情况	10		
7	技术管理	未配备与生产经营范围内容相适应的有关安全生产法律、法规、标准、规范和规程，扣1～3分 施工组织设计中未涉及安全技术措施，扣2分 未按程序审核、批准、组织专家论证安全专项施工方案，每起扣5分 未对危险性较大的分部分项工程实施监控、验收，扣3分 未建立危险性较大分部分项工程台账，扣2分 未对重大危险源进行动态分析，并发布预警信息，扣3分	查企业现有的法律、法规、标准、操作规程的文本 抽查企业备份的施工组织设计 查企业相关规定，专项施工方案备份资料	10		
8	技术交底	未制定安全技术交底规定，扣3分 未对施工组织设计、专项施工方案进行安全技术交底，每起扣2分 安全技术交底无针对性和可操作性，扣1～3分 交底无书面记录，未履行签字手续，每起扣2分	查企业制度文本、企业交底记录	8		

序号	评定项目	评分标准	评分方法	应得分	扣减分	实得分
9	分包管理	未制定分包单位资质和人员资格管理制度，扣3分 未对分包单位进行安全生产评价，扣5分 未建立合格分包单位名册，扣3分 分包单位没有安全生产许可证或证件有效性不符合规定要求，发现一起扣2分 未与分包单位签订安全管理协议，每发现一起扣2分	查企业制度文本，合格供方名单，总、分包单位的管理资料	10		
10	设备设施管理	未制定设备管理制度，扣3分 设备无生产许可证、产品合格证，无维修保养记录或记录不全，扣1~3分 未建立施工现场临时设施（包括临时建、构筑物、活动板房）管理规定，扣3分 未按管理规定实施或实施有缺陷，每项扣1分 未年度组织设备专项安全检查，扣5分	查企业设备安全管理制度，设备清单和管理档案及实施记录	10		
		分项评分		100		
	其他扣分项（在分项评分基础上直接扣分）	在评价考核周期内 发生一起较大责任事故，或发生一般责任事故超过本单位亿元产值死亡控制指标的，直接评价为不合格 在本单位亿元产值死亡控制指标内，每发生一起一般责任事故扣10分 企业资质受到降级处罚，扣50分 企业受到暂扣安全生产许可证处罚，每起扣40分 企业受到省级及以上通报批评，每次扣15分 受到地市级通报批评每次扣10分	查各级行政主管部门管理信息资料，各类有效证明材料			
	扣分小计					
合计						

评分员：　　　　　　　　　　　　　　　　　　　　　　　　　　　　年　　月　　日

附表 B1　工程项目安全考核评价表

工程名称：

序号	检查项目	检查内容	检查情况	标准分值	评定分值	备注
1	安全计划（12分）	安全管理目标、安全生产责任制、管理制度		3		
		安全机构设置、人员配备		2		
		安全生产费用投入计划、统计台账		2		
		重要危险因素，专项安全施工方案		3		
		安全生产应急与事故处理		2		
2	安全控制（28分）	领导带班记录		2		
		分包资质、总包与分包安全管理协议		3		
		安全教育与安全例会		2		
		安全技术交底		3		
		危险性较大的分部分项工程工程及安全设施验收		3		
		特种作业上岗证书、危险作业许可		3		
		劳动保护用品、重要护品管理		3		
		安全检查与巡视、日志		3		
		隐患整改		3		
		施工现场其他安全资料		3		
3	基坑与安全防护（20分）	基坑支护符合方案，排水、周边堆物符合要求		3		
		沉降、位移监测有效，变形在控制范围内		3		
		安全帽、安全带、安全网配置和使用		3		
		出入口防护棚、外电线路防护搭设		3		
		阳台、楼层、屋面、基坑的临边防护		4		
		楼梯口、电梯井口、预留洞口、后浇带、坑井防护		4		
4	脚手架与模板支持体系（18分）	基础及扫地杆设置		4		
		顶端自由长度及连墙件拉接		4		
		跨距、步距、剪刀撑、斜支撑		4		
		脚手板铺设、模板存放、脚手架卸荷、防护		3		
		卸料平台、电梯井操作平台		3		

续表

序号	检查项目	检查内容	检查情况	标准分值	评定分值	备注
5	临时用电 (12分)	配电线路采用 TN-S 接零保护系统，三级配电，逐级保护		3		
		配电箱、开关箱构造符合要求，电器元件灵敏可靠，使用规范		3		
		配电设备、线路采取可靠防护措施		3		
		接地（重复接地、防雷接地）电阻、绝缘电阻符合要求		3		
6	标准化设施 (10分)	(1) 脚手架 (2) 卸料平台 (3) 材料码放		每项符合标准得1分，不完全符合或未全部实施得0.5分，累计得分除应得分×10分；27项加1~3分		
		(4) 安全通道防护 (5) 临边防护 (6) 水平洞口防护				
		(7) 电梯井（管道井）口防护 (8) 楼梯防护				
		(9) 马道防护 (10) 施工升降机 (11) 塔式起重机				
		(12) 物料提升机防护 (13) 钢筋加工防护棚 (14) 小型机具防护				
		(15) 配电室、配电箱 (16) 电缆敷设 (17) 外电防护				
		(18) 现场照明 (19) 消防设施 (20) 安全标志				
		(21) 安全讲评台 (22) 危险源公示牌 (23) 茶烟亭				
		(24) 木工加工棚 (25) 现场垃圾站				
		(26) 安全文明施工宣传长廊				
		(27) 创新型标准化防护设施				
应得分：		实得分： 小计得分率：	实得分数×折算系数0.9	90		
整改销项		整改销项完成情况		10		
合计得分：				100		

检查人员签字：　　　　　　　　　　　　　　　　　　　　　　　　年　月　日

附表 B2　工程项目机械管理检查考核表

工程名称：

序号	检查项目	标准分值		检查内容	评分标准	检查情况	评分
1	机械设备租赁	13	2	设备需用计划	年度、季度需用计划每缺一项扣1分		
			2	设备租赁、拆装合同	每缺一项合同扣1分		
			5	租赁单位设备资料	营业执照、特种设备制造许可证、产品合格证、制造监督检验证明、登记备案编号每缺一项扣1分		
			4	总包与出租单位安全管理协议	无协议扣4分，协议不完整、不规范扣2分		
2	机械设备安装及拆卸	22	4	安拆资质	无安拆资质扣4分，资质不齐全扣2分		
			8	安拆方案	无安拆方案每台扣4分，群塔作业无方案扣4分；方案审批不齐全每台扣2分		
			4	安拆安全管理协议	无协议扣4分，协议不完整、不规范扣2分		
			6	安装、拆卸记录	安拆报审，安拆人员证书，安拆交底，安拆应急预案，混凝土抗压记录，接地测试记录每缺一项扣1分		
3	机械设备验收	19	5	检测报告	无检测报告每台扣5分，检测报告无整改记录扣2分		
			10	机械设备安装、顶升（加节）、锚固（附墙）验收	无安装验收记录每台扣5分，无过程验收记录每台扣3分；验收记录不完整扣2分；中小型机械无验收记录每台扣1分		
			4	机械设备明显位置悬挂验收合格标牌、安全操作规程及责任人标牌；中小型机械设置防护棚	每缺一项扣1分		

序号	检查项目	标准分值	检查内容	评分标准	检查情况	评分
4	机械设备使用管理	46				
		5	机械设备使用备案	未办理使用备案每台扣5分		
		12	机械设备使用资料	使用交底书，交接班记录，保养记录，月度检查记录，设备台账，使用过程应急救援预案每缺少一项扣2分		
		3	机管员及设备管理工作	未设机械管理员扣3分（可兼职），岗位责任制未悬挂在工作岗位扣1分		
		6	操作人员持证上岗	发现一人未持证上岗扣2分		
		10	机械设备安全装置	安全装置不灵敏，每发现一处扣5分，中小型机械每发现一处扣2分；塔式起重机无防攀爬装置扣2分		
		10	机械设备运行使用	严重违章操作每发现一处扣10分，一般违章操作每发现一处扣5分；中小型机械每发现一处扣3分		
应得分：				实得分：		
小计得分率：		90		实得分数×折算系数0.9		
5	销项整改	10		整改销项完成情况		
合计得分：		100				

检查人员签字：　　　　　　　　　　　　　　　　　　　　　年　月　日

附表 B3　工程项目消防保卫和后勤卫生管理检查考核表

序号	检查内容	标准分值	评分标准	考核部门评分	备注
1	保卫管理	25	1. 人防：（1）保卫工作实施计划；（2）项目制定的保卫管理制度；（3）项目对保安人员制定的值班巡逻、考核计划；（4）与所在地派出所建立的工作联系；（5）保安公司履约情况；（6）项目与劳务单位签订保卫目标责任书。（6分）		
			2. 物防：（1）施工现场做到封闭，围墙高度2.5m；（2）现场大门坚固、开启灵活；（3）重点部位：仓库、办公区重要设备、物资等加强保卫监控。（4）施工现场平面图。（6分）		
			3. 技防：设置电子监控与门禁系统；要求值守人员会操作电子视频监控与门禁设备。（6分）		
			4. 日常检查资料归集与隐患整改回复。（7分）		
2	消防管理	30	1. 项目消防组织与管理制度；（1）项目消防工作实施计划；（2）项目消防管理制度；（3）施工现场动火管理制度；（4）项目重点部位：料场、仓库、办公区、生活区防火管理办法。（7分）		
			2. 消防设施：施工现场应符合《建设工程施工现场消防技术规范》设置消防泵房，消防泵房设置值班室；施工现场作业面、临建生活区、临时仓库等部位设置：烟感监控、消火栓、干粉灭火器、水桶、沙箱等消防器材和工具。（7分）		
			3. 消防管理与培训；（1）检查与整改火灾隐患的能力，要求日常检查有记录、有整改；（2）组织扑灭初起火灾演练的能力，要求有培训效果记录；（3）施工现场组织人员疏散逃生的能力，有安全通道、疏散演练效果记录；（4）项目部具有防火宣传和培训能力，要求有培训效果记录。（7分）		
			4. 日常检查资料归集与隐患整改回复。（9分）		
3	交通管理	10	1. 项目部对全体员工、劳务队伍进行100％的交通安全出行教育，做到遵纪守法。（3分）		
			2. 对专业司机和车辆保持一月一次的安全教育和车辆检查，做到安全运行。（3分）		
			3. 项目机动车外出必须由项目主管车辆人员进行登记，或开具派车任务书，同时，有针对性地进行交通安全告知教育，做好交通安全资料归档。（2分）		
			4. 交通管理资料归集。（2分）		

续表

序号	检查内容	标准分值	评分标准	考核部门评分	备注
4	卫生防病管理	25	1. 食堂"两证"齐全（卫生许可证，健康证）；从业人员办理健康证、培训证。（8 分）		
			2. 制定食堂卫生管理制度；做到对食堂卫生定期检查记录、器具消毒记录、防蝇防鼠措施；有食品采购追索记录。（5 分）		
			3. 季节性人员健康管理，夏季做好防暑降温、室内安装电扇、空调、冬季做好宿舍供暖；保证饮水卫生。（4 分）		
			4. 项目配备应急药箱，应急药品，应急担架，并指定专人负责。（3 分）		
			5. 卫生防病资料归集；制定传染病防控预案，建立项目部卫生防病管理体系；完善的卫生防病组织和检查记录与资料。（5 分）		
5	生活区管理	10	1. 生活区临建宿舍内未经审批不许私自拉设电源线，严禁使用热得快、电饭锅、电热毯、电暖器等大功率电器。（4 分）		
			2. 临建宿舍内不许存放化学易燃品；及时清除废弃易燃物品；宿舍内设置烟头存放桶；严禁使用泡沫聚苯板材铺在褥子下面；生活区设置规范的晾衣架。（4 分）		
			3. 生活污水有效排放，不得在生活区内外溢。（2 分）		
小计		90	实得分数×折算系数 0.9		
6	整改销项	10	整改销项完成情况		
合计得分：		100			
备注			上述六项考核内容，凡出现重大事故将一票否决。		

附表 B4 工程项目绿色施工检查考核表

工程名称：

序号	检查项目	检查内容	检查情况	标准分值	评定分值	备注
1	环境保护 （23分）	高压静电油烟净化		3		
		施工现场出入口设置车辆冲洗设施，并有效使用		4		
		施工现场设置封闭式垃圾站，并及时清运		4		
		现场裸露土方、易飞扬材料应覆盖		4		
		现场作业面垃圾及时处理		4		
		施工道路设置自动喷洒防尘装置		4		
		☆楼边、塔式起重机自动喷洒防尘装置		0.5		
		☆施工垃圾破碎与垂直运输		0.5		
		☆废弃混凝土、砂浆回收利用		0.5		
2	节能 （17分）	施工现场 LED 照明		4		
		施工现场镝灯使用时钟控制		3		
		施工现场 USB 接口充电插座应用		3		
		风光互补太阳能路灯施工		4		
		太阳能、空气能热水器应用		4		
		☆施工现场临时照明声控		0.5		
		☆临建太阳能光伏发电照明		0.5		
3	节地 （4分）	现场主要道路硬化，并及时清扫及洒水降尘		5		
		☆施工道路利用正式道路基层		0.5		
4	节水 （6分）	现场设置排水、雨水回收系统并使用		3		
		建筑施工场地循环水洗车池		3		
		☆墙体喷淋养护		0.5		
		☆基坑施工降水回收利用		0.5		

续表

序号	检查项目	检查内容	检查情况	标准分值	评定分值	备注
5	节材 （18分）	可周转防护栏		3		
		可周转木工加工房		2		
		可周转防护棚		3		
		可周转镝灯架		2		
		作业层标准化人行通道		2		
		可周转卫生间		2		
		模块化箱式拼装办公用房		2		
		现场排水设施通畅铺设"可周转笆子"		2		
		☆装修工程型钢移动操作架		0.5		
		☆轮扣式脚手架支架施工技术		0.5		
		☆施工现场正式照明替代临时照明技术		0.5		
		☆正式消防管道代替临时消防管道技术		0.5		
		☆提升式支腿自翻转电梯井操作钢平台		0.5		
		☆可周转工具式电梯井道防护平台		0.5		
		☆施工现场可重复使用预制路面板		0.5		
		☆可周转钢制临时施工道路		0.5		
		☆组装式基坑用钢楼梯		0.5		
		☆施工现场可移动式多用屏风或护栏		0.5		
		☆可周转金属围墙		0.5		
		☆可周转活动试验室		0.5		
		☆工具式零星材料吊笼		0.5		
		☆承插型键槽式脚手架		0.5		
		☆铝合金模板		0.5		
		☆塑料模板		0.5		
		☆小直径钢筋马凳应用技术		0.5		
		☆封闭箍筋闪光对焊技术		0.5		
6	资料	项目节能减排环境工作策划案、节能减排报表上报情况		17		
小计得分：		实得分数×折算系数0.9		90		
7	整改销项	整改销项完成情况		10		
合计得分：				100		

注：带"☆"内容为优选项，每项0.5分。

附表 C 建筑施工安全检查评分汇总表

企业名称：   年 月 日

单位工程(施工现场)名称	建筑面积(m²)	结构类型	总计得分(满分分值100分)	项目名称及分值									
				安全管理(满分10分)	文明施工(满分15分)	脚手架(满分10分)	基坑工程(满分10分)	模板支架(满分10分)	高处作业(满分10分)	施工用电(满分10分)	物料提升机与施工升降机(满分10分)	塔式起重机与起重吊装(满分10分)	施工机具(满分5分)

评语：

检查单位			负责人	受检项目		项目经理	

附表 D 建筑施工安全分项检查评分表

安全管理检查评分表   表 D.1

序号	检查项目		扣分标准	应得分数	扣减分数	实得分数
1	保证项目	安全生产责任制	未建立安全生产责任制，扣10分 安全生产责任制未经责任人签字确认，扣3分 未按规定配备专职安全员，扣2～10分 工程项目部承包合同中未明确安全生产考核指标，扣5分 未制定安全生产资金保障制度，扣5分 未编制安全资金使用计划或未按计划实施，扣2～5分 未制定安全生产管理目标（伤亡控制、安全达标、文明施工），扣5分 未进行安全责任目标分解的，扣5分 未建立安全生产责任制、责任目标考核制度，扣5分 未按考核制度对管理人员定期考核，扣2～5分	10		
2		施工组织设计	施工组织设计中未制定安全技术措施，扣10分 危险性较大的分部分项工程未编制安全专项施工方案，扣10分 未按规定对(超过一定规模的危险性较大的分部分项工程)专项方案进行专家论证，扣10分 施工组织设计、专项施工方案未经审批，扣10分 安全措施、专项施工方案无针对性或缺少设计计算，扣2～8分 未按施工组织设计、专项施工方案组织实施，扣2～10分	10		
3		安全技术交底	未进行书面安全技术交底，扣10分 未按分部分项进行交底，扣5分 交底未履行签字手续，扣2～4分	10		
4		安全检查	未建立安全检查(定期、季节性)制度，扣10分 未留有(定期、季节性)安全检查记录，扣5分 事故隐患的整改未做到定人、定时间、定措施，扣2～6分 对重大事故隐患改通知书所列项目未按期整改和复查，扣5～10分	10		
5		安全教育	新入场工人未进行三级安全教育培训和考核，扣5分 未明确具体安全教育培训内容，扣2～8分 变换工种或采用新技术、新工艺、新设备、新材料施工时未进行安全教育，扣5分 施工管理人员、专职安全员未按规定进行年度教育培训和考核，每人扣2分	10		

续表

序号	检查项目		扣分标准	应得分数	扣减分数	实得分数
6	保证项目	应急预案	未制定安全生产应急救援预案,扣10分 未建立应急救援组织或未按规定配备救援人员,扣2~6分 未配置应急救援器材和设备,扣5分 未定期进行应急救援演练,扣5分	10		
		小计		60		
7	一般项目	分包单位安全管理	分包单位资质、资格、分包手续不全或失效,扣10分 未签订安全生产协议书,扣5分 分包合同、安全协议书,签字盖章手续不全,扣2~6分 分包单位未按规定建立安全机构或未配备专职安全员,扣2~6分	10		
8		特种作业持证上岗	未经培训从事施工、安全管理和特种作业,每人扣5分 项目经理、专职安全员和特种作业人员未持证上岗,每人扣2分	10		
9		生产安全事故处理	生产安全事故未按规定报告,扣10分 生产安全事故未按规定进行调查分析、制定防范措施,扣10分 未依法为施工作业人员办理保险,扣5分	10		
10		安全标志	主要施工区域、危险部位未按规定悬挂安全标志,扣2~6分 未绘制现场安全标志布置图,扣3分 未按部位和现场设施的变化调整安全标志设置,扣2~6分 未设置重大危险源公示牌,扣5分	10		
		小计		40		
	检查项目合计			100		

文明施工检查评分表　　　　　　　　　表 D.2

序号	检查项目		扣分标准	应得分数	扣减分数	实得分数
1	保证项目	现场围挡	市区主要路段的工地周围未设置高于2.5m的封闭围挡,扣5~10分 一般路段的工地周围未设置高于1.8m的封闭围挡,扣5~10分 围挡未达到坚固、稳定、整洁、美观,扣5~10分	10		
2		封闭管理	施工现场出入口未设置大门,扣10分 未设置门卫室,扣5分 未设门卫或未建立门卫制度,扣2~6分 未设置车辆冲洗设施,扣3分	10		

续表

序号	检查项目		扣分标准	应得分数	扣减分数	实得分数
3	保证项目	施工场地	现场主要道路及材料加工区地面未进行硬化处理，扣 5 分 现场道路不畅通、路面不平整坚实，扣 5 分 施工现场未采取防尘措施，扣 5 分 施工现场未设置排水设施或排水不通畅、有积水，扣 5 分 未采取防止泥浆、污水、废水污染环境措施，扣 2～10 分 温暖季节未进行绿化布置，扣 3 分	10		
4		现场材料	建筑材料、构件、料具未按总平面布局码放，扣 4 分 施工现场材料存放未采取防火、防锈蚀、防雨措施，扣 3～10 分 建筑物内施工垃圾的清运，未使用器具或管道运输，扣 5 分 易燃易爆物品未采取防火措施、未进行分类存放，扣 5～10 分	10		
5		现场住宿	施工作业区、材料存放区与办公区、生活区未采取隔离措施，扣 6 分 宿舍、办公用房防火等级不符合有关消防安全技术规范要求，扣 10 分 在建工程、伙房、库房兼做住宿，扣 10 分 宿舍未设置床铺、床铺超过 2 层或通道宽度小于 0.9m，扣 2～6 分 宿舍人均面积或人员数量不符合规范要求，扣 5 分 冬季宿舍未采取保暖和防煤气(一氧化碳)中毒措施，扣 5 分 夏季宿舍未采取防暑降温和防蚊蝇措施，扣 5 分	10		
6		现场防火	施工现场未制定消防安全管理制度、消防措施，扣 10 分 施工现场的临时用房和作业场所的防火设计不符合规范要求，扣 10 分 施工现场消防通道、消防水源的设置不符合规范要求，扣 5～10 分 施工现场灭火器材布局、配置不合理或灭火器材失效，扣 5 分 未办理动火审批手续或未指定动火监护人员，扣 5～10 分	10		
		小计		60		
7	一般项目	综合治理	生活区未设置作业人员设置学习和娱乐场所，扣 2 分 施工现场未建立治安保卫制度或责任未分解到人，扣 3～5 分	10		
8		公示标牌	大门口处设置的公示牌内容不全，扣 2～8 分 标牌不规范、不整齐，扣 3 分 未张挂安全标语，扣 3 分 未设置宣传栏、读报栏、黑板报，扣 2～4 分	10		

续表

序号	检查项目		扣分标准	应得分数	扣减分数	实得分数
9	一般项目	生活设施	未建立卫生责任制度,扣5分 食堂与厕所、垃圾站、有毒有害场所距离不符合规范要求,扣2~6分 食堂未办理卫生许可证或未办理炊事人员健康证,扣5分 食堂使用的燃气罐未单独设置存放间或存放间通风条件不良,扣2~4分 食堂未配备排风、冷藏、消毒、防鼠、防蚊蝇等设施,扣4分 厕所内的设施数量或布局不符合规范要求,扣2~6分 厕所卫生未达到规定要求,扣4分 不能保证现场人员卫生饮水,扣5分 未设置淋浴室或淋浴室不能满足现场人员需求,扣4分 生活垃圾未装容器或未及时清理,扣3~5分	10		
10		社区服务	夜间未经许可施工,扣8分 施工现场焚烧各类废弃物,扣8分 施工现场未制定防粉尘、防噪声、防光污染等措施,扣5分 未制定施工不扰民措施,扣5分	10		
		小计		40		
	检查项目合计			100		

扣件式钢管脚手架检查评分表　　　　　　　　表 D. 3

序号	检查项目		扣分标准	应得分数	扣减分数	实得分数
1	保证项目	施工方案	架体搭设未编制专项施工方案或未按规定审核、审批,扣10分 架体结构设计未进行设计计算,扣10分 架体搭设超过规范允许高度,专项施工方案未按规定组织专家论证,扣10分	10		
2		立杆基础	立杆基础不平、不实,不符合专项施工方案要求,扣5~10分 立杆底部缺少底座、垫板或垫板的规格不符合规范要求,每处扣2~5分 未按规范要求设置纵、横向扫地杆,扣5~10分 扫地杆的设置和固定不符合规范要求,扣5分 未采取排水措施,扣8分	10		
3		架体与建筑结构拉结	架体与建筑结构拉结方式或间距不符合规范要求,每处扣2分 架体底层第一步纵向水平杆处未按规定设置连墙件或未采用其他可靠措施固定,每处扣2分 搭设高度超过24m的双排脚手架,未采用刚性连墙件与建筑结构可靠连接,扣10分	10		

序号	检查项目		扣分标准	应得分数	扣减分数	实得分数
4	保证项目	杆件间距与剪刀撑	立杆、纵向水平杆、横向水平杆间距超过设计或规范要求，每处扣2分 未按规定设置纵向剪刀撑或横向斜撑，每处扣5分 剪刀撑未沿脚手架高度连续设置或角度不符合规范要求，扣5分 剪刀撑斜杆的接长或剪刀撑杆件与架体杆件固定不符合规范要求，每处扣2分	10		
5		脚手板与防护栏杆	脚手板未满铺或铺设不牢、不稳，扣5～10分 脚手板规格或材质不符合规范要求，扣5～10分 架体外侧未设置密目式安全网封闭或网间连接不严，扣5～10分 作业层防护栏杆不符合规范要求，扣5分 作业层未设置高度不小于180mm的挡脚板，扣3分	10		
6		交底与验收	架体搭设前未进行交底或交底未留有文字记录，扣5～10分 架体分段搭设、分段使用未进行分段验收，扣5分 架体搭设完毕未办理验收手续，扣10分 验收内容未进行量化，或未经责任人签字确认，扣5分	10		
		小计		60		
7	一般项目	横向水平杆设置	未在立杆与纵向水平杆交点处设置横向水平杆，每处扣2分 未按脚手板铺设的需要增加设置横向水平杆，每处扣2分 双排脚手架横向水平杆只固定一端，每处扣2分 单排脚手架横向水平杆插入墙内小于18cm，每处扣2分	10		
8		杆件连接	纵向水平杆搭接长度小于1m或固定不符合要求，每处扣2分 立杆除顶层顶步外采用搭接，每处扣4分 杆件对接扣件的布置不符合规范，要求扣2分 扣件紧固力矩小于40N.M或大于65N.M，每处扣2分	10		
9		层间防护	作业层脚手板下未用安全平网兜底或作业层以下且以下每隔10m未用安全平网封闭，扣5分 作业层与建筑物之间未按规定进行封闭，扣5分	10		
10		构配件材质	钢管直径、壁厚、材质不符合要求，扣5分 钢管弯曲、变形、锈蚀严重，扣5分 扣件未进行复试或技术性能不符合标准，扣5分	5		
11		通道	未设置人员上下专用通道，扣5分 通道设置不符合要求，扣2分	5		
		小计		40		
检查项目合计				100		

悬挑式脚手架检查评分表　　　　　　　　　　　　　　　表 D. 4

序号	检查项目		扣分标准	应得分数	扣减分数	实得分数
1	保证项目	施工方案	未编制专项施工方案或未进行设计计算，扣 10 分 专项施工方案未按规定审核、审批，扣 10 分 架体搭设超过规范允许高度，专项施工方案未按规定组织进行专家论证，扣 10 分	10		
2		悬挑钢梁	钢梁截面高度未按设计确定或截面形式不符合设计和规范要求，扣 10 分 钢梁固定段长度小于悬挑段长度的 1.25 倍，扣 5 分 钢梁外端未设置钢丝绳或钢拉杆与上一层建筑结构拉结，每处扣 2 分 钢梁与建筑结构锚固处结构强度、锚固措施不符合设计和规范要求，每处扣 5～10 分 钢梁间距未按悬挑架体立杆纵距设置，扣 5 分	10		
3		架体稳定	立杆底部与悬挑钢梁连接处未采取可靠固定措施，每处扣 2 分 承插式立杆接长未采取螺栓或销钉固定，每处扣 2 分 纵横向扫地杆的设置不符合规范要求，扣 5～10 分 未在架体外侧设置连续式剪刀撑，扣 10 分 未按规定(在架体内侧)设置横向斜撑，扣 5 分 架体未按规定与建筑结构拉结，每处扣 5 分	10		
4		脚手板	脚手板规格、材质不符合要求，扣 5～10 分 脚手板未满铺或铺设不严、不牢、不稳，扣 5～10 分	10		
5		荷载	架体施工荷载超过设计规定，扣 10 分 施工荷载堆放不均匀，每处扣 5 分	10		
6		交底与验收	架体搭设前未进行交底或交底未留有文字记录，扣 5～10 分 架体分段搭设、分段使用未进行分段验收，扣 6 分 架体搭设完毕未办理验收手续，扣 10 分 验收内容未进行量化，或未经责任人签字确认，扣 5 分	10		
		小计		60		
7	一般项目	杆件间距	立杆间距、纵向水平杆布距超过设计或规范要求，每处扣 2 分 未在立杆与纵向水平杆交点处设置横向水平杆，每处扣 2 分 未按脚手板铺设的需要增加设置横向水平杆，每处扣 2 分	10		
8		架体防护	作业层防护栏杆不符合规范要求，扣 5 分 作业层架体外侧未设置高度不小于 180mm 的挡脚板，扣 3 分 架体外侧未采用密目式安全网封闭或网间不严，扣 5～10 分	10		

序号	检查项目		扣分标准	应得分数	扣减分数	实得分数
9	一般项目	层间防护	作业层脚手板下未用安全平网兜底或作业层以下且以下每隔 10m 未用安全平网封闭，扣 5 分 作业层与建筑物之间未按规定进行封闭，扣 5 分 架体底层沿建筑结构边缘，悬挑钢梁与悬挑钢梁之间未采取封闭措施或封闭不严扣，2～8 分 架体底层未进行封闭或封闭不严，扣 10 分	10		
10		脚手架材质	型钢、钢管、构配件规格及材质不符合规范要求，扣 5～10 分 型钢、钢管构配件弯曲、变形、锈蚀严重，扣 10 分	10		
		小计		40		
	检查项目合计			100		

门式钢管脚手架检查评分表　　　　　　　　　　　表 D.5

序号	检查项目		扣分标准	应得分数	扣减分数	实得分数
1	保证项目	施工方案	未编制专项施工方案或未进行设计计算，扣 10 分 专项施工方案未按规定审核、审批，扣 10 分 架体搭设超过规范允许高度，专项施工方案未按规定组织进行专家论证，扣 10 分	10		
2		架体基础	架体基础不平、不实、不符合专项施工方案要求，扣 5～10 分 架体底部未设垫板或垫板的规格不符合要求，扣 2～5 分 架体底部未按规范要求设置底座，每处扣 2 分 架体底部未按规范要求设置扫地杆，扣 5 分 未采取排水措施，扣 8 分	10		
3		架体稳定	架体与建筑结构拉结方式和间距不符合规范要求，每处扣 2 分 未按规范要求设置剪刀撑，扣 10 分 门架立杆垂直度偏差超过规范要求，扣 5 分 交叉支撑的设置不符合规范要求，每处扣 2 分	10		
4		杆件锁臂	未按(说明书)规定组装，或漏装杆件、锁臂，扣 2～6 分 未按规范要求设置纵向水平加固杆，扣 10 分 扣件与连接的杆件参数不匹配，每处扣 2 分	10		
5		脚手板	脚手板未满铺或铺设不牢、不稳，扣 5～10 分 脚手板规格或材质不符合要求的，扣 5～10 分 采用挂扣式钢脚手板时挂钩未挂扣在横向水平杆上或挂钩未处于锁住状态，每处扣 2 分	10		
6		交底与验收	脚手架搭设前未进行交底或交底未留有文字记录，扣 5～10 分 脚手架分段搭设、分段使用未办理分段验收，扣 6 分 脚手架搭设完毕未办理验收手续，扣 10 分 验收内容未进行量化，或未经责任人签字确认，扣 5 分	10		
		小计		60		

序号	检查项目		扣分标准	应得分数	扣减分数	实得分数
7	一般项目	架体防护	作业层防护栏杆不符合规范要求，扣5分 作业层未设置高度不小于180mm的挡脚板，扣3分 脚手架外侧未设置密目式安全网封闭或网间不严，扣5~10分 作业层脚手板下未用安全平网双层兜底或作业层以下每隔10m未用安全平网封闭，扣5分	10		
8		构配件材质	杆件变形、锈蚀严重，扣10分 门架局部开焊，扣10分 构配件的规格、型号、材质或产品质量不符合规范要求，扣5~10分	10		
9		荷载	施工荷载超过设计规定，扣10分 荷载堆放不均匀，每处扣5分	10		
10		通道	未设置人员上下专用通道，扣10分 通道设置不符合要求，扣5分	10		
		小计		40		
检查项目合计				100		

碗扣式钢管脚手架检查评分表　　　　　　　　表 D.6

序号	检查项目		扣分标准	应得分数	扣减分数	实得分数
1	保证项目	施工方案	未编制专项施工方案或未进行设计计算，扣10分 专项施工方案未按规定审核、审批，扣10分 架体搭设高度超过规范允许高度，专项施工方案未组织专家论证，扣10分	10		
2		架体基础	基础不平、不实，不符合专项施工方案要求，扣5~10分 架体底部未设置垫板或垫板的规格不符合要求，扣2~5分 架体底部未按规范要求设置底座，每处扣2分 架体底部未按规范要求设置扫地杆，扣5分 未采取排水措施，扣8分	10		
3		架体稳定	架体与建筑结构未按规范要求拉结，每处扣2分 架体底层第一步水平杆处未按规范要求设置连墙件或未采用其他可靠措施固定，每处扣2分 连墙件未采用刚性杆件，扣10分 未按规范要求设置竖向专用斜杆或八字形斜撑，扣5分 (竖向)专用斜杆两端未固定在纵、横向水平杆与立杆汇交的碗扣结点处，每处扣2分 (竖向)专用斜杆或八字形斜撑未沿脚手架高度连续设置或角度不符合要求，扣5分	10		

续表

序号	检查项目		扣分标准	应得分数	扣减分数	实得分数
4	保证项目	杆件锁件	立杆间距、水平杆步距超过设计和规范要求，每处扣2分 未按专项施工方案设计的步距在立杆连接碗扣结点处设置纵、横向水平杆，每处扣2分 架体搭设高度超过24 m时，顶部24m以下的连墙件层未按规定设置水平斜杆，扣10分 架体组装不牢或上碗扣紧固不符合要求，每处扣2分	10		
5		脚手板	脚手板未满铺或铺设不牢、不稳，扣5~10分 脚手板规格或材质不符合要求，扣5~10分 采用挂扣式钢脚手板时挂钩未挂扣在横向水平杆上或挂钩未处于锁住状态，每处扣2分	10		
6		交底与验收	架体搭设前未进行交底或交底未留有文字记录，扣5~10分 架体分段搭设、分段使用未进行分段验收，扣5分 架体搭设完毕未办理验收手续，扣10分 验收内容未进行量化，或未经责任人签字确认，扣5分	10		
		小计		60		
7	一般项目	架体防护	架体外侧未采用密目式安全网封闭或网间连接不严扣5~10分 作业层防护栏杆不符合规范要求，扣5分 作业层外侧未设置高度不小于180mm的挡脚板，扣3分 作业层脚手板下未用安全平网双层兜底或作业层以下每隔10m未用安全平网封闭，扣5分	10		
8		材质	杆件弯曲、变形、锈蚀严重，扣10分 钢管、构配件的规格、型号、材质或产品质量不符合规范要求，扣5~10分	10		
9		荷载	施工荷载超过设计规定，扣10分 荷载堆放不均匀，每处扣5分	10		
10		通道	未设置人员上下专用通道，扣10分 通道设置不符合要求，扣5分	10		
		小计		40		
	检查项目合计			100		

附着式升降脚手架检查评分表　　　　　　　　表 D. 7

序号	检查项目		扣分标准	应得分数	扣减分数	实得分数
1	保证项目	施工方案	未编制专项施工方案或未进行设计计算,扣 10 分 专项施工方案未按规定审核、审批,扣 10 分 脚手架提升超过规定允许高度(150m),专项施工方案未按规定组织专家论证,扣 10 分	10		
2		安全装置	未采用(机械式的全自动)防坠落装置或技术性能不符合规范要求,扣 10 分 防坠落装置与升降设备未分别独立固定在建筑结构上,扣 10 分 防坠落装置未设置在竖向主框架处并与建筑结构附着,扣 10 分 未安装防倾覆装置或防倾覆装置不符合规范要求,扣 10 分 升降或使用工况,最上和最下两个防倾装置之间的最小间距不符合规范要求,扣 8 分 未安装同步控制装置或技术性能不符合规范要求,扣 5~8 分	10		
3		架体构造	架体高度大于 5 倍楼层高,扣 10 分 架体宽度大于 1.2m,扣 5 分 直线布置的架体支承跨度大于 7m 或折线、曲线布置的架体支撑跨度大于 5.4m,扣 8 分 架体的水平悬挑长度大于 2m 或大于跨度 1/2,扣 10 分 架体悬臂高度大于架体高度 2/5 或(悬臂高度)大于 6m,扣 10 分 架体全高与支撑跨度的乘积大于 110m²,扣 10 分	10		
4		附着支座	未按竖向主框架所覆盖的每个楼层设置一道附着支座,扣 10 分 使用工况时未将竖向主框架与附着支座固定,扣 10 分 升降工况时未将防倾、导向装置设置在附着支座上,扣 10 分 附着支座与建筑结构连接固定方式不符合规范要求,扣 5~10 分	10		
5		架体安装	主框架和水平支撑桁架的结点未采用焊接或螺栓连接,扣 10 分 各杆件轴线未汇交于节点,扣 3 分 (内外两片)水平支承桁架的上弦和下弦之间设置的水平支撑杆件未采用焊接或螺栓连接,扣 5 分 架体立杆底端未设置在水平支撑桁架上弦杆件结点处,扣 10 分 (与墙面垂直的定型)竖向主框架组装高度低于架体高度,扣 5 分 架体外立面设置的连续式剪刀撑未将竖向主框架、水平支撑桁架和架体构架连成一体,扣 8 分	10		
6		架体升降	两跨以上架体(同时整体)升降采用手动升降设备,扣 10 分 升降工况附着支座与建筑结构连接处混凝土强度未达到设计和规范要求,扣 10 分 升降工况架体上有施工荷载或有人员停留,扣 10 分	10		
		小计		60		

续表

序号	检查项目		扣分标准	应得分数	扣减分数	实得分数
1	一般项目	检查验收	构配件进场未进行验收，扣 6 分 分段安装、分段使用未进行分段验收，扣 8 分 架体搭设完毕未办理验收手续，扣 10 分 验收内容未进行量化，或未经责任人签字确认，扣 5 分 架体提升前未留有具体检查记录，扣 6 分 架体提升后、使用前未履行验收手续或资料不全，扣 2～8 分	10		
2		脚手板	脚手板未满铺或铺设不严、不牢，扣 3～5 分 作业层与建筑结构之间空隙封闭不严，扣 3～5 分 脚手板规格、材质不符合要求，扣 5～10 分	10		
3		架体防护	脚手架外侧未采用密目式安全网封闭或网间不严，扣 5～10 分 作业层(未在高度 1.2m 和 0.6m 处设置上、中两道)防护栏杆不符合规范要求，扣 5 分 作业层未设置高度不小于 180mm 的挡脚板，扣 3 分	10		
4		安全作业	操作前未向有关技术人员和作业人员进行安全技术交底或交底未有文字记录，扣 5～10 分 作业人员未经培训或未定岗定责，扣 5～10 分 安装拆除单位资质不符合要求或特种作业人员未持证上岗，扣 5～10 分 安装、升降、拆除时未设置安全警戒区及专人监护，扣 10 分 荷载不均匀或超载，扣 5～10 分	10		
	小计			40		
检查项目合计				100		

承插型盘扣式钢管支架检查评分表　　　　　　　　表 D.8

序号	检查项目		扣分标准	应得分数	扣减分数	实得分数
1	保证项目	施工方案	未编制专项施工方案或(搭设高度超过 24m)未进行设计和计算，扣 10 分 专项施工方案未按规定审核、审批，扣 10 分	10		
2		架体基础	架体基础不平、不实、不符合专项方案设计要求，扣 5～10 分 架体立杆底部缺少垫板或垫板的规格不符合规范要求，每处扣 2 分 架体立杆底部未按要求设置可调底座，每处扣 2 分 未按规范要求设置纵、横向扫地杆，扣 5～10 分 未采取排水措施，扣 8 分	10		

续表

序号	检查项目		扣分标准	应得分数	扣减分数	实得分数
3	保证项目	架体稳定	架体与建筑结构未按规范要求拉结,每处扣2分 架体底层第一步水平杆处未按规范要求设置连墙件或未采用其他可靠措施固定,每处扣2分 连墙件未采用刚性杆件,扣10分 未按规范要求设置竖向斜杆或剪刀撑,扣5分 竖向斜杆两端未固定在纵、横向水平杆与立杆汇交的盘扣结点处,每处扣2分 斜杆或剪刀撑未沿脚手架高度连续设置或角度不符合要求,扣5分	10		
4		杆件设置	架体立杆间距、水平杆步距超过设计或规范要求,每处扣2分 未按专项施工方案设计的步距在立杆连接盘处设置纵、横向水平杆,每处扣2分 双排脚手架的每步水平杆,当无挂扣钢脚手板时未按规范要求设置水平斜杆,扣5~10分	10		
5		脚手板	脚手板不满铺或铺设不牢、不稳,扣5~10分 脚手板规格或材质不符合要求,扣5~10分 采用挂扣式钢脚手板时挂钩未挂扣在水平杆上或挂钩未处于锁住状态,每处扣2分	10		
6		交底与验收	架体搭设前未进行交底或未留有文字交底记录,扣5~10分 架体分段搭设、分段使用未办理分段验收,扣5分 架体搭设完毕未办理验收手续,扣10分 验收内容未进行量化,或未经责任人签字确认,扣5分	10		
		小计		60		
7	一般项目	架体防护	架体外侧未设置密目式安全网封闭或网间不严,扣5~10分 作业层防护栏杆不符合规范要求,扣5分 作业层外侧未设置高度不小于180mm的挡脚板,扣3分 作业层脚手板下未用安全平网双层兜底或作业层以下每隔10m未用安全平网封闭,扣5分	10		
8		杆件连接	立杆竖向接长位置不符合要求,每处扣2分 剪刀撑的斜杆接长不符合要求,扣8分	10		
9		构配件材质	钢管、构配件的规格、型号、材质或产品质量不符合规范要求,扣5分 钢管弯曲、变形、锈蚀严重,扣10分	10		
10		通道	未设置人员上下专用通道,扣10分 通道设置不符合要求,扣5分	10		
		小计		40		
检查项目合计				100		

高处作业吊篮检查评分表　　　　　　　　　　表 D. 9

序号	检查项目		扣分标准	应得分数	扣减分数	实得分数
1	保证项目	施工方案	未编制专项施工方案或未对吊篮支架支撑处结构的承载力进行验算，扣 10 分 专项施工方案未按规定审核、审批，扣 10 分	10		
2		安全装置	未安装防坠安全锁或安全锁失灵，扣 10 分 防坠安全锁超过标定期限仍在使用，扣 10 分 未设置挂设安全带专用安全绳及安全锁扣，或安全绳未固定在建筑物可靠位置，扣 10 分 吊篮未安装上限位装置或限位装置失灵，扣 10 分	10		
3		悬挂机构	悬挂机构前支架支撑在建筑物女儿墙上或挑檐边缘，扣 10 分 前梁外伸长度不符合产品说明书规定，扣 10 分 前支架与支撑面不垂直或脚轮受力，扣 10 分 上支架未固定在前支架调节杆与悬挑梁连接的结点处，扣 5 分 使用破损的配重块或采用其他替代物，扣 10 分 配重块未固定或重量不符合设计规定，扣 10 分	10		
4		钢丝绳	钢丝绳有断丝、松股、硬弯、锈蚀或有油污附着物，扣 10 分 安全钢丝绳规格、型号与工作钢丝绳不相同或未独立悬挂，扣 10 分 安全钢丝绳不悬垂，扣 5 分 电焊作业时未对钢丝绳采取保护措施，扣 5～10 分	10		
5		安装作业	吊篮平台组装长度不符合产品说明书和规范要求，扣 10 分 吊篮组装的构配件不是同一生产厂家的产品，扣 5～10 分	10		
6		升降操作	操作升降人员未经培训合格，扣 10 分 吊篮内作业人员数量超过 2 人，扣 10 分 吊篮内作业人员未将安全带用安全锁扣挂置在独立设置的专用安全绳上，扣 10 分 作业人员未从地面进出篮内，扣 5 分	10		
		小计		60		
7	一般项目	交底与验收	未履行验收程序，验收表未经责任人签字确认，扣 5～10 分 验收内容未进行量化，扣 5 分 每天班前、班后未进行检查，扣 5 分 吊篮安装使用前未进行交底或交底为留有文字记录，扣 5～10 分	10		
8		安全防护	吊篮平台周边的防护栏杆或挡脚板的设置不符合规范要求，扣 5～10 分 多层或立体交叉作业未设置防护顶板，扣 8 分	10		
9		吊篮稳定	吊篮作业未采取防摆动措施，扣 5 分 吊篮钢丝绳不垂直或吊篮距建筑物空隙过大，扣 5 分	10		
10		荷载	施工荷载超过设计规定，扣 10 分 荷载堆放不均匀，扣 5 分	10		
		小计		40		
	检查项目合计			100		

满堂式脚手架检查评分表   表 D.10

序号	检查项目		扣分标准	应得分数	扣减分数	实得分数
1	保证项目	施工方案	未编制专项施工方案或未进行设计计算,扣10分 专项施工方案未按规定审核、审批,扣10分	10		
2		架体基础	架体基础不平、不实、不符合专项施工方案要求,扣5～10分 架体底部未设置垫板或垫板的规格不符合规范要求,每处扣2～5分 架体底部未按规范要求设置底座,每处扣2分 架体底部未按规范要求设置扫地杆,扣5分 未采取排水措施,扣8分	10		
3		架体稳定	架体四周与中间未按规范要求设置竖向剪刀撑或专用斜杆,扣10分 未按规范要求设置水平剪刀撑或专用水平斜杆,扣10分 架体高宽比超过规范要求(大于2)时未采取与结构拉结或其他可靠的稳定措施,扣10分	10		
4		杆件锁件	架体立杆间距、水平杆步距超过设计和规范要求,每处扣2分 杆件接长不符合要求,每处扣2分 架体搭设不牢或杆件节点紧固不符合要求,每处扣2分	10		
5		脚手板	脚手板不满铺或铺设不牢、不稳,扣5～10分 脚手板规格或材质不符合要求,扣5～10分 采用挂扣式钢脚手板时挂钩未挂扣在水平杆上或挂钩未处于锁住状态,每处扣2分	10		
6		交底与验收	架体搭设前未进行交底或交底未留有文字记录,扣5～10分 架体分段搭设、分段使用未进行分段验收,扣5分 架体搭设完毕未办理验收手续,扣10分 验收内容未进行量化,或未经责任人签字确认,扣5分	10		
		小计		60		
7	一般项目	架体防护	作业层防护栏杆不符合规范要求,扣5分 作业层外侧未设置高度不小于180mm挡脚板,扣3分 作业层脚手板下未用安全平网双层兜底或作业层以下每隔10m未用安全平网封闭,扣5分	10		
8		构配件材质	钢管、构配件的规格、型号、材质或产品质量不符合规范要求,扣5～10分 杆件弯曲、变形、锈蚀严重,扣10分	10		
9		荷载	架体的施工荷载超过设计和规范要求,扣10分 荷载堆放不均匀,每处扣5分	10		
10		通道	未设置人员上下专用通道,扣10分 通道设置不符合要求,扣5分	10		
		小计		40		
	检查项目合计			100		

基坑工程检查评分表　　　　　　　　　　表 D. 11

序号	检查项目		扣分标准	应得分数	扣减分数	实得分数
1	保证项目	施工方案	基坑工程未编制专项施工方案，扣 10 分 专项施工方案未按规定审核、审批，扣 10 分 超过一定规模条件的基坑工程专项方案未按规定组织专家论证，扣 10 分 基坑周边环境或施工条件发生变化，专项施工方案未重新进行审核、审批，扣 10 分	10		
2		基坑支护	人工开挖的狭窄基槽，开挖深度较大或存在边坡塌方危险未采取支护措施，扣 10 分 自然放坡的坡率不符合专项施工方案和规范要求，扣 10 分 基坑支护结构不符合设计要求，扣 10 分 支护结构水平位移达到设计报警值未采取有效控制措施，扣 10 分	10		
3		(基坑)降排水	基坑开挖深度范围内有地下水未采取有效的降排水措施，扣 10 分 基坑边沿周围地面未设置排水沟或排水沟设置不符合规范要求，扣 5 分 放坡开挖对坡顶、坡面、坡脚未采取降排水措施，扣 5～10 分 基坑底四周未设排水沟和集水井或排除积水不及时，扣 5～8 分	10		
4		基坑开挖	支护结构未达到设计要求的强度提前开挖下层土方，扣 10 分 未按设计和施工方案的要求分层、分段开挖和开挖不均衡，扣 10 分 基坑开挖过程中未采取防止碰撞支护结构或工程桩的有效措施，扣 10 分 机械在软土场地作业，未采取铺设渣土、砂石等硬化措施，扣 10 分	10		
5		坑边荷载	基坑边堆置土、料具等荷载超过基坑支护设计允许要求，扣 10 分 施工机械与基坑边沿的安全距离不符合设计要求，扣 10 分	10		
6		安全防护	开挖深度 2m 及以上的基坑周边未按规范要求设置防护栏杆或防护栏杆设置不符合规范要求，扣 5～10 分 基坑内未设置供施工人员上下的专用梯道或梯道设置不符合规范要求，扣 5～10 分 降水井口未设置防护盖板或围栏，扣 10 分	10		
	小计			60		

续表

序号	检查项目		扣分标准	应得分数	扣减分数	实得分数
7	一般项目	基坑监测	未按要求进行基坑工程监测,扣10分 基坑监测项目不符合设计和规范要求,扣5~10分 监测的时间间隔不符合监测方案要求或监测结果变化速率较大未加密观测次数,扣5~8分 未按设计要求提交监测报告或监测报告内容不完整,扣5~8分	10		
8		支撑拆除	基坑支撑结构的拆除方式、拆除顺序不符合专项施工方案要求,扣5~10分 机械拆除作业时,施工荷载大于支撑结构承载能力,扣10分 人工拆除作业时,未按规定设置防护设施,扣8分 采用非常规拆除方式不符合国家现行相关规范要求,扣10分	10		
9		作业环境	基坑内土方机械、施工人员的安全距离不符合规范要求,扣10分 上下垂直作业未采取防护措施,扣5分 在各种管线范围内挖土作业未设专人监护,扣5分 作业区光线不良(未设置足够照明),扣5分	10		
10		应急预案	未按要求编制基坑工程应急预案或应急预案内容不完整,扣5~10分 应急组织机构不健全或应急物资、材料、工具、机具储备不符合应急预案要求,扣2~6分	10		
		小计		40		
	检查项目合计			100		

模板支架检查评分表　　　　　　　　　表 D. 12

序号	检查项目		扣分标准	应得分数	扣减分数	实得分数
1	保证项目	施工方案	未按规定编制专项施工方案或结构设计未经计算,扣10分 专项施工方案未经审核、审批,扣10分 超过一定规模的模板支架,专项施工方案未按规定组织专家论证,扣10分	10		
2		支架基础	基础不坚实平整,承载力不符合专项施工方案要求,扣5~10分 支架底部未设置垫板或垫板规格不符合规范要求,扣5~10分 支架底部未按规范要求设置底座,每处扣2分 未按规范要求设置扫地杆,扣5分 (基础)未采取排水措施,扣5分 支架设在楼面结构上时,未对楼面结构的承载力进行验算或楼面结构下方未采取加固措施,扣10分	10		

续表

序号	检查项目		扣分标准	应得分数	扣减分数	实得分数
3	保证项目	支架构造	立杆纵、横间距大于设计和规范要求，每处扣 2 分 水平杆步距大于设计和规范要求，每处扣 2 分 水平杆未连续设置，扣 5 分 未按规范要求设置竖向剪刀撑或专用斜杆，扣 10 分 未按规范要求设置水平剪刀撑或专用斜杆，扣 10 分 剪刀撑或斜杆设置不符合规范要求，扣 5 分	10		
4		支架稳定	支架高宽比超过规范要求未采取与建筑物结构刚性连接或增加架体宽度等措施，扣 10 分 立杆伸出顶层水平杆的长度超过规范要求，每处扣 2 分 浇筑混凝土未对支架的基础沉降、架体变形采取监测措施，扣 8 分	10		
5		施工荷载	荷载堆放不均匀，每处扣 5 分 施工荷载超过设计规定，扣 10 分 浇筑混凝土未对混凝土堆积高度进行控制，扣 8 分	10		
6		交底与验收	支架搭设(拆除)前未进行交底或无交底记录，扣 5～10 分 架体搭设完毕未办理验收手续，扣 10 分 验收内容未进行量化，或未经责任人签字确认，扣 5 分	10		
	小计			60		
7	一般项目	杆件连接	立杆连接不符合规范要求，扣 3 分 水平杆连接不符合规范要求，扣 3 分 剪刀撑、斜杆接长不符合规范要求，每处扣 3 分 杆件各连接点的紧固不符合规范要求，每处扣 2 分	10		
8		底座与托撑	螺杆直径与立杆内径不匹配，每处扣 3 分 螺杆旋入螺母内的长度或外伸长度不符合规范要求，每处扣 3 分	10		
9		构配件材质	钢管、构配件的规格、型号、材质或产品质量不符合规范要求，扣 5～10 分 杆件弯曲、变形、锈蚀严重，扣 10 分	10		
10		支架拆除	支架拆除前未确认混凝土强度未达到设计要求，扣 10 分 未按规定设置警戒区或未设置专人监护，扣 5～10 分	10		
	小计			40		
检查项目合计				100		

高处作业检查评分表 表 D. 13

序号	检查项目	扣分标准	应得分数	扣减分数	实得分数
1	安全帽	施工现场人员未佩戴安全帽，每人扣 5 分 未按标准佩戴安全帽，每人扣 2 分 安全帽质量不符合现行国家相关标准的要求，扣 5 分	10		
2	安全网	在建工程外脚手架架体外侧未采用密目式安全网封闭或网间连接不严，扣 2～10 分 安全网质量不符合现行国家相关标准的要求，扣 10 分	10		
3	安全带	高处作业人员未按规定系挂安全带，每人扣 5 分 安全带系挂不符合要求，每人扣 5 分 安全带质量不符合现行国家相关标准的要求，扣 10 分	10		
4	临边防护	工作面边沿无临边防护，扣 10 分 临边防护设施的构造、强度不符合规范要求，扣 5 分 防护设施未形成定型化、工具式，扣 3 分	10		
5	洞口防护	在建工程的孔、洞未采取防护措施，每处扣 5 分 防护措施、设施不符合要求或不严密，每处扣 3 分 防护设施未形成定型化、工具式，扣 3 分 电梯井内未按每隔两层且不大于 10m 设置安全平网，扣 5 分	10		
6	通道口防护	未搭设防护棚或防护不严、不牢固，扣 5～10 分 防护棚两侧未进行封闭，扣 4 分 防护棚宽度小于通道口宽度，扣 4 分 防护棚长度不符合要求，扣 4 分 建筑物高度超过 24m，防护棚顶未采用双层防护，扣 4 分 防护棚的材质不符合规范要求，扣 5 分	10		
7	攀登作业	移动式梯子的梯脚底部垫高使用，扣 3 分 折梯未使用可靠拉撑装置，扣 5 分 梯子的材质或制作质量不符合规范要求，扣 10 分	10		
8	悬空作业	悬空作业处未设置防护栏杆或其他可靠的安全设施，扣 5～10 分 悬空作业所用的索具、吊具等未经验收，扣 5 分 悬空作业人员未系挂安全带或佩带工具袋，扣 2～10 分	10		
9	移动式操作平台	操作平台未按规定进行设计计算，扣 8 分 移动式操作平台，轮子与平台的连接不牢固可靠或立柱底端距离地面超过 80mm，扣 5 分 操作平台的组装不符合设计和规范要求，扣 10 分 平台台面铺板不严，扣 5 分 操作平台四周未按规定设置防护栏杆或未设置登高扶梯，扣 10 分 操作平台的材质不符合规范要求，扣 10 分	10		

续表

序号	检查项目	扣分标准	应得分数	扣减分数	实得分数
10	悬挑式物料钢平台	未编制专项施工方案或未经设计计算，扣 10 分 悬挑式钢平台的下部支撑系统或上部拉结点，未设置在建筑物结构上，扣 10 分 斜拉杆或钢丝绳未按要求在平台两侧各设置两道，扣 10 分 钢平台未按要求设置固定的防护栏杆或挡脚板，扣 3～10 分 钢平台台面铺板不严或钢平台与建筑结构之间铺板不严，扣 10 分 未在平台明显处设置荷载限定标牌，扣 5 分	10		
	检查项目合计		100		

施工用电检查评分表　　　　表 D. 14

序号	检查项目		扣分标准	应得分数	扣减分数	实得分数
1	保证项目	外电防护	外电线路与在建工程及脚手架、起重机械、场内机动车道之间的安全距离不符合规范要求且未采取防护措施，扣 10 分 防护设施未设置明显的警示标志，扣 5 分 防护设施与外电线路的安全距离及搭设方式不符合规范要求，扣 5～10 分 在外电架空线路正下方施工、建造临时设施或堆放材料物品扣 10 分	10		
2		接地与接零保护系统	施工现场专用的电源中性点直接接地的低压配电系统未采用 TN-S 接零保护系统，扣 20 分 配电系统未采用同一保护系统，扣 20 分 保护零线引出位置不符合规范要求，扣 5～10 分 电气设备未接保护零线，每处扣 2 分 保护零线装设开关、熔断器或通过工作电流，扣 20 分 保护零线材质、规格及颜色标记不符合规范要求，每处扣 2 分 工作接地与重复接地的设置、安装及接地装置的材料不符合规范要求，扣 10～20 分 工作接地电阻大于 4Ω，重复接地电阻大于 10Ω，扣 20 分 施工现场起重机、物料提升机、施工升降机、脚手架防雷措施不符合规范要求，扣 5～10 分 做防雷接地机械上的电气设备，保护零线未做重复接地，扣 10 分	20		
3		配电线路	线路及接头不能保证机械强度和绝缘强度，扣 5～10 分 线路未设短路、过载保护，扣 5～10 分 线路截面不能满足负荷电流，每处扣 2 分 线路的设施、材料及相序排列、挡距、与邻近线路或固定物的距离不符合规范，扣 5～10 分 电缆沿地面明设，沿脚手架、树木等敷设或敷设不符合规范要求，扣 5～10 分 线路敷设的电缆不符合规范要求，扣 5～10 分 室内明敷主干线距地面高度小于 2.5m，每处扣 2 分	10		

续表

序号	检查项目		扣分标准	应得分数	扣减分数	实得分数
4	保证项目	配电箱与开关箱	配电系统未采用三级配电、二级漏电保护系统，扣10~20分 用电设备未有各自专用的开关箱，每处扣2分 箱体结构、箱内电器设置不符合规范要求，扣10~20分 配电箱零线端子板的设置、连接不符合规范要求扣5~10分 漏电保护器参数不匹配或检测不灵敏，每处扣2分 配电箱与开关箱电器损坏或进出线混乱，每处扣2分 箱体未设置系统接线图和分路标记，每处扣2分 箱体未设门、锁，未采取防雨措施，每处扣2分 箱体安装位置、高度及周边通道不符合规范要求，每处扣2分 分配电箱与开关箱、开关箱与用电设备的距离不符合规范要求，每处扣2分	20		
	小计			60		
5	一般项目	配电室与配电装置	配电室建筑耐火等级未达到三级，扣15分 未配置适用于电气火灾的灭火器材，扣3分 配电室、配电装置布设不符合规范要求，扣5~10分 配电装置中的仪表、电气元件设置不符合规范要求或仪表、电气元件损坏，扣5~10分 备用发电机组未与外电线路进行连锁，扣15分 配电室未采取防雨雪和小动物侵入的措施，扣10分 配电室未设警示标志、工地供电平面图和系统图，扣3~5分	15		
6		现场照明	照明用电与动力用电混用，每处扣2分 特殊场所未使用36V及以下安全电压，扣15分 手持照明灯未使用36V以下电源供电，扣10分 照明变压器未使用双绕组安全隔离变压器，扣15分 灯具金属外壳未接保护零线，每处扣2分 灯具与地面、易燃物之间小于安全距离，每处扣2分 照明线路和安全电压线路的架设不符合规范要求，扣10分 施工现场未按规范要求配备应急照明，每处扣2分	15		
7		用电档案	总包单位与分包单位未订立临时用电管理协议，扣10分 未制定专项用电施工组织设计、外电防护专项方案或设计、方案缺乏针对性，扣5~10分 专项用电施工组织设计、外电防护专项方案未履行审批程序，实施后相关部门未组织验收，扣5~10分 接地电阻、绝缘电阻和漏电保护器检测记录未填写或填写不真实，扣3分 安全技术交底、设备设施验收记录未填写或填写不真实，扣3分 定期巡视检查、隐患整改记录未填写或填写不真实，扣3分 档案资料不齐全、未设专人管理，扣3分	10		
	小计			40		
检查项目合计				100		

物料提升机检查评分表　　　　　　　　　　　　表 D.15

序号	检查项目		扣分标准	应得分数	扣减分数	实得分数
1	保证项目	安全装置	未安装起重量限制器、防坠安全器扣 15 分 起重量限制器、防坠安全器不灵敏扣 15 分 安全停层装置不符合规范要求或未达到定型化，扣 5~10 分 未安装上行程限位，扣 15 分 上行程限位不灵敏、安全越程不符合规范要求，扣 10 分 物料提升安装高度超过 30m，未安装渐进式防坠安全器、自动停层、语音及影像信号监控装置，每项扣 5 分	15		
2		防护设施	未设置防护围栏或设置不符合规范要求扣 5~15 分 未设置进料口防护棚或设置不符合规范要求扣 5~15 分 停层平台两侧未设置防护栏杆、挡脚板，每处扣 2 分 停层平台脚手板铺设不严、不牢，每处扣 2 分 未安装平台门或平台门不起作用，扣 5~15 分 平台门未达到定型化，每处扣 2 分 吊笼门不符合规范要求，扣 10 分	15		
3		附墙架与缆风绳	附墙架结构、材质、间距不符合产品说明书要求，扣 10 分 附墙架未与建筑结构可靠连接，扣 10 分 缆风绳设置数量、位置不符合规范要求，扣 5 分 缆风绳未使用钢丝绳或未与地锚连接，扣 10 分 钢丝绳直径小于 8mm 或角度不符合 45°~60°要求，扣 5~10 分 安装高度超过 30m 的物料提升机使用缆风绳，扣 10 分 地锚设置不符合规范要求，每处扣 5 分	10		
4		钢丝绳	钢丝绳磨损、变形、锈蚀达到报废标准，扣 10 分 钢丝绳绳夹设置不符合规范要求，每处扣 2 分 吊笼处于最低位置，卷筒上钢丝绳少于 3 圈，扣 10 分 未设置钢丝绳过路保护措施或钢丝绳拖地，扣 5 分	10		
5		安拆、验收与使用	安装、拆卸单位未取得专业承包资质和安全生产许可证，扣 10 分 未制定安装(拆卸)安全专项施工或未经审核、审批扣 10 分 未履行验收程序或验收表未经责任人签字，扣 5~10 分 安装(拆卸)人员及司机未持证上岗，扣 10 分 物料提升机作业前未按规定进行例行检查或未填写检查记录，扣 4 分 实行多班作业未按规定填写交接班记录，扣 3 分	10		
	小计			60		

序号	检查项目	扣分标准	应得分数	扣减分数	实得分数
6	一般项目 基础与导轨架	基础的承载力、平整度不符合规范要求，扣5~10分 基础周边未设排水设施，扣5分 导轨架垂直度偏差大于导轨架高度0.15%，扣5分 井架停层平台通道处的结构未采取加强措施，扣8分	10		
7	动力与传动	卷扬机、曳引机安装不牢固，扣10分 卷筒与导轨架底部导向轮的距离小于20倍卷筒宽度未设置排绳器，扣5分 钢丝绳在卷筒上排列不整齐，扣5分 滑轮与导轨架、吊笼未采用刚性连接，扣10分 滑轮与钢丝绳不匹配，扣10分 卷筒、滑轮未设置防止钢丝绳脱出装置，扣5分 曳引钢丝绳为2根及以上时，未设置曳引力平衡装置，扣5分	10		
8	通信装置	未按规范要求设置通信装置，扣5分 通信装置信号显示不清晰，扣3分	5		
9	卷扬机操作棚	未设置卷扬机操作棚，扣10分 操作棚搭设不符合规范要求，扣5~10分	10		
10	避雷装置	物料提升机在其他防雷保护范围以外未设置避雷装置，扣5分 避雷装置不符合规范要求，扣3分	5		
	小计		40		
	检查项目合计		100		

施工升降机检查评分表　　　　　　　　表 D.16

序号	检查项目	扣分标准	应得分数	扣减分数	实得分数
1	保证项目 安全装置	未安装起重量限制器或起重量限制器不灵敏，扣10分 未安装渐进式防坠安全器或渐进式防坠安全器不灵敏，扣10分 防坠安全器超过有效标定期限，扣10分 对重钢丝绳未安装防松绳装置或防松绳装置不灵敏，扣5分 未安装急停开关或急停开关不符合规范要求，扣5分 未安装吊笼和对重缓冲器或缓冲器不符合规范要求，扣5分 SC型(齿轮齿条式)施工升降机未安装安全钩，扣10分	10		
2	限位装置	未安装极限开关或极限开关不灵敏，扣10分 未安装上限位开关或上限位开关不灵敏，扣10分 未安装下限位开关或下限位开关不灵敏，扣5分 极限开关与上限位开关安全越程不符合规范要求，扣5分 极限开关与上、下限位开关共用一个触发元件，扣5分 未安装吊笼门机电连锁装置或不灵敏，扣10分 未安装吊笼顶窗电气安全开关或不灵敏，扣5分	10		

序号	检查项目		扣分标准	应得分数	扣减分数	实得分数
3	保证项目	防护设施	未设置地面防护围栏或设置不符合规范要求，扣5~10分 未安装地面防护围栏门连锁保护装置或连锁保护装置不灵敏，扣5~8分 未设置出入口防护棚或设置不符合规范要求，扣5~10分 停层平台搭设不符合规范要求，扣5~8分 未安装层门或层不起作用，扣5~10分 层不符合规范要求、未达到定型化，每处扣2分	10		
4		附墙架	附墙架采用非配套标准产品未进行设计计算，扣10分 附墙架与建筑结构连接方式、角度不符合产品说明书要求，扣5~10分 附墙架间距、最高附着点以上导轨架的自由高度超过产品说明书要求，扣10分	10		
5		钢丝绳、滑轮与对重	对重钢丝绳绳数少于2根或未相对独立，扣5分 钢丝绳磨损、变形、锈蚀达到报废标准，扣10分 钢丝绳的规格、固定不符合产品说明书及规范要求，扣10分 滑轮未安装钢丝绳防脱装置或不符合规范要求，扣4分 对重重量、固定不符合产品说明书及规范要求，扣10分 对重未安装防脱轨保护装置，扣5分	10		
6		安拆、验收与使用	安装、拆卸单位未取得专业承包资质和安全生产许可证，扣10分 未编制安装、拆卸专项方案或专项方案未经审核、审批，扣10分 未履行验收程序或验收表未经责任人签字扣5~10分 安装(拆卸)人员及司机未持证上岗，扣10分 施工升降机作业前未按规定进行例行检查，未填写检查记录，扣4分 实行多班作业未按规定填写交接班记录，扣3分	10		
		小计		60		
7	一般项目	导轨架	导轨架垂直度不符合规范要求，扣10分 标准节质量不符合产品说明书及规范要求，扣10分 对重导轨不符合规范要求，扣5分 标准节连接螺栓使用不符合产品说明书及规范要求，扣5~8分	10		
8		基础	基础制作、验收不符合产品说明书及规范要求，扣5~10分 基础设置在地下室顶板或楼面结构上，未对其支承结构进行承载力验算，扣10分 基础未设置排水设施，扣4分	10		

续表

序号	检查项目		扣分标准	应得分数	扣减分数	实得分数
9	一般项目	电气安全	施工升降机与架空线路安全距离不符合规范要求,未采取防护措施,扣10分 防护措施不符合要求,扣5分 未设置电缆导向架或设置不符合规范要求,扣5分 施工升降机在防雷保护范围以外未设置避雷装置,扣10分 避雷装置不符合规范要求,扣5分	10		
10		通信装置	未安装楼层信号联络装置,扣10分 楼层联络信号不清晰,扣5分	10		
	小计			40		
	检查项目合计			100		

塔式起重机检查评分表　　　　　　　　　　　　　表 D. 17

序号	检查项目		扣分标准	应得分数	扣减分数	实得分数
1	保证项目	载荷限制装置	未安装起重量限制器或不灵敏,扣10分 未安装力矩限制器或不灵敏,扣10分	10		
2		行程限位装置	未安装起升高度限位器或不灵敏,扣10分 起升高度限位器的安全越程不符合规范要求,扣6分 未安装幅度限位器或不灵敏,扣10分 回转不设集电器的塔式起重机未安装回转限位器或不灵敏,扣6分 行走式塔式起重机未安装行走限位器或不灵敏,扣8分	10		
3		保护装置	小车变幅的塔式起重机未安装断绳保护及断轴保护装置,扣8分 行走及小车变幅的轨道行程末端未安装缓冲器及止挡装置或不符合规范要求,扣4~8分 起重臂根部绞点高度大于50m的塔式起重机未安装风速仪或不灵敏,扣4分 塔式起重机顶部高度大于30m且高于周围建筑物未安装障碍指示灯,扣4分	10		
4		吊钩、滑轮、卷筒与钢丝绳	吊钩未安装钢丝绳防脱勾装置或不符合规范要求,扣10分 吊钩磨损、变形达到报废标准,扣10分 滑轮、卷筒未安装钢丝绳防脱装置或不符合规范要求,扣4分 滑轮及卷筒磨损达到报废标准,扣10分 钢丝绳磨损、变形、锈蚀达到报废标准,扣10分 钢丝绳的规格、固定、缠绕不符合产品说明书及规范要求,扣5~10分	10		

续表

序号	检查项目		扣分标准	应得分数	扣减分数	实得分数
5	保证项目	多塔作业	多塔作业未制定专项施工方案扣或施工方案未经(审核、)审批，扣10分 任意两台塔式起重机之间的最小架设距离不符合规范要求，扣10分	10		
6		安装、拆卸与验收	安装、拆卸单位未取得专业承包资质和安全生产许可证，扣10分 未编制安装、拆卸专项方案，扣10分 专项方案未经审核、审批，扣10分 未履行验收程序或验收表未经责任人签字扣5～10分 安装(拆卸)人员及司机、指挥未持证上岗，扣10分 塔式起重机作业前未按规定进行例行检查，未填写检查记录，扣4分 实行多班作业未按规定填写交接班记录，扣3分	10		
		小计		60		
7	一般项目	附着	塔式起重机高度超过规定未安装附着装置，扣10分 附着装置水平距离不满足产品说明书要求，未进行设计计算和审批，扣8分 安装内爬式塔式起重机的建筑承载结构未进行承载力验算，扣8分 附着装置安装不符合产品说明书及规范要求，扣5～10分 附着前和附着后塔身垂直度不符合规范要求，扣10分	10		
8		基础与轨道	塔式起重机基础未按产品 说明书及有关规定设计、检测、验收，扣5～10分 基础未设置排水措施，扣4分 路基箱或枕木铺设不符合产品说明书及规范要求扣6分 轨道铺设不符合产品说明书及规范要求，扣6分	10		
9		结构设施	主要结构件的变形、锈蚀不符合规范要求，扣10分 平台、走道、梯子、栏杆的设置不符合规范要求，扣4～8分 高强螺栓、销轴、紧固件的紧固、连接不符合规范要求，扣5～10分	10		
10		电气安全	未采用 TN-S 接零保护系统供电，扣10分 塔式起重机与架空线路安全距离不符合规范要求，未采取防护措施，扣10分 防护措施不符合要求扣5分 未安装避雷接地装置，扣10分 避雷接地装置不符合规范要求，扣5分 电缆使用及固定不符合规范要求，扣5分	10		
		小计		40		
	检查项目合计			100		

起重吊装检查评分表

表 D.18

序号	检查项目		扣分标准	应得分数	扣减分数	实得分数
1	保证项目	施工方案	未编制专项施工方案或专项施工方案未经审核、审批,扣10分 超规模的起重吊装专项方案未按规定组织专家论证,扣10分	10		
2		起重机械	未安装荷载限制装置或不灵敏,扣10分 未安装行程限位装置或不灵敏,扣10分 起重拔杆组装不符合设计要求,扣10分 起重拔杆组装后未履行验收程序或验收表无责任人签字,扣5~10分	10		
3		钢丝绳与地锚	钢丝绳磨损、断丝、变形、锈蚀达到报废标准,扣10分 钢丝绳规格不符合起重机产品说明书要求,扣10分 吊钩、卷筒、滑轮磨损达到报废标准,扣10分 吊钩、卷筒、滑轮未安装钢丝绳防脱装置,扣5~10分 起重拔杆的缆风绳、地锚设置不符合设计要求,扣8分	10		
4		索具	索具采用编结连接时,编结部分的长度不符合规范要求,扣10分 索具采用绳夹连接时,绳夹的规格、数量及绳夹间距不符合规范要求,扣5~10分 索具安全系数不符合规范要求,扣10分 吊索规格不匹配或机械性能不符合设计要求,扣5~10分	10		
5		作业环境	起重机行走作业处地面承载能力不符合产品说明书要求或未采用有效加固措施,扣10分 起重机与架空线路安全距离不符合规范要求,扣10分	10		
6		作业人员	起重机司机无证操作或操作证与操作机型不符,扣5~10分 未设置专职信号指挥和司索人员,扣10分 作业前未按规定进行安全技术交底或技术交底未留有文字记录,扣5~10分	10		
		小计		60		
7		起重吊装	多台起重机同时起吊一个构件时,单台起重机所承受的荷载不符合专项施工方案要求,扣10分 吊索系挂点不符合专项施工方案要求,扣5分 起重机作业时起重臂下有人停留或吊运重物从人的正上方通过,扣10分 起重机吊具载运人员,扣10分 吊运易散落物件不使用吊笼,扣6分	10		
8		高处作业	未按规定设置高处作业平台,扣10分 高处作业平台设置不符合规范要求,扣5~10分 未按规定设置爬梯或爬梯的强度、构造不符合规定,扣5~8分 未按规定设置安全带悬挂点,扣8分	10		

序号	检查项目	扣分标准	应得分数	扣减分数	实得分数
9	构件码放	构件码放荷载超过作业面承载能力，扣 10 分 构件堆放高度超过规定要求，扣 4 分 大型构件码放无稳定措施，扣 8 分	10		
10	警戒监护	未按规定设置作业警戒区，扣 10 分 警戒区未设专人监护，扣 5 分	10		
	小计		40		
检查项目合计			100		

施工机具检查评分表　　　　　　　　　　　　　　　　　　表 D.19

序号	检查项目	扣分标准	应得分数	扣减分数	实得分数
1	平刨	平刨安装后未履行验收程序，扣 5 分 未设置护手安全装置，扣 5 分 传动部位未设置防护罩，扣 5 分 未做保护接零或未设置漏电保护器，扣 10 分 未设置安全作业(防护)棚扣 6 分 使用多功能木工机具，扣 10 分	10		
2	圆盘锯	圆盘锯安装后未履行验收程序，扣 5 分 未设置锯盘护罩、分料器、防护挡板安全装置和传动部位未设置防护罩，每处扣 3 分 未做保护接零或未设置漏电保护器，扣 10 分 未设置安全作业(防护)棚，扣 6 分 使用多功能木工机具，扣 10 分	10		
3	手持电动工具	I 类手持电动工具未采取保护接零或未设置漏电保护器，扣 8 分 使用 I 类手持电动工具不按规定穿戴绝缘用品，扣 6 分 手持电动工具随意接长电源线，扣 4 分	8		
4	钢筋机械	机械安装后未履行验收程序，扣 5 分 未做保护接零或未设置漏电保护器，扣 10 分 钢筋加工区未设置作业(防护)棚，钢筋对焊作业区未采取防止火花飞溅措施或冷拉作业区未设置防护栏，每处扣 5 分 传动部位未设置防护罩，扣 5 分	10		
5	电焊机	电焊机安装后未履行验收程序，扣 5 分 未做保护接零或未设置漏电保护器，扣 10 分 未设置二次空载降压保护器，扣 10 分 一次线长度超过规定或未进行穿管保护，扣 3 分 二次线未采用防水橡皮护套铜芯软电缆，扣 10 分 二次线长度超过规定或绝缘层老化，扣 3 分 电焊机未设置防雨罩或接线柱未设置防护罩，扣 5 分	10		

续表

序号	检查项目	扣分标准	应得分数	扣减分数	实得分数
6	搅拌机	搅拌机安装后未履行验收程序，扣5分 未做保护接零或未设置漏电保护器，扣10分 离合器、制动器、钢丝绳达不到规定要求，每项扣5分 上料斗未设置安全挂钩或止挡装置，扣5分 传动部位未设置防护罩，扣4分 未设置安全作业（防护）棚，扣6分	10		
7	气瓶	气瓶未安装减压器，扣8分 乙炔瓶未安装回火防止器，扣8分 气瓶间距小于5米或与明火距离小于10米未采取隔离措施，扣8分 气瓶未设置防震圈和防护帽，扣2分 气瓶存放不符合要求，扣4分	8		
8	翻斗车	翻斗车制动、转向装置不灵敏，扣5分 驾驶员无证操作，扣8分 行车载人或违章行车，扣8分	8		
9	潜水泵	未做保护接零或未设置漏电保护器，扣6分 负荷线未使用专用防水橡皮电缆，扣6分 负荷线有接头，扣3分	6		
10	振捣器	未做保护接零或未设置漏电保护器，扣8分 未使用移动式配电箱，扣4分 电缆线长度超过30米，扣4分 操作人员未穿戴绝缘防护用品，扣8分	8		
11	桩工机械	机械安装后未履行验收程序，扣10分 作业前未编制专项施工方案或未按规定进行安全技术交底，扣10分 安全装置不齐全或不灵敏，扣10分 机械作业区地面承载力不符合规定要求或未采取有效硬化措施，扣12分 机械与输电线路安全距离不符合规范要求，扣12分	12		
检查项目合计			100		